U0159019

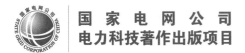

国家电网公司
电力科技著作出版项目

大规模储能系统
优化规划与运行技术

主　编　张　澄

副主编　黄　强　胡泽春　郭　莉

　　　　朱　寰　李　琥　周　前

中国电力出版社
CHINA ELECTRIC POWER PRESS

内 容 提 要

随着能源转型的不断深入，电网的物理特性、设备基础、发展格局、运行特征、控制方式都将发生根本改变，电网发展转型面临新的挑战。大规模高比例新能源接入，增加电网消纳压力；能源资源大范围优化配置，带来电网安全问题；源荷两端时空特性改变，提高电网平衡难度；源荷季节性间歇性明显，系统能效有待提升。储能可为电网运行提供调峰、调频、备用、应急事故响应支撑等多种服务，是提升传统电力系统灵活性、经济性和安全性的重要手段，能够显著提高电网应对能源转型所带来的变化和挑战的适应性。同时，中国储能市场需求已经逐步明晰，储能系统供应链日臻完善，用户对储能应用的认识也从理论走向实践。在政策和市场的双重促动下，储能市场开启了向规模化应用发展的新阶段。

《大规模储能系统优化规划与运行技术》详细介绍了规模化储能系统应用的理论研究成果和实际工程经验，共 10 章，分别为概述、与可再生能源发电联合的储能系统优化配置、电网侧储能规划与运行模拟模型与方法、频率支撑与黑启动服务储能优化配置、配电网侧储能优化配置、电化学储能电站模块化典型设计、规模化储能的调度控制技术、规模化储能的调度控制系统、电网侧储能示范运行和电网侧储能分析与展望。

本书既可作为从事大规模储能系统优化规划与运行专业的技术和管理人员的专业书籍，也可作为高等院校相关专业师生的参考用书。

图书在版编目（CIP）数据

大规模储能系统优化规划与运行技术 / 张澄主编 . —北京：中国电力出版社，2022.5（2023.8重印）
ISBN 978-7-5198-6658-7

Ⅰ . ①大… Ⅱ . ①张… Ⅲ . ①储能–系统–研究 Ⅳ . ①TK02

中国版本图书馆 CIP 数据核字（2022）第 057423 号

出版发行：中国电力出版社
地 址：北京市东城区北京站西街 19 号（邮政编码 100005）
网 址：http://www.cepp.sgcc.com.cn
策划编辑：王春娟
责任编辑：邓慧都
责任校对：黄 蓓 朱丽芳
装帧设计：张俊霞
责任印制：石 雷

印 刷：北京九天鸿程印刷有限责任公司
版 次：2022 年 5 月第一版
印 次：2023 年 8 月北京第三次印刷
开 本：787 毫米×1092 毫米 16 开本
印 张：16.5
字 数：354 千字
定 价：96.00 元

《大规模储能系统优化规划与运行技术》

编写人员名单

主　　编　张　澄

副 主 编　黄　强　　胡泽春　　郭　莉　　朱　寰　　李　琥
　　　　　周　前

参编人员　鲁宗相　　张　宁　　乔　颖　　李　妍　　刘国静
　　　　　陶以彬　　吴盛军　　曹敏健　　孙　蓉　　葛　毅
　　　　　王青山　　李　强　　徐健翔　　汪成根　　郝雨辰
　　　　　王荃荃　　何大瑞　　周　晨　　史　静　　诸晓骏
　　　　　吴　晨　　崔红芬　　罗宇超　　吴静云　　张　群
　　　　　李冰洁　　李泽森　　黄成辰　　王　思　　陈　琛
　　　　　牛文娟　　胡国伟　　吴　垠　　薛贵元

前　言

　　电力系统的需求时刻发生变化,传统电力系统通过控制大型发电机组的出力维持电力供给和需求的平衡。随着风力和光伏发电装机容量的不断增长,大型同步发电机组在电力系统装机容量和发电出力中所占比例逐步下降,导致其难以维持整个系统的供需平衡和安全稳定运行。在国家提出"双碳"目标和建设以新能源为主体的新型电力系统的背景下,储能将成为应对可再生能源发电出力的随机波动和难以准确预测问题,保障电力系统安全稳定运行不可或缺的资源。

　　当前,以化学电池为代表的新型储能系统在发电侧(包括安装在可再生能源发电场站侧和火力发电厂内)、电网侧和用户侧均获得了一些应用。根据中关村储能产业技术联盟的统计,截至 2020 年底,全球电化学储能的累计装机容量为 3269.2MW,同比增长 91.2%;在各类电化学储能技术中,锂离子电池的累计装机规模最大,为 2902.4MW。2020 年,我国新增投运的电化学储能项目规模 1559.6MW,新增投运规模首次突破吉瓦,是 2019 年同期的 2.4 倍。可见,国内外的电池储能装机容量增长迅速,电池储能项目的规模已从数兆瓦时增长到数十兆瓦时(MWh)、数百兆瓦时,并投建了超过吉瓦时(GWh)的大型储能电站。

　　国内外学术界对储能系统应用于电力系统的成本效益、优化配置方法、运行调度和控制策略等问题开展了大量研究,取得了丰硕的研究成果。本书试图汲取学术界的理论成果和产业界的工程设计与应用经验,主要介绍大规模储能系统(特别是电池储能系统)的优化规划与运行技术及其应用情况。

　　本书首先对物理储能、化学储能、电磁储能和储热等主流储能技术进行介绍,对国内外储能市场和储能应用的情况进行了总结,并对储能在提升新能源发电消纳能力、参与电力系统优化调度、提高电网输电能力和稳定性等方面的研究进行了综述。第 2 章分别从降低可再生能源发电场站与储能系统联合输出功率波动和提升联合系统运行经济性的角度介绍与可再生能源发电场站联合的储能系统容量优化配置方法。第 3 章主要探讨电网侧储能的优化规划问题。第 4 章介绍储能应用于提供紧急频率支撑的控制策略和用于黑启动的储能优化配置方法。第 5 章介绍配电网储能优化配置。第 6 章主要介绍电化学储能电站模块化典型设计。第 7 章主要探讨规模化储能参与调峰、调频以及分区发用电平衡的控制策略。第 8 章主要介绍部署在电网调度控制中心侧的储能电站有功控制和无功控制系统。第 9 章以江苏镇江 101MW/202MWh 电网侧储能项目为例，介绍储能电站并网测试的项目和测试方法，并给出相应测试项目的测试结果。第 10 章介绍国内外储能应用的商业模式，并给出电网侧储能的经济性评价方法和典型应用的评估结果。

本书在编写过程中得到了国网江苏省电力有限公司电力调度控制中心、国网江苏省电力公司经济技术研究院、国网江苏省电力有限公司电力科学研究院、国网江苏省电力有限公司镇江供电公司、清华大学、清华四川能源互联网研究院、中关村储能产业技术联盟等单位领导专家的指导和支持，在此表示诚挚的谢意！同时，感谢中国电力出版社的王春娟、邓慧都编辑为本书出版做出的努力和付出！

本书可为从事储能系统规划、设计、运行控制、调试、运行维护的科研和技术人员提供参考。由于编写团队的知识范围和水平有限，不当甚至错误之处在所难免，敬请读者批评指正！

本书编者

2022 年 3 月

目　　录

第 1 章

概　述

本章首先简要分析了电力系统对储能需求的背景。随着以风电和光伏为代表的可再生能源发电接入电力系统容量的不断增长，储能将成为提供调峰、调频、备用、应急事故响应支撑等多种服务的重要资源。其次，本章对物理储能、化学储能、电磁储能和储热技术等主流的储能技术进行了分析。接着，本章基于实际数据，对国内外储能市场和储能应用的情况进行了分析。最后，本章对储能应用于提升新能源发电的消纳能力、储能参与电力系统优化调度、储能提高电网输电能力和稳定性、分布式储能资源的配置与优化方面的研究进行了综述。

1.1　电力系统对储能发展需求的背景

随着能源转型的不断深入，电网的物理特性、设备基础、发展格局、运行特征、控制方式都将发生根本改变，电网发展转型面临新的挑战。

大规模高比例新能源接入，增加电网消纳压力。目前我国清洁能源开发总量已居世界第一，2020 年我国光伏发电装机达到 2.53 亿 kW 以上，风电装机达到 2.81 亿 kW 以上。由于新能源资源富集地区调峰能力和外送能力不足等问题，弃水弃风弃光形势依然严峻，2017 年弃电量超过三峡电站全年发电量，2020 年全年弃风弃光电量仍超过 215 亿 kWh。随着可再生能源发电规模化发展，电网峰谷差持续加大，重大节假日电网调峰能力逼近极限，局部电网阻塞严重，电力系统灵活性不足。

能源资源大范围优化配置，带来电网安全问题。由于我国能源资源分布禀赋，需要利用特高压电网将西部、北部清洁能源外送至东部负荷中心。但特高压骨干网络送电距离长，受不可抗自然灾害影响引起故障跳闸的几率上升。截至 2020 年底国家电网有限公司经营区域内已建成 11 回 ±800kV 特高压直流输电工程，以及淮东—皖南 ±1100kV 特高压直流输电工程。中国南方电网有限责任公司已建成 4 回 ±800kV 特高压直流输电工程。特高压"强直弱交"结构带来的安全风险逐步显现，多回直流换相失败闭锁将造成大功率缺额，严重影响电网安全稳定运行。

源荷两端时空特性改变，提高电网平衡难度。目前电网源荷特性正经历深刻变革，电源侧随着清洁能源大规模介入随机性不断增加，负荷侧随着电动汽车、分布式能源的大量接入，随机性增加，也兼具了电源特性，电网供需平衡难度大幅增大。同时，电源和负荷构成中的电力电子化设备增加，造成电网等效转动惯量、快速调节能力持续下降，电网实时平衡需求向快速、动态、深度、精准方向发展。

源荷季节性间歇性明显，系统能效有待提升。电力规划一般是以满足尖峰负荷、新能源最大出力送出为目标，由于尖峰负荷、新能源本身的季节性和间歇性特征，所增加的大量电源、电网投资发挥效益的持续时间很短，全年整体的利用效率较低。以江苏电网为例，2015～2017年负荷占最高负荷比例在97%以上区间，持续时间在20h以内，若仅依靠增加电源、电网实施满足尖峰负荷的规划手段，将影响系统能效的提升。

储能可为电网运行提供调峰、调频、备用、应急事故响应支撑等多种服务，是提升传统电力系统灵活性、经济性和安全性的重要手段，能够显著提高电网应对能源转型所带来变化和挑战的适应性。

1.2　储能的主要技术类型

储能技术主要可以分为储电和储热、储冷技术，其中储电技术一般包括物理储能（如抽水蓄能、压缩空气储能、飞轮储能等），化学储能（如铅酸电池、液流电池、钠硫电池、锂离子电池等），电磁储能（如超导电磁储能、超级电容器储能等）等。根据各种技术的特点，一般抽水蓄能、压缩空气储能和化学电池储能适合于电力系统调峰、大型应急电源、可再生能源并网等应用场合，而飞轮储能、超导电磁储能和超级电容器储能适合于需要提供短时较大的脉冲功率场合，如应对电压暂降和瞬时停电、提高用户的用电质量，抑制电力系统低频振荡等。储热一般指以显热、潜热或两者兼有的形式储存热能，显热储热是靠储热介质的温度升高来储存，潜热储热是利用材料由固态熔化为液态时需要大量熔解热的特性来吸收储存热量；储冷一般包括冰蓄冷、水蓄冷等，其中冰蓄冷就是将水制成冰的方式，利用冰的相变潜热进行冷量的储存。

1.2.1　物理储能

物理储能主要指的是利用抽水、压缩空气、飞轮等物理方法实现能量的存储，分别对应重力势能、分子势能与旋转动能，与其他储能方式相比，物理储能的发展历史长、技术成熟、成本较低，已经实现了商业化应用。其中抽水储能是目前最成熟、应用时间最长、容量最大的一种储能方式，也是解决大规模电力系统调峰困难的途径之一。在全球电力储能装置中，抽水储能占比达97%。抽水储能需要高低两个水库，通过双向运转的电动水泵机组把低水库的水运送到高水库储能。抽水储能电站的寿命可达40年以上，容量可达到百兆甚至千兆瓦，转换效率平均为75%左右，但是受制于地理条件，选址较为困难，通常远离负荷中心。压缩空气储能将空气存储于高压密封设施内，放电时再由高压气体驱动燃气轮机发电。与抽水储能类似，压缩空气储能容量大、寿命长，同时也受地理条件的限制，主要用于峰谷电能回收调节、平衡负荷等。其主要缺点是进行空气压缩或者在释放高压空气做功时发生热量损失，使得能量转换效率不高，通常低50%。飞轮储能的能量存储于高速旋转的转子中,将转子置于高真空环境中并采用磁悬浮轴承大大减小了热量损失和摩擦损失, 能量转换效率达到 95%。并且飞轮储能几乎不需要运行维护, 设备寿命长, 缺点是持续出力的时间较短。飞轮储能适用于快速、高功率的有功或者无功支撑、旋转备用等, 是提供调频服务的最佳电源。

1.2.2　化学储能

化学储能是通过氧化还原反应将化学能和电能进行相互转换以存储能量的技术。在氧化和还原反应的过程中,离子的转移带来电荷的流动,最终实现电能的储存和释放。目前化学储能主要包括铅酸电池、锂离子电池、液流电池、钠硫电池等。化学储能作为目前技术较成熟、应用广泛的储能技术, 其特点在于功率和能量可根据不同应用需求灵活配置, 响应速度快, 不受地理等外部条件的制约, 适用于大规模应用和批量化生产, 但存在使用寿命有限、制造和循环成本较高的限制。近年来随着技术进步, 可充电电池在大规模储能方面的应用也越来越广泛, 特别是在独立运行的风力或太阳能电站中。

1.2.2.1　铅酸电池

铅酸电池是目前发展最为成熟的一类电化学储能技术, 与其他电化学储能技术相比, 颇具价格优势。近几年, 以铅炭电池为代表的改性铅酸电池的应用, 一定程度上提升了传统铅酸电池的循环寿命、转换效率等技术性能, 使得铅酸电池成为一些分布式发电及微网项目业主方的首选技术之一。

铅酸电池具有免维护性、优越的高低温性能、耐过充和优越的充电接受能力、电池一致性高等特点。但是其比能量和比功率较低、低温性能差、循环寿命较短, 且在制造过程中存在一定的环境污染。铅炭电池是从传统的铅酸电池演进出来的新技术, 它是在铅酸电池的负极中加入了活性炭, 与传统的铅酸电池相比, 铅炭电池具有充放电速度快、放电效率高、循环寿命长等特点。

1.2.2.2　锂离子电池

由于锂离子电池具有高能量密度、高电压平台、良好的功率性能和长寿命等特点, 这使得锂离子电池从一开始商业化便迅速成为"明星电池", 在消费电子产品、动力电池和储能电池领域占据了重要的地位。锂离子电池具有如下特点:

（1）体积能量密度和质量能量密度都非常高。锂离子电池的体积能量密度和质量能量密度分别可达 450Wh/L 和 150Wh/kg, 是镍铬电池的 2.5 倍, 是镍氢电池的 1.8 倍, 是铅酸电池的 6~7 倍。随着新型的正负极材料的开发应用及电池工艺的优化改进, 锂离子电池的能量密度仍在不断提高。这个特点使得锂离子电池在实现大容量的同时, 更趋于小型化、轻量化, 是便携式电子产品、电动汽车、电动自行车等移动产品的首选电池。

（2）锂离子电池的工作电压高。如磷酸铁锂电池的工作电压一般为 3.7V, 采用尖晶石结构的锰酸锂作为正极材料的电池, 其工作电压可高达 4.2V 上。而普通镍氢、镍镉电池的工作电压仅 1.2V, 铅酸电池的正常工作电压也只有 2V。这就意味着在组装成电堆后对外供电时, 同样的电压条件下, 采用锂离子电池将大大减少单体电池的使用数量。

（3）锂离子电池的功率密度大。鉴于锂离子电池具有较高的工作电压，同时又支持大电流充放电，因此锂离子电池的功率密度大。

（4）锂离子电池的自放电小。一般来说，锂离子电池充满电后自放电率低于 5%/年，而最好的镍氢电池年自放电率也会达到 20%～30%。而铅酸电池在正常条件下，充满电放置一个月，自放电率会达到 3%左右。

（5）锂离子电池没有记忆效应，循环性能优越。镍氢、镍镉电池在不彻底充电或放电条件下，会导致电池的实际容量越来越小，这种现象称为电池的记忆效应。这种效应不仅给电池的使用带来很大的麻烦，而且会大大缩短电池的使用寿命。但是锂离子电池不存在类似的记忆效应，可随时充放电而不影响电池的容量。

1.2.2.3 液流电池

液流电池是一种利用电化学反应来进行大规模储能的新型储能技术，通过正负极电解质溶液发生可逆的氧化/还原反应对电池进行充放电，实现电能与化学能之间的相互转换与能量存储。它们不同于将电化学活性物质储存在电极表面的铅酸等常规二次电池，液流电池的核心是实现充放电循环过程的活性物质储存在电解液中，单电池装置或半电池电极仅仅是作为发生氧化/还原反应的场所，而不是电化学活性物质储存的地点。

液流电池工作时由泵推动电解液在电池与电解液储罐间循环流动，电池内的正、负极活性物质一般需要用阳离子交换膜隔离开，防止正、负极电解液中活性物质之间的相互交叉污染。液流电池充电时电解液中或电极表面的活性物质在惰性电极表面发生电化学氧化/还原反应，储存电能；放电时电解液中或电极表面的活性物质在惰性电极表面发生与充电过程互逆的还原/氧化反应，释放电能，同时电解液恢复到发生充放电反应之前初始状态，如此循环往复运行完成电能的存储与释放。

由于发生电化学反应而储存或释放电能的活性物质存在于液态电解液中（不同于普通的干电池或铅酸电池，电化学活性物质以固体形式存在于电极表面，限制了电池的容量），具有流动性，可以实现电化学反应场所（液流电池电极）与储能活性物质（电解液）在空间上的分离，这样就可以通过电解液的流动带走电极附近完成充电或者放电状态的活性物质，若将储液罐放大并且增加电解液使用量或者提高电解液中活性物质浓度就可以做到液流电池的容量不受限制。同时，若增加电极板的面积或者数量，也可以大大增加液流电池的功率。因此可对液流电池进行多元化的模块组合，相对于传统铅酸、锂离子电池等二次电池具有很强的设计灵活性，再加上液流电池的储液罐可以设计到很大，没有尺寸限制，单位储能成本会随着储能容量的增加而降低，使其在大规模储能应用方面具有独特的优势。

液流电池安全性高，电解质溶液为水溶液，电池系统无潜在的爆炸或着火危险，安全性高；储能容量易调节规模，电池的输出功率取决于电堆的大小和数量，储能容量取决于电解液容量和浓度，因此液流电池的规模设计非常灵活：只要增加电堆的面积和数量，就可以增加输出功率；只要增加电解液的体积，就可以增加储能容量；液流电池选址自由度大，系统可全自动封闭运行，无污染，操作成本低。此外，液流电池还具有以下特点：① 额定功率和额定容量是独立的；② 充放电期间电池只发生液相反应，不发生普通电池的复杂的固相变化，因而电化学极化较小；③ 电池的理论保存期无限，储存寿命长；④ 能100%深度放电且不会损坏电池；⑤ 电池结构简单，材料价格相对便宜，更换和维修费用低；⑥ 通过更换荷电的电解液，可实现"瞬间再充电"；⑦ 电池工作时正负极活性物质电解液是循环流动的，因而浓差极化很小。

1.2.2.4　钠流电池

钠硫电池是一种二次电池，可以反复使用，因此原材料也比较节省，电池制备成本相对较低。可它的能量却完全不会受到任何影响，使用起来效率也特别高。还容易对钠硫电池进行维护修理。

钠硫电池具有许多特色之处：① 比能量（即电池单位质量或单位体积所具有的有效电能量）高，其理论比能量为 760Wh/kg，实际已大于 150Wh/kg，是铅酸电池的 3～4 倍。如日本东京电力公司（TEPCO）和 NGK 公司合作开发钠硫电池作为储能电池，其应用目标瞄准电站负荷调平（即起削峰平谷作用，将夜晚多余的电存储在电池里，到白天用电高峰时再从电池中释放出来）、UPS 应急电源及瞬间补偿电源等，并于 2002 年开始进入商品化实施阶段，已建成世界上最大规模（8MW）的储能钠硫电池装置，截止到 2005 年 10 月统计，年产钠硫电池量已超过 100MW，同时开始向海外输出。② 可大电流、高功率放电，其放电电流密度一般可达 200～300mA/cm²，并瞬时间可放出其 3 倍的固有能量。③ 充放电效率高，由于采用固体电解质，所以没有通常采用液体电解质二次电池的那种自放电及副反应，充放电电流效率几乎 100%。

当然，事物总是一分为二的，钠硫电池也有不足之处，其工作温度在 300～350℃，所以，电池工作时需要一定的加热保温。但采用高性能的真空绝热保温技术，可有效地解决这一问题。此外，钠硫电池适用于大容量电力储存，钠硫电池技术的发展趋势是低温化，同时保留硫、钠活性体系固有的高比能量、低成本优点，该技术的突破成为目前研究热点。

1.2.3　电磁储能

电磁储能包括超导储能、电容储能、超级电容器储能。超导储能采用超导体材料制成线圈，利用电流流过线圈产生的电磁场来储存电能，由于超导线圈的电阻为零，电能储存在线圈中几乎无损耗，储能效率高达 95%。电容储能用电荷的方式将电能直接储存在电容器的极板上，充放电快，能量密度高。由于一般的电容器的容量比较小，作为储能器件以前只能用于间断性的高压脉冲电源。超级电容器是一种双电层电容器，采用极高的介电常数的电介质和特殊的电极结构，电极表面积成万倍的增加，因此可以用较小体积制成大容量电容器，电储能大幅度增强。

1.2.3.1　超导储能

超导储能系统是目前唯一能将电能直接存储为电流的储能系统。它将电流导入环形电感线圈，由于该环形电感线圈由超导材料制成，因此电流在线圈内可以无损失地不断循环，直到导出为止。超导线圈大多用常规的铌钛（NbTi）或铌三锡（Nb3Sn）等材料组成的导线绕制而成，它们都要运行在液氦的低温区（4.2K），储能容量较大；也有采用 Bi 系等高温超导材料绕制储能线圈的,但这种高温超导材料在液氮温区的磁场特性很差,即其临界电流随磁场强度的增大而迅速减小,因而无法在液氮温区产生很强的磁场,使储能容量难以做大。超导储能系统具有极高的充放电效率和很短的负荷反应时间,但价格极其昂贵,约为其他类型储能系统数十至数百倍,而且建设大规模的强磁场也会带来严重的环境问题。超导储能系统通常包括三个主要部分:超导单元、低温恒温系统和一个电源转换系统。

超导储能系统具有如下优点:超导储能系统可长期无损耗地储存能量,其转换效率超过 90%;超导储能系统可通过采用电力电子器件的变流技术实现与电网的连接,响应速度快(毫秒级);由于其储能量与功率调制系统的容量可独立地在大范围内选取,因此可将超导储能系统建成所需的大功率和大能量系统;超导储能系统除了真空和制冷系统外没有转动部分,使用寿命长;超导储能系统在建造时不受地点限制,维护简单、污染小。

1.2.3.2　超级电容器储能

超级电容器是基于多孔炭电极/电解液界面的双电层电容,或者基于金属氧化物或导电聚合物的表面快速、可逆的法拉第反应产生的准电容来实现能量的储存。其结构和电池的结构类似,主要包括双电极、电解质、集流体、隔离物 4 个部件。

超级电容器兼有电池高比能量和传统电容器高比功率的优点,从而使得超级电容器实现了电容量由微法级向法拉级的飞跃,彻底改变了人们对电容器的传统印象。目前,超级电容器已形成系列产品,实现电容量 0.5~1000F,工作电压 12~400V,最大放电电流 400~2000A。与电池相比,超级电容器性能特点为:① 具有法拉级的超大电容量;② 比脉冲功率比蓄电池高近 10 倍;③ 充放电循环寿命在 100 000 次以上;④ 能在 -40~70℃的环境温度中正常使用;⑤ 有超强的荷电保持能力,漏电源非常小;⑥ 充电迅速,使用便捷;⑦ 无污染,真正免维护。

1.2.4　储热技术

储热技术是以储热材料为媒介将太阳能光热、地热、工业余热、低品位废热等热能储存起来,在需要的时候释放,力图解决由于时间、空间或强度上的热能供给与需求间不匹配所带来的问题,最大限度地提高整个系统的能源利用率而逐渐发展起来的一种技术。储热技术的开发和利用能够有效提高能源综合利用水平,对于太阳能热利用、电网调峰、工业节能和余热回收、建筑节能等领域都具有重要的研究和应用价值。储热技术主要分为显热储热、潜热储热与化学反应储热 3 大类。其中,显热储热是利用材料物质自身比热容,通过温度的变化来进行热量的存储与释放;潜热储热是利用材料的自身相变过程吸/放热来实现热量的存储与释放,所以潜热储热通常又称为相变储热;化学反应储热是利用物质间的可逆化学反应或者化学吸/脱附反应的吸/放热进行热量的存储与释放。

1.2.4.1　显热储热

显热储热是利用储热材料的热容量,通过升高或降低材料的温度而实现热量的储存或释放的过程。固体显热储热材料物质包括岩石、砂、金属、混凝土和耐火砖等,液体显热储热材料包括水、导热油和熔融盐等。水、土壤、砂石及岩石是最常见低温(<100℃)

显热储热介质。导热油、熔融盐和混凝土是常用的中高温（120～600℃）显热储热材料。在超高温区（≥600℃），蜂窝陶瓷、耐火砖、混凝土或浇注料等是主要的储热材料。

显热储热原理简单，材料来源丰富并对环境友好，成本低廉，是研究最早、利用最广泛、技术最成熟的热能储存方式。但其通常也显示出储能密度低（体积庞大）、温度输出波动大、自放热与热损问题突出等特征。储能密度低是显热储热材料本身特性决定的，提升空间不大。温度输出波动大则可以通过突破以下技术来解决：显热储热系统优化集成技术、显热储热系统的动态热管理技术等。

1.2.4.2 潜热储热

潜热储热利用材料物相变化过程中吸收（释放）大量潜热以实现热量储存和释放。相变材料按工作过程中材料相态转变的基本形式可分为固—气、液—气、固—固和固—液相变材料四类。固—气、液—气两类材料相变过程中存在体积变化大的不足，固—固相变材料存在相变潜热小和严重的塑晶现象的缺点，相关研究和实际使用较少。固—液相变材料在相变过程中转变热焓大而体积变化较小，过程可控，是目前的主要研究和应用对象。按工作温度范围可分为低温和中高温相变材料。低温相变材料主要包括聚乙二醇、石蜡和脂肪酸等有机物及无机水合盐，中高温相变材料主要包括无机盐、金属和合金等。

潜热储热具有储能密度高、放热过程温度波动范围小两大显著特点，相比显热储热有更宽的适用温度范围、更高的储能密度，系统配置相对简单，但充、放热速率较低，成本较高是其当前主要的问题。为解决上述问题，亟须开发储热密度大、导热率高、低成本的新型复合相变储热材料；需要深入探索复合储热材料微结构与储热性能的关系，确立降低界面热阻的调控方法；需要以大容量储热系统的高效充热放热为目标，来优化设计储热器。

1.2.4.3 化学反应储热

化学反应储热是利用储能材料相接触时发生可逆的化学反应来储、放热能：如化学反应的正反应吸热，热能便被储存起来；逆反应放热，则热能被释放出去。化学反应储热具有更大的能量储存密度，而且不需要保温，可以在常温下无损失地长期储存热能。用于储热的化学反应必须满足：反应可逆性好，无副反应；反应迅速；反应生成物易分离且能稳定储存；反应物和生成物无毒、无腐蚀、无可燃性；反应热大，反应物价格低等条件。

化学反应储热技术还面临着诸多挑战：过程总体复杂、安全性要求较高、一次性投资较大、整体效率较低，因此还没有得到有效的规模化应用。根据现有研究可以预见，未来热化学储热技术的主要发展方向包含以下几个方面：① 储热材料是储热技术的核心所在，制备储热密度高、循环稳定性好的热化学储热材料有利于推动化学储能的规模化应用；② 通过优化反应器设计，获得高效的传热传质效率，从而提高系统性能；③ 根据热源温度、放热温度、反应气氛等环境特点和应用要求，从系统安全性角度出发，合理设计开式或闭式系统。

1.3　储能应用现状分析

1.3.1　全球储能市场概况

1.3.1.1　全球储能市场规模

根据中国能源研究会储能专业委员会/中关村储能产业技术联盟（CNESA）全球储能项目库的不完全统计，截至 2019 年底，全球投运储能项目累计装机规模 184.6GW，同比增长 1.9%，增速平稳。如图 1-1 所示，抽水蓄能依然是当前累计装机规模最大的一类储能技术，其规模达到 171.0GW，同比增长 0.2%，所占比例为 92.6%，与 2018 年同期相比下降了 1.7 个百分点；电化学储能紧随其后，累计装机规模为 9520.5MW，同比增长 43.7%，所占比重为 5.2%，较 2018 年增长了 1.5 个百分点；熔融盐储热位列第三，累计装机规模为 3177.3MW，同比增长 13.6%，所占比重为 1.7%，较 2018 年同期增长了 0.2 个百分点。

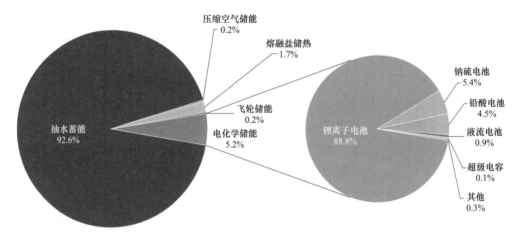

图 1-1　全球投运储能市场累计装机规模（2019 年）

相对其他储能技术而言，电化学储能技术连续多年一直保持着快速增长的态势，近五年来的年复合增长率（2015～2019 年）为 65.4%。全球电化学储能市场累计装机规模（2000～2019 年）如图 1-2 所示。

1.3.1.2　全球储能市场技术分布

截至 2019 年底，全球投运的电化学储能项目中（见图 1-3），锂离子电池的累计装机规模最大，为 8453.9MW，占比为 88.8%，同比增长 47.9%。

从各个主流技术中应用的累计装机分布上看，如图 1-4 所示，锂离子电池、铅酸电池和超级电容中，均是用户侧领域的累计装机占比最大，比例分别为 36.9%、75.5% 和 75.3%；钠硫电池和液流电池中，均是集中式可再生能源并网领域的累计装机占比最大，比重分别为 46.9% 和 48.0%。

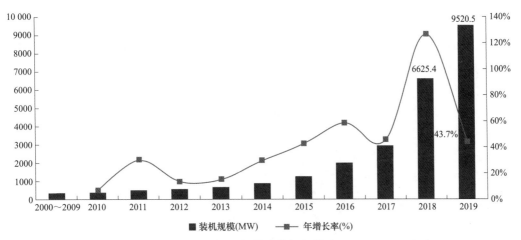

图 1-2　全球电化学储能市场累计装机规模（2000～2019 年）

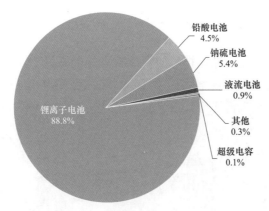

图 1-3　全球投运电化学储能项目的技术累计装机分布（2019 年）

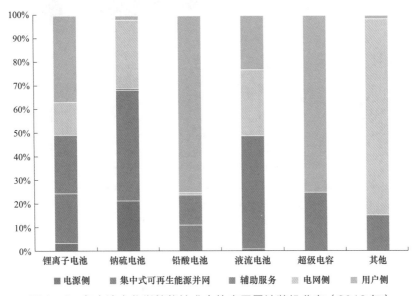

图 1-4　各主流电化学储能技术中的应用累计装机分布（2019 年）

1.3.1.3 全球储能市场应用分布

截至 2019 年底，全球投运的电化学储能项目中，如图 1-5 所示，用户侧领域的累计装机规模最大，为 3482.4MW，占比 36.6%，同比增长 61.2%。

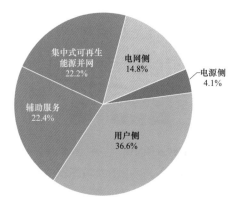

图 1-5 全球投运电化学储能项目的应用累计装机分布（2019 年）

各应用领域中主流电化学储能技术的累计装机分布如图 1-6 所示，可以看出锂离子电池在电源侧、集中式可再生能源并网、辅助服务、电网侧和用户侧中均有分布，且其在各个应用领域中的累计装机占比均是最大的，比重分别为 71.9%、84.1%、97.3%、85.7% 和 89.6%。

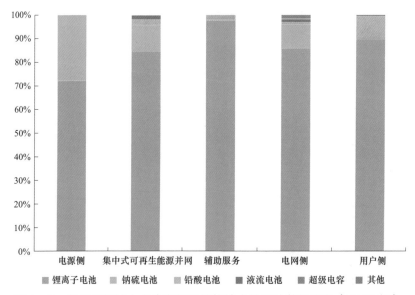

图 1-6 各应用领域中主流电化学储能技术的累计装机分布（2019 年）

1.3.1.4 全球储能市场地区分布

截至 2019 年底，全球投运的电化学储能项目，主要分布在 79 个国家和地区，累计装机规模排在前十位的国家分别是：韩国、中国、美国、英国、日本、德国、澳大利亚、阿联酋、加拿大和意大利，如图 1-7 所示。其中：

从装机规模上看，韩国的累计装机规模最大，为 1987.4MW，占全球电化学储能项目累计装机规模的 20.9%，同比增长 0.5%。

从技术分布上看，除了阿联酋，其他国家基本都以锂离子电池的应用为主，且其在这几个国家中的累计装机占比均在 80%以上；阿联酋的投运项目中，钠硫电池的累计装机占比最大，为 95.2%。

从应用分布上看，韩国、中国、澳大利亚、加拿大和意大利的投运项目中，均是用户侧领域的累计装机占比最大，比重分别为 47.8%、46.9%、38.0%、68.2%和 82.3%；英国和德国的投运项目中，均是辅助服务领域的累计装机占比最大，比重分别为 49.9%和54.1%；美国的投运项目中，电网侧的累计装机占比最大，比重为 28.7%；日本的投运项目中，集中式可再生能源并网领域的累计装机占比最大，比重为 39.3%；阿联酋的投运项目中，电源侧的累计装机占比最大，比重为 94.2%。

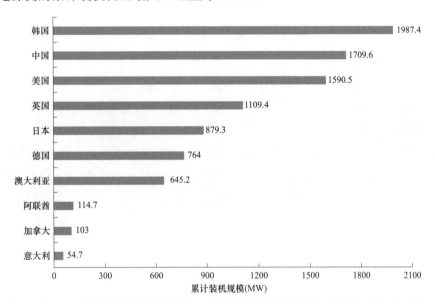

图 1-7　全球投运电化学储能项目中累计装机规模排名前十的国家（2019 年）

1.3.2　全球储能市场发展特点

2019 年，全球电化学储能市场加速发展，新增投运的电化学储能项目主要分布在 49 个国家和地区，其中，中国、美国、英国、德国、澳大利亚、日本、阿联酋、加拿大、意大利和约旦，规模合计占 2019 年全球新增总规模的 91.6%。

中国，新增投运规模较 2018 年同期有所下降，特别是电网侧领域，降幅达到 39.8%。2019 年 5 月 24 日，国家发展改革委正式印发的《输配电定价成本监审办法》规定电储能设施成本费用不得计入输配电定价成本，使得电网侧储能在经历 2018 年的爆发式增长之后"急停刹车"，而在短期内如果没有明确的投资收益渠道，未来几年电网侧储能的发展仍会受到一定影响。

美国，新增规划/在建规模遥遥领先于其他国家（容量超过 1.5GW），计划投运时间就在未来两到三年内。此外，2018 年，FERC 还发布了美国储能史上颇具里程碑式意义的法令 Order 841，要求各个区域配网运营商调整市场规则，以更好的接纳储能，这对全球其他国家或地区的市场规则制定者也具有借鉴意义。

英国，市场规模增速快，连续两年占据欧洲储能市场新增投运规模的首位。但在 2018 年 11 月，欧洲法院暂停了英国容量市场拍卖，重创了英国储能市场。部分储能项目开发商的收入受到很大影响，并暂停了对新储能项目的开发和推进。发电商可能会通过现货市场来弥补容量市场的损失，从而导致现货市场价格的上涨。

德国，以电网级储能和户用储能应用为主，特别是后者，无论是市场规模还是商业模式，都在引领全球户用储能市场的发展。截至 2019 年底，德国户用储能累计安装量超过 18 万套。随着德国能源转型进程的不断推进，这些"小电池"释放出的灵活性可创造出更大的价值。

澳大利亚，随着 Tesla 在南澳 100MW/129MWh 锂电池储能项目的成功投运，一定程度上带动了同类型项目的开发，项目地点从南澳延展至昆士兰州、维多利亚州、北领地❶等多个州，将进一步推动市场规模的快速增长。此外，南澳推出的户用电池储能补贴计划（Home Battery Scheme），对安装家用光储系统的用户进行补贴和低息贷款，也吸引了许多户用储能系统集成商的目光。

日本，新增投运项目主要应用在户用储能领域，占日本新增装机总规模的 47.4%。2019 年 11 月，日本第一批户用光伏上网电价（Feed-in-Tariff）到期，据日本资源能源部的数据统计，这批用户的数量达到 53 万户，并且数字在逐年攀升，将会进一步刺激户用储能市场的发展。

加拿大，项目多分布在安大略省，驱动力主要来自于该省推行的 Global Adjustment Charge❷电费政策，储能帮助工业用户降低这笔高昂电费的作用已经显现。2019 年，加拿大新增投运项目全部应用在工业用户侧储能领域，还有近 100MW 的这类项目处于规划/在建状态。预计该领域仍将是安大略省储能最主要的应用市场之一，并有望在其他省得到复制。

1.3.3 中国储能市场概况

1.3.3.1 中国储能市场规模

根据中国能源研究会/中关村储能产业技术联盟（CNESA）全球储能项目库的不完全统计，截至 2019 年底，中国已投运储能项目（包括抽水蓄能电站）的累计装机规模 32.4GW，

---

❶ 北领地（Northern Territory），是澳大利亚境内一个直属澳大利亚联邦政府的领地，是澳大利亚的两个内陆领地之一，位于澳大利亚大陆中北部，首府是达尔文。

❷ Global Adjustment Charge：加拿大安大略省政府于 2005 年设立，按月收取，实时反应批发电力价格与维持核电水电运行、建设维护能源基础设施、接入电网等相关成本之间的差异。对于工业用户来说，其高峰负荷占安大略省总高峰负荷的比例将决定 Global Adjustment Charge 的多少，最高可占工业用户电费账单的 70%。

占全球储能市场的 17.6%，同比增长 3.6%。如图 1-8 所示，与全球市场类似，抽水蓄能仍是中国当前累计装机规模最大的一类储能技术，累计规模达到 30.3GW，同比增长 1.0%，占比为 93.4%，与 2018 年同期相比下降了 2.4 个百分点；电化学储能紧随其后，累计装机规模为 1709.6MW，同比增长 59.4%，占比为 5.3%，与 2018 年同期相比增长 1.9 个百分点；熔融盐储热位列第三，累计装机规模为 420MW，同比增长 90.9%，与 2018 年同期相比增长了 0.6 个百分点。

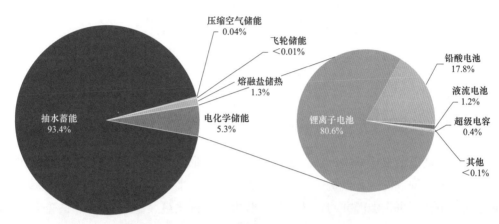

图 1-8　中国储能市场累计装机规模（2019 年）

中国电化学储能市场累计装机规模增长率（2000～2019 年）如图 1-9 所示。与全球市场一致，中国的电化学储能容量在近几年保持快速增长的态势，近五年来的年复合增长率（2015～2019 年）达 79.7%。

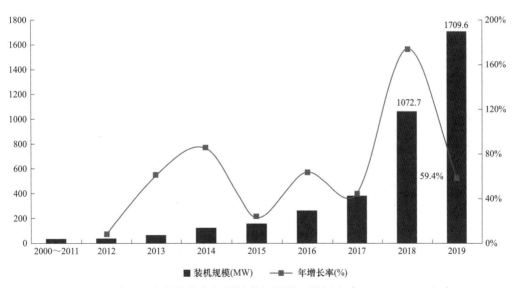

图 1-9　中国电化学储能市场累计装机规模及增长率（2000～2019 年）

1.3.3.2 中国储能市场技术分布

截至 2019 年底，中国投运的电化学储能项目中，如图 1−10 所示，锂离子电池的累计装机规模最大，为 1378.3MW，所占比重为 80.6%，同比增长 81.6%。

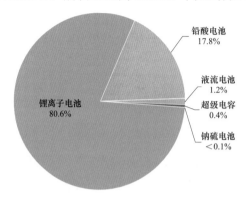

图 1−10　中国投运电化学储能项目的技术累计装机分布情况（2019 年）

从各类型储能的累计装机分布上看，如图 1−11 所示，锂离子电池、铅酸电池和超级电容均是用户侧领域的累计装机规模占比最大，比重分别为 36.6%、93.4% 和 80.9%；液流电池在集中式可再生能源并网领域的累计装机规模占比最大，为 64.9%；钠硫电池全部应用于用户侧领域。

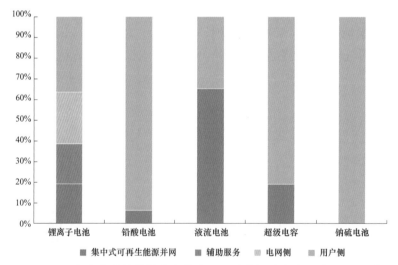

图 1−11　各电化学储能技术中的应用累计装机分布情况（2019 年）

1.3.3.3 中国储能市场应用分布

截至 2019 年底，中国已投运的电化学储能项目的应用累计装机分布如图 1−12 所示。其中,用户侧领域的累计装机规模最大,为 802.3MW,所占比重为 46.9%,同比增长 53.0%。

从各个应用领域中主流储能类型的累计装机规模分布上看,如图 1−13 所示,集中式可再生能源并网、辅助服务、电网侧和用户侧领域中,均是锂离子电池的累计装机占比最大,比重分别为 88.6%、100%、99.9% 和 62.9%。

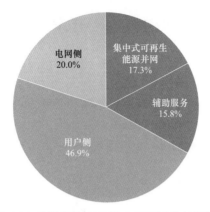

图 1-12　中国已投运电化学储能项目的应用累计装机规模分布（2019 年）

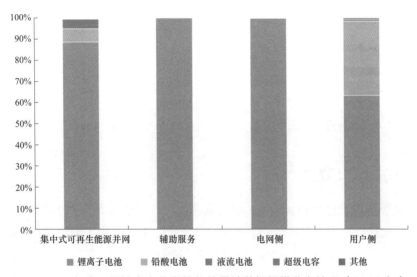

图 1-13　各应用领域中电化学储能的累计装机规模分布情况（2019 年）

1.3.3.4　中国储能市场地区分布

截至 2019 年底，中国投运的电化学储能项目，主要分布在 30 多个省市中。累计装机规模排在前十位的省（自治区、直辖市）分别是：江苏、广东、青海、河南、湖南、新疆、北京、山西、内蒙古和浙江，如图 1-14 所示。其中：

从装机规模上看，江苏的累计装机规模最大，装机容量为 435.2MW，占比为 25.4%，同比增长 32.8%。

从技术分布上看，除了江苏省，其他省份基本都以锂离子电池的应用为主，且其在这些省份中的累计装机占比大多在 80% 以上；江苏省的投运项目，以锂离子电池和铅酸电池的应用为主，二者合计占江苏省累计装机容量的 99.9%。

从应用分布上看，江苏、广东、北京和浙江的投运项目中，均是用户侧领域的累计装机容量占比最大，比重分别为 73.3%、54.3%、54.6% 和 88.9%；青海和新疆的投运项目中，均是集中式可再生能源并网领域的累计装机容量占比最大，比重分别为 77.5% 和 82.9%；

河南和湖南的投运项目中，电网侧领域的累计装机容量占比最大，比重分别为 79.1%和 64.2%；山西和内蒙古的投运项目中，辅助服务领域的累计装机容量占比最大，比重分别为 93.9%和 98.9%。

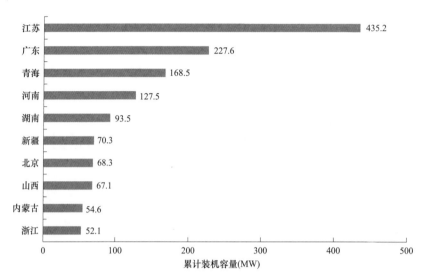

图 1-14　各应用领域中电化学储能的累计装机容量分布情况（2019 年）

1.3.4　中国储能市场发展特点

中国储能市场需求已经逐步明晰，储能系统供应链日臻完善，用户对储能应用的认识也从理论走向实践。在政策和市场的双重促动下，储能市场开启了向规模化应用发展的新阶段。总体来看，中国储能市场的发展呈现出以下六个特点：

（1）电化学储能迈进规模化发展阶段。按照 2017 年 10 月国家能源局等五部委联合发布的《关于促进储能技术与产业发展的指导意见》，"十四五"应是储能规模化发展、形成较为完整产业体系的阶段。2021 年 7 月，国家发展改革委和国家能源局联合发布的《关于加快推动新型储能发展的指导意见》中也明确提出统筹开展储能专项规划、大力推进电源侧储能项目建设、积极推动电网侧储能合理化布局和积极支持用户侧储能多元化发展等鼓励储能多元化发展措施。目前规模应用的储能技术已经聚焦，锂离子电池和铅炭电池居于前两位，钠硫电池、液流电池和压缩空气储能紧随其后。在项目实施过程中，包括储能设备厂商、系统集成商、项目运营商、项目总包商和业主单位在内的供需链条已经形成，动力锂离子电池的梯次利用和回收体系的建设工作已经启动，产业链正在完善中。

（2）电网侧储能快速发展，探索储能应用新领域。2018 年，有超过 200MW 的电网侧大规模储能项目成功投运，改变了长期以来深圳宝清电站是唯一的规模化电网侧储能项目的现状。由电网主导的大规模电网侧储能项目的实施将在电网侧工程建设和实地应用的经验积累、提升电网企业对储能系统参与电力服务的认可和认知并制定合理的应用流程及手续、作为业主单位促进各类储能市场机制和价格机制的建立与完善等方面促动电网侧储能的发展。

（3）火储联合参与调频正向多地渗透，期待市场化价格机制的建立。电改政策不断推动电力辅助服务的市场化发展，为储能电站联合火电机组参与调频辅助服务在多省铺开奠定了基础。国家能源局《完善电力辅助服务补偿（市场）机制工作方案》的发布，使"两个细则"和"按效果付费"逐步被推广，使得储能在调频辅助服务领域的容量大增，且突破了传统的京津唐和山西地区，开始向多地区渗透。但随着众多企业进入储能调频市场，在项目规模增加的同时，竞争也在加剧，加上有些地区调低调频辅助服务的补偿价格，给火储联合调频项目带来投资回收的风险。

（4）可再生能源场站配置储能蓄势待发，有望成为未来储能新的增长点。可再生能源场站配置储能是 2011 年我国储能投入示范应用的起点，在应用中首次验证了储能在计划跟踪、平抑出力、减少弃风/光和调频/峰中的应用效果。但由于储能所实现的价值长期得不到合理回报，使得近年来储能在此领域的规模化应用受到了抑制，2018 年装机占比为17.4%，比 2017 年同期降低了近 12 个百分点。目前，随着可再生能源并网规模的扩大，区域电网的并网压力和风险也逐步增加，因此，以东北、华北和西北为代表的"三北"地区一直都在探索储能的应用，保障安全的同时也增加电网的调节能力。一方面，政府职能部门在不断摸索最适合可再生能源领域储能的支持和补偿政策；另一方面，虽然盈利性不佳，但企业项目已经上马，倒逼市场和价格机制的建设。市场的需求、政府的推动、企业的参与都激励着储能在可再生能源场站的储能应用，可再生能源配置储能的市场正蓄势待发，有望成为新的增长点。

（5）非补贴类储能政策助力储能市场化发展。作为灵活的调节资源，支撑智慧能源、可再生能源、电力系统、交通系统高效发展的新兴技术，储能的支持政策应着眼于开放市场准入、支持建立合理的市场竞争和价格机制。国家层面的政策支持体系一旦形成，将带动全国各省市、各相关行业的政策出台，有利于产业的发展落实到项目建设层面，使现阶段储能处于的政策、市场双驱动局面健康有序地转化为市场需求推动的局面。

（6）多项储能标准出台，标准规范体系建设中，护航产业健康发展。2014 年，我国成立了 SAC TC550 全国电力储能标委会，负责储能标准的制修订工作。2015 年，全国电力储能标委会根据电力储能标准现状，提出了初步的电力储能标准体系，将储能标准划分为基础通用类、规划设计类、设备试验类、施工验收类、并网检测类和运行维护类，涵盖了各种形式的储能。目前已发布的抽水蓄能电站相关标准，涉及规划设计、设备及试验、运行与维护三个方面；压缩空气相关标准，涉及基础通用类、设计类、设备制造类等几个方面，但不是针对电力系统应用的压缩空气储能，是压缩空气技术工业应用的一些通用标准；电化学储能相关标准的制订主要围绕规划设计类、设备及试验类、施工及验收类、并网及检测类、运行与维护类五个方面。

1.4 电储能主要应用研究分析

1.4.1 储能提升新能源发电的接入和消纳能力

储能系统具有灵活的充放电能力，配置于风电场或光伏电站中能够平滑新能源出力，减少其对电网的冲击。对于单台风机，将储能系统配置于风电机组背靠背换流器的直流端，通过一定的控制策略能够有效缓解风机出力波动。对于风电场，相关文献提出使用超级电容器和锂电池组成的混合储能系统平滑其出力。采用基于小波分解的控制算法，有效降低了风电场在 1min 和 30min 内的出力波动。研究了风光储联合发电系统的有功控制策略，同时评估了储能系统的容量对该发电系统供电可靠性的影响。

储能系统能够快速地四象限调节，因此可灵活地与电网双向交换无功。相关文献研究了在输电网中投运储能系统以平抑由风电场造成的电压波动。采用了模糊逻辑策略对风电场配置的储能进行控制。研究表明，配置储能可有效地提升电网的静态电压稳定性，进而能够提高风电场的接入容量。未来对储能辅助新能源并网控制的研究将着重于储能有功和无功功率的优化控制，通过多目标的控制方案降低储能的使用成本。

配置储能系统能够提升新能源在电力市场中的竞争力。在各国逐渐减少新能源发电补贴的前提下，提高新能源在电力市场中的收益能够保证投资者对新能源开发的收益。风电、光伏等新能源由于预测精度较低、可控性较差，在电力系统运行中会面临由于出力偏差而导致的经济惩罚。如何通过储能系统提高新能源发电收益、减小惩罚成为重要的研究课题。相关文献基于国内电力体制探索了风电—储能系统联合运行的新模式，并提出对应的随机优化模型。新的运行模式不仅能够使新能源出力跟随负荷，还能提高风电场的经济效益。

在欧美电力市场环境下，相关文献提出了储能系统配合新能源在日前市场上的报价策略。通过预测次日的电价和风功率出力生成多个随机场景，采用随机优化的方法确定储能系统的次日出力计划。目标函数一般为最大化收益期望，约束中可以采用机会约束限制风电出力不足的风险。大型的储能系统可以发挥其市场力影响最终的成交价格，研究了储能系统配合可再生能源作为日前市场价格制定者的报价策略。研究了新能源发电和储能系统在实时市场中的最佳控制策略。常用的控制策略包括线性控制策略、动态规划策略、基于备用容量的控制策略等。将日前和实时两个市场结合起来，在日前上报策略中考虑实时控制策略，提出了整合的风—储上报及控制策略，进一步提高整体的经济效益。同时，利用风电等新能源预测精度随时间临近不断提高的特点，研究了考虑日内市场的滚动优化模型。通过不断地修正出力计划，减小出力偏差，从而提高整体的经济效益，如图 1-15 所示。

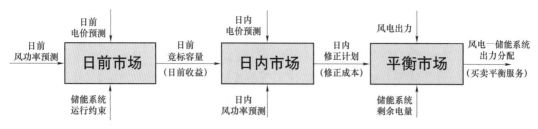

图 1−15 在日前、日内和平衡市场中风电—储能的滚动优化策略示意图

1.4.2 储能参与电力系统优化调度

由于储能系统的能量受限,对于其参与电力系统优化调度的研究重点考虑其能量耦合约束。相关研究提出了理想储能系统的一般模型,建立了其参与机组组合的确定性和随机优化模型。相关研究采用分支定界结合内点法求解含储能的机组组合问题,研究储能对含风电系统机组组合的影响。含储能的最优潮流(optimal power flow,OPF)模型需考虑多个负荷断面。相关研究建立了考虑储能参与的 OPF 模型,通过忽略无功潮流将 OPF 转化为凸优化问题。相关研究在 OPF 半正定规划模型研究的基础上,建立了考虑储能系统的 OPF 模型,并证明在引入储能之后仍能满足对偶间隙为零的条件。相关研究改进了储能模型,并对剩余能量约束进行了松弛与自适应调整。

由于电池、飞轮等类型储能的功率能够快速调整,是优越的调频资源,其控制策略是研究的热点。相关研究针对安装储能的风电场,提出了风储联合参与电网一次调频的模糊逻辑控制策略。相关研究考虑电池的能量限制,提出其动态可用 AGC 概念并根据区域控制偏差大小调整储能的功率输出。相关研究对储能参与 AGC 提出了二类控制策略,并采用实际电网数据进行了比较和分析。

美国通过修改市场规则,允许储能参与调频辅助服务市场。相关研究分析能量市场和辅助服务市场联合优化,最大化储能调频可用容量的方法。另外,有关研究对储能系统的容量价值开展了研究。

1.4.3 储能提高电网输电能力和稳定性

相关研究针对智利电网风电送出阻塞的情况,研究储能对减小弃风/阻塞的作用,考虑了传统机组爬坡速率的限制。相关研究针对抽蓄电站和电网升级的协调规划问题,考虑弃风损失最小、社会成本最低等目标,采用多目标优化方法求解。美国电科院的研究重点考虑了储能对于缓解 $N-1$ 条件下电网热极限约束的作用,认为铅酸电池较有吸引力;而对于提高电网稳定性,认为超导磁储能具有明显优势。有关文献对应用超导储能装置提高电网暂态稳定性进行了研究。有关文献提出了采用储能提高交流互联电网稳定控制的方法。有关文献采用饱和控制理论,提出了提高电网稳定性的储能系统容量配置方法。

1.4.4 分布式储能资源的配置与优化

分布式储能主要包括安装在配电网中的储能系统、用户侧储能系统和分散的电动汽车电池资源等。分布式储能可以提升配电网运行的安全性和经济性，从而提高配电网接纳分布式电源的能力。目前主要的研究热点在于分布式储能的选址定容优化和优化运行策略。相关文献从减少阻塞成本、延缓配网升级和实现低储高发套利三个方面分析了电池储能系统的效益并建立了以收益最大化为目标的优化模型。研究了包含分布式储能和分布式电源的需求侧管理问题，提出了一种非合作博弈情景下的分布式优化算法。研究了在家庭安装储能且与配电网运营商共享的情景下，如何优化分布式储能的运行以同时满足家庭用户节约用电费用和保证低压配电网安全运行的需求。

大量分布式储能资源通过聚合，可以向电网提供可观的储能容量。随着电动汽车的发展，电动汽车参与电网削峰填谷、调频服务等成为研究的热点。对电动汽车充放电与新能源发电配合，相关文献在配电网层面进行了研究。电动汽车与电网互动（vehicle-to-grid，V2G）消纳新能源发电的潜力巨大，但目前面临电池技术、市场手段与调控技术、接口标准等多方面的挑战。另一类具有潜力的储能资源是分布式热负荷，在控制策略方面已有较多文献发表，但其与新能源发电配合面临与 V2G 类似的挑战。图 1-16 示意了多类型分布式储能资源参与电网运行优化、提高新能源发电消纳能力的控制构架。该构架包括输电网、配电网和本地资源三个层级，在时序上包括日前计划、日内滚动优化和实时控制三个阶段。其中二级控制中心可以是配电网调度部门，也可以是集中商（Aggregator）。该构架还可包括分布式电源（DG）和其他类型的可控负荷资源。

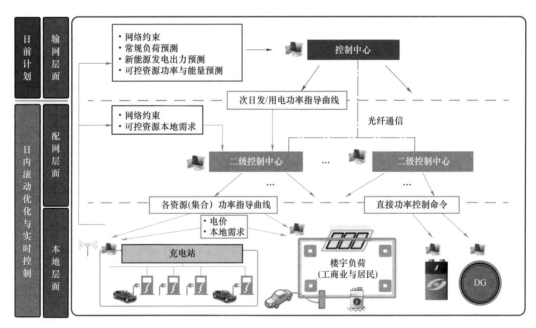

图 1-16 多类型分布式储能资源的协调控制构架示意图

参 考 文 献

[1] 陶占良，陈军. 铅碳电池储能技术 [J]. 储能科学与技术，2015，4（06）：546−555.

[2] Li W，Joós G. Comparison of energy storage system technologies and configurations in a wind farm [C]// Power Electronics Specialists Conference，2007. PESC 2007. IEEE，2007：1280−1285.

[3] Abbey C，Strunz K，Joós G. A knowledge-based approach for control of two-level energy storage for wind energy systems [J]. IEEE Transactions on Energy Conversion，2009，24（2）：539−547.

[4] Lu M S，Chang C L，Lee W J，et al. Combining the wind power generation system with energy storage equipments [C] //Industry Applications Society Annual Meeting，2008. IAS'08. IEEE，2008：1−6.

[5] Liserre M，Teodorescu R，Blaabjerg F. Stability of photovoltaic and wind turbine grid-connected inverters for a large set of grid impedance values [J]. IEEE Transactions on Power Electronics，2006，21（1）：263−272.

[6] Jiang Z，Yu X. Modeling and control of an integrated wind power generation and energy storage system [C] //Power & Energy Society General Meeting，2009. PES'09. IEEE，2009：1−8.

[7] Jiang Q，Hong H. Wavelet-based capacity configuration and coordinated control of hybrid energy storage system for smoothing out wind power fluctuations [J]. IEEE Transactions on Power Systems，2013，28（2）：1363−1372.

[8] 李碧辉，申洪，汤涌，等. 风光储联合发电系统储能容量对有功功率的影响及评价指标 [J]. 电网技术，2011，（4）：123−128.

[9] Le H T，Santoso S，Nguyen T Q. Augmenting wind power penetration and grid voltage stability limits using ESS：application design，sizing，and a case study [J]. IEEE Transactions on Power Systems，2012，27（1）：161−171.

[10] Said S M，Aly M M，Abdel-Akher M. Application of superconducting magnetic energy storage（SMES）for voltage sag/swell supression in distribution system with wind power penetration[C]//Harmonics and Quality of Power（ICHQP），2014 IEEE 16th International Conference on.IEEE，2014：92−96.

[11] 江全元，龚裕仲. 储能技术辅助风电并网控制的应用综述[J]. 电网技术，2015，（12）：3360−3368.

[12] Lee T Y，Chen C L. Wind-photovoltaic capacity coordination for a time-of-use rate industrial user [J]. IET Renewable Power Generation，2009，3（2）：152−167.

[13] 胡泽春，丁华杰，孔涛. 风电—抽水蓄能联合日运行优化调度模型 [J]. 电力系统自动化，2012，36（02）：36−41.

[14] Ding H，Hu Z，Song Y. Stochastic optimization of the daily operation of wind farm and pumped-hydro-storage plant [J]. Renewable Energy，2012，48：571−578.

［15］ Castronuovo E D，Usaola J，Bessa R，et al. An integrated approach for optimal coordination of wind power and hydro pumping storage ［J］. Wind Energy，2014，17（6）：829－852.

［16］ Taylor J，Callaway D S，Poolla K. Competitive energy storage in the presence of renewables ［J］. IEEE Transactions on Power Systems，2013，28（2）：985－996.

［17］ Haessig P，Multon B，Ahmed H B，et al. Energy storage sizing for wind power：impact of the autocorrelation of day-ahead forecast errors ［J］. Wind Energy，2015，18（1）：43－57.

［18］ Baslis C G，Bakirtzis A G. Mid-term stochastic scheduling of a price-maker hydro producer with pumped storage ［J］. IEEE Transactions on Power Systems，2011，26（4）：1856－1865.

［19］ Abu Abdullah，M.，et al. An effective power dispatch control strategy to improve generation schedulability and supply reliability of a wind farm using a battery energy storage system. IEEE Transactions on Sustainable Energy，2015.6（3）：p.1093－1102.

［20］ Peng C，Xin X，Zou J，et al. State-of-charge optimising control approach of battery energy storage system for wind farm ［J］. IET Renewable Power Generation，2015，9（6）：647－652.

［21］ Gast N，Tomozei D C，Le Boudec J Y. Optimal generation and storage scheduling in the presence of renewable forecast uncertainties ［J］. IEEE Transactions on Smart Grid，2014，5（3）：1328－1339.

［22］ Khayyer P，Ozguner U. Decentralized control of large-scale storage-based renewable energy systems ［J］. IEEE Transactions on Smart Grid，2014，5（3）：1300－1307.

［23］ Ghofrani M，Arabali A，Etezadi-Amoli M，et al. Energy storage application for performance enhancement of wind integration［J］. IEEE Transactions on Power Systems，2013，28（4）：4803－4811.

［24］ Ding H，Pinson P，Hu Z，et al. Integrated bidding and operating strategies for wind-storage systems ［J］. IEEE Transactions on Sustainable Energy，2016，7（1）：163－172.

［25］ Ding H，Hu Z and Song Y. Rolling optimization of wind farm and energy storage system in electricity markets. IEEE Transactions on Power Systems，2015，30（5）：2676－2684.

［26］ Jafari A M，Zareipour H，Schellenberg A，et al. The value of intra-day markets in power systems with high wind power penetration ［J］. IEEE Transactions on Power Systems，2014，29（3）：1121－1132.

［27］ Ding H，Hu Z，Song Y. Optimal intra-day coordination of wind farm and pumped-hydro-storage plant ［C］//PES General Meeting Conference & Exposition，2014 IEEE，2014：1－5.

［28］ Pozo D，Contreras J，Sauma E E. Unit commitment with ideal and generic energy storage units［J］. IEEE Transactions on Power Systems，2014，29（6）：2974－2984.

［29］ 谢毓广，江晓东. 储能系统对含风电的机组组合问题影响分析 ［J］. 电力系统自动化，2011，35（5）：19－24.

［30］ Chandy K M，Low S H，Topcu U，et al. A simple optimal power flow model with energy storage ［C］// Decision and Control（CDC），2010 49th IEEE Conference on.IEEE，2010：1051－1057.

［31］ Gayme D，Topcu U. Optimal power flow with large-scale storage integration［J］. IEEE Transactions on Power Systems，2013，28（2）：709－717.

［32］ 高戈，胡泽春. 含规模化储能系统的最优潮流模型与求解方法［J］. 电力系统保护与控制，2014，42（21）：9－16.

［33］ Zhang S，Mishra Y，Shahidehpour M. Fuzzy-logic based frequency controller for wind farms augmented with energy storage systems［J］. IEEE Transactions on Power Systems（early access，available online）.

［34］ Cheng Y，Tabrizi M，Sahni M，et al. Dynamic available AGC based approach for enhancing utility scale energy storage performance［J］. IEEE Transactions on Smart Grid，2014，5（2）：1070－1078.

［35］ 胡泽春，谢旭，张放，等. 含储能资源参与的自动发电控制策略研究［J］. 中国电机工程学报，2014，34（29）：5080－5087.

［36］ 陈大宇，张粒子，王澍，等. 储能在美国调频市场中的发展及启示［J］. 电力系统自动化，2013，37（1）：9－13.

［37］ Chen Y，Keyser M，Tackett M H，et al. Incorporating short-term stored energy resource into Midwest ISO energy and ancillary service market［J］. IEEE Transactions on Power Systems，2011，26（2）：829－838.

［38］ Sioshansi R，Madaeni S H，Denholm P. A dynamic programming approach to estimate the capacity value of energy storage［J］. IEEE Transactions on Power Systems，2014，29（1）：395－403.

［39］ Vargas L S，Bustos-Turu G，Larrain F. Wind power curtailment and energy storage in transmission congestion management considering power plants ramp rates［J］. IEEE Transactions on Power Systems，2015，30（5）：2498－2506.

［40］ Hozouri M A，Abbaspour A，Fotuhi-Firuzabad M，et al. On the use of pumped storage for wind energy maximization in transmission-constrained power systems［J］. IEEE Transactions on Power Systems，2015，30（2）：1017－1025.

［41］ Del Rosso A D，Eckroad S W. Energy storage for relief of transmission congestion［J］. IEEE Transactions on Smart Grid，2014，5（2）：1138－1146.

［42］ 樊冬梅，雷金勇，甘德强. 超导储能装置在提高电力系统暂态稳定性中的应用［J］. 电网技术，2008，32（18）：82－86.

［43］ 吴晋波，文劲宇，孙海顺，等. 基于储能技术的交流互联电网稳定控制方法［J］. 电工技术学报，2012，27（6）：261－267.

［44］ 吴云亮，孙元章，徐箭，等. 基于饱和控制理论的储能装置容量配置方法［J］. 中国电机工程学报，2011，31（22）：32－39.

［45］ Carpinelli，G，Celli，G，Mocci，S，et al. Optimal integration of distributed energy storage devices in smart grids，IEEE Transactions on Smart Grid，2013，4（2）：985－995.

［46］ Atzeni I，Ordóñez L G，Scutari G, et al. Demand-Side Management via Distributed Energy Generation and Storage Optimization，IEEE Transactions on Smart Grid，2013，4（2）：866－876.

［47］ Wang Z，Gu C，Li F，et al. Active demand response using shared energy storage for household energy management. IEEE Transactions on Smart Grid，2013，4（4）：1888－1897.

［48］ 姚伟锋，赵俊华，文福拴，等. 基于双层优化的电动汽车充放电调度策略［J］. 电力系统自动化，2012，36（11）：30－37.

［49］ Liu Hui，Hu Zechun，Song Yonghua，et al. Vehicle-to-grid control for supplementary frequency regulation considering charging demands［J］. IEEE Transactions on Power Systems，2015，30（6）：3110－3119.

［50］ Zakariazadeh A，Jadid S，Siano P. Integrated operation of electric vehicles and renewable generation in a smart distribution system［J］. Energy Conversion and Management，2015，89：99－110.

［51］ Lu N，Zhang Y. Design considerations of a centralized load controller using thermostatically controlled appliances for continuous regulation reserves［J］. IEEE Transactions on Smart Grid，2013，4（2）：914－921.

［52］ Hao H，Sanandaji B M，Poolla K，et al. Aggregate flexibility of thermostatically controlled loads［J］. IEEE Transactions on Power Systems，2015，30（1）：189－198.

第 2 章

与可再生能源发电联合的储能系统优化配置

作为提升可再生能源消纳、减小波动性新能源接入给电网安全运行带来负面影响的有效手段，储能技术在可再生能源发电侧应用研究得到广泛关注，相关试点示范和商业应用项目也在各国政府和企业的支持下得以开展。学术界针对与可再生能源发电厂站联合的储能容量配置方法方面开展了大量研究并取得了较为丰富的成果。总体来说，对储能优化配置研究主要基于以平抑可再生能源出力功率波动为目标和以实现可再生能源接入经济性优化为目标两类。通过为可再生能源发电厂站配置一定量的储能，可以在运行中通过控制储能充放电实现可再生能源与储能联合系统输出功率平滑，进而减小系统备用容量、提升供电质量、提高可再生能源的接纳能力。以经济性为目标的储能配置方法则旨在通过配置合理的储能容量以获取较大的可再生能源与储能系统联合发电效益或者降低综合投资运行成本。本章将主要介绍几种与可再生能源场站配合的储能系统优化配置思路与方法。

本章分别从降低可再生能源发电厂站与储能系统联合输出功率波动和提升联合系统运行经济性的角度介绍了与可再生能源发电厂站联合的储能系统容量优化配置方法。其中，以平滑可再生能源功率为出发点的储能容量优化配置方法又可以分为基于历史数据特征分析的储能容量配置方法和考虑运行调节过程的储能容量配置方法两类。按照该方法计算结果配置储能，可以在一定程度上从技术层面保证联合系统运行中输出功率平滑，提升系统稳定性与可靠性。以联合系统调节经济性角度为出发点的储能配置方法则从经济性层面保证可再生能源的可靠消纳，提升联合系统参与辅助服务调节的综合效益。在实际中，可以根据可再生能源发电厂站运行要求和调节目标灵活选择相应的运行目标和约束条件构建储能配置模型并选取合适的求解方法。

2.1 基于历史数据特征分析的最优储能容量配置策略

可再生能源发电的数据特征量是指能反应可再生能源出力波动功率特性的数据信息量。根据所获得历史数据观测域的不同，特征量在时域和频域中又会有不同体现。将所获得的历史新能源出力时域数据进行统计或在频域中分解、分析，可以对可再生能源发电功率波动有更加全面的了解。在此基础上，结合储能系统的充放电特性配置合理容量的储能，可以有效减小功率波动，提升可再生能源场站接入电网中的友好性。

2.1.1 基于可再生能源出力时域特征分析的储能容量配置方法

可再生能源发电功率历史数据的时域特征主要有两种维度特性，一种是基于不同大小时间窗口连续时间段内的功率波动率特性，另一种是对历史可再生能源发电功率数据的频率统计特性。第一种特性包含时序信息；而第二种特性多为功率的离散分布统计并无时序特性。在研究中，一般根据可再生能源发电功率及其预测误差的统计信息来进行储能系统容量配置。

（1）储能配置方法概述。为了实现大多数场景下可再生能源发电与储能系统功率的匹配，需要保证储能系统可以在一定程度上补偿可再生能源功率预测误差以及由于其累计能量偏差。为此对于该种储能配置方法，除需要获得历史可再生能源出力数据外，还需要获得相应时刻的预测功率数据。将实际的可再生能源发电功率同相应时刻预测功率相减，可以得到功率误差时间序列数据，对误差数据标幺化处理可得

$$e^*(k) = \frac{1}{P_{inst}}[P_m(k) - P_f(k)] \quad k = 1, 2, \cdots, N \tag{2-1}$$

式中：$P_m(k)$、$P_f(k)$分别为可再生能源出力实测值和预测值；N为可再生能源出力功率时间序列的长度；P_{inst}为可再生能源发电场站的额定装机容量。

在得到可再生能源发电的时序功率预测误差后，可以对其进行直方图统计，并利用常见的概率分布概率密度函数对预测误差概率分布直方图进行拟合，建立指标并量化拟合精度误差。

$$I = \sum_{i=1}^{M}[f(A_i) - H_i]^2 \quad i = 1, 2, \cdots, M \tag{2-2}$$

式中：M为频率分布直方图的分组数；H_i和A_i分别为第i个直方柱的高度及中心位置；f为拟合所用概率密度函数；$f(A_i)$为中心位置A_i上拟合概率密度函数值。拟合指标I越小，拟合越精确。

通过选取补偿功率上下分位点，从概率分布密度上直接获得与可再生能源发电联合储能系统配置功率，用数学公式可表示为

$$P_{ESS} = \max\{|-P_{\alpha_1}|, P_{1-\alpha_2}\} \tag{2-3}$$

式中：P_{ESS}为储能装置额定功率；$1-\alpha$为置信度；α为显著性水平；$-P_{\alpha_1}$为置信水平$1-\alpha_1$置信区间下分位点；$P_{1-\alpha_2}$为置信水平为$1-\alpha_2$置信区间上分位点，$\alpha_1 + \alpha_2 = \alpha$。

可再生能源发电联合储能系统容量配置方法同功率配置方法相似，首先需要对预测功率偏差数据累加得到由预测偏差所导致的能量变化情况，在此基础上对能量数据标幺

$$E^*(k) = \frac{E(k)}{E_0} = \frac{\sum\limits_{i=1}^{k} e(i)T_{\mathrm{f}}}{P_{\mathrm{inst}} T_{\mathrm{w}}} \quad k = 1, 2, \cdots, N \tag{2-4}$$

式中：E_0 为可再生能源的额定发电量；T_{w} 为运行小时数；T_{f} 为预测时间尺度。

衡量拟合曲线对累积分布函数曲线的拟合效果时可采用拟合优度指标进行计算。当所运用的累积分布函数拟合效果同能量累积偏差情况接近时，累计分布函数的拟合效果越好。对比各种累计分布函数曲线，选择拟合优度最大的累计分布曲线作为计算储能电量配置曲线。储能装置额定电量的选取方法为

$$E_{\mathrm{ESS}} = \min_{c_{\mathrm{p}}} \{ F^{-1}(1 - c_{\mathrm{p}}\beta) - F^{-1}[(1 - c_{\mathrm{p}})\beta] \} \tag{2-5}$$

式中：E_{ESS} 为选取的储能装置的额定电量；F^{-1} 为拟合累积分布函数的反函数；c_{p} 为离散化因子；c_{p} 的取值范围是 [0,1]。确定使得 $1-\beta$ 置信水平下 E_{ESS} 达到最小时的离散化因子 $c_{\mathrm{p_1}}$，相应的置信区间为 $F^{-1}(1 - c_{\mathrm{p_1}}\beta) - F^{-1}[(1 - c_{\mathrm{p_1}})\beta]$。

（2）储能配置仿真分析。仿真算例基于我国华东地区某额定装机容量为 200kW 的光伏电站夏季数月实际发电功率和预测功率数据计算光伏电站的储能系统容量。其中，光伏出力及预测数据采集周期为 3min。根据采集光伏电站发出功率和预测功率计算预测误差数据，其结果如图 2-1 所示。

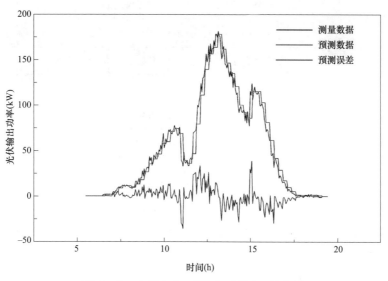

图 2-1　光伏出力、预测及预测误差曲线

观察曲线可知，光伏出力预测结果相较实际的功率曲线滞后，预测误差数值相对较小。根据以上所介绍方法对预测功率误差标幺、分组并绘制直方图，分别采用正态分布、带位置和尺度参数的 t 分布和极值分布对预测误差 $e^*(k)$ 的概率分布拟合，拟合结果如图 2-2 所示。

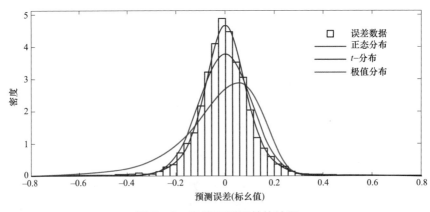

图 2-2　光伏预测误差统计图

采用极大似然估计等参数估计方法计算各种分布形式概率密度函数中的参数，根据式（2-2）计算不同分布的拟合指标值，拟合结果如表 2-1 所示。

表 2-1　　　　　　　　　　预测误差概率密度函数拟合结果

分布	参数估计结果			指标 I 值
正态分布	均值	方差	—	3.863 2
	$\mu = -0.000\,3$	$\sigma_2 = 0.011\,1$		
带位置参数 $t-$ 分布	位置参数	尺度参数	形状参数	0.486 8
	$\mu = 0.000\,4$	$\sigma = 0.080\,8$	$v = 4.798\,6$	
极值分布	位置参数	尺度参数	—	23.173 9
	$\mu = 0.052\,4$	$\sigma = 0.127\,1$		

根据表 2-1 可知，所采用的三种拟合分布，带位置和尺度参数 $t-$ 分布最适合描述该光伏系统的预测误差。在实际运行中，光伏出力预测误差由储能进行补偿，设定功率补偿置信水平为 95%，则表示储能在 95% 的置信水平下能够满足系统补偿预测误差的运行要求。计算相应的置信区间 $[-P_{\alpha_1}, P_{1-\alpha_2}]$，则其中 $\alpha_1 + \alpha_2 = 0.05$。

依据概率统计知识，带位置和尺度参数 $t-$ 分布的 95% 置信区间为 $[\mu - \sigma t_{inv}(0.975, v),$ $\mu + \sigma t_{inv}(0.975, v)]$，其中 t_{inv} 是 $t-$ 分布的分位数函数。采用 $t-$ 分布拟合预测功率误差及功率型储能配置情况如图 2-3 所示，通过运用统计分析软件可以计算得到对应该 95% 置信区间的功率范围为 $[-0.210\,0,\ 0.210\,7]$，则储能系统额定功率为 $P_{ESS} = \max\{|-0.210\,0|,$ $0.210\,7\} = 0.210\,7$。因此，该 200kW 光伏系统所配置的储能装置额定功率选取为 42.14kW。

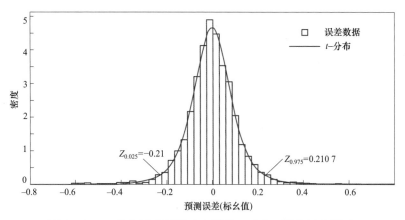

图 2-3　t-分布拟合预测功率误差及功率型储能配置情况

对光伏出力预测误差积分得到荷电状态（State-of-Charge，SOC）情况，对其进行标幺。其中，$P_{inst}=200kW$，$T_f=15min$，$T_w=14h$。绘制 $E^*(k)$ 累计分布曲线，采用正态分布、罗切斯特分布、极值分布等三种分布对 $E^*(k)$ 累积分布曲线拟合，拟合情况如图 2-4 所示。

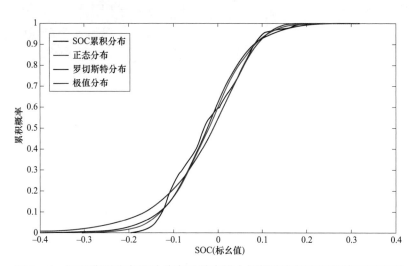

图 2-4　运用典型分布累计分布函数来拟合储能荷电状态误差情况示意图

为衡量拟合效果，首先应当运用统计分析软件估计各种分布的参数值。然后，将这三种累积分布函数的拟合结果数组与实际运行情况的统计结果按拟合优度公式进行计算。根据拟合优度定义可知其数值取值范围为 [0，1]，数值越大表示拟合效果越好。储能预测误差荷电状态的累积分布函数拟合情况如表 2-2 所示。

表 2-2   储能装置荷电状态累积分布函数拟合结果

分布	参数估计结果		拟合优度 R²
正态分布	均值	方差	0.993 1
	$\mu = -0.020\ 8$	$\sigma_2 = 0.287\ 0$	
罗切斯特分布	位置参数	尺度参数	0.991 3
	$\mu = -0.022\ 9$	$\sigma = 0.049\ 2$	
极值分布	位置参数	尺度参数	0.983 4
	$\mu = 0.021\ 2$	$\sigma = 0.082\ 3$	

在这三种分布中，正态分布对 $E^*(k)$ 累计分布曲线拟合优度值最大，拟合效果最佳。所以针对该算例，经比较选择正态分布为拟合光伏出力预测误差累计分布函数的分布。根据所确定的正态分布函数，选取置信水平 $1-\beta$，计算置信区间 $[E_{\beta_1}, E_{1-\beta_2}]$，其中 $\beta_1 + \beta_2 = \beta$，根据式（2-5）可以计算得到储能系统配置电量。

储能装置额定电量选取方法示意图如图 2-5 所示，选取置信水平为 95%，通过统计分析软件计算得到满足置信度要求的最小置信区间为 [-0.182 2，0.140 7]。因此，选取储能系统电量标幺值为 0.322 9。所以，针对算例中所考虑的 200kW 光伏系统，日光照小时数为 14h 情况下，储能电量应为 904.12kWh。

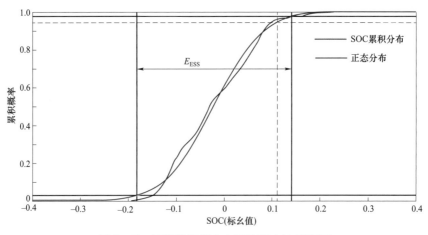

图 2-5　储能装置额定电量选取方法示意图

2.1.2　基于可再生能源出力频域特征分析的储能容量配置方法

该种储能配置方法是将所获得的可再生能源出力数据变换至频域，通过选择合适的频率分割点对不同频段的功率运用不同类型和大小的储能进行补偿。最终，通过对可再生能源发电功率中的高频波动功率分量补偿而达到平滑联合输出功率的效果。事实上，频谱分析结果中处于高频分量的功率在时域中表现为高频波动功率。因此，运用储能补偿高频分量的这一过程在时域中可以理解为消除大于该频率分量功率在时域中引起的波动,最终实现时域功率平滑。

(1)储能配置方法概述。基于可再生能源出力频域特征分析的储能容量配置方法一般流程可以分为储能功率确定、储能电量确定和初始 SOC 求取及校验等三个环节。

1)储能功率确定。对可再生能源功率输出数据 P_g 进行离散傅里叶变换,得到幅频变换结果

$$
\begin{cases}
\boldsymbol{S}_g = \mathcal{F}(\boldsymbol{P}_g) = [S_g(1),\cdots,S_g(n),\cdots,S_g(N_s)]^T \\
\boldsymbol{f}_g = [f_g(1),\cdots,f_g(n),\cdots,f_g(N_s)]^T
\end{cases}
\tag{2-6}
$$

式中: $\boldsymbol{P}_g = [P_g(1),\cdots,P_g(n),\cdots,P_g(N_s)]^T$ 为新能源功率输出样本数据; $P_g(n)$ 为第 n 个采样点输出功率; N_g 为采样点个数; $\mathcal{F}(\boldsymbol{P}_g)$ 表示对样本数据离散傅里叶变换; $S_g(n) = R_g(n) + jI_g(n)$ 为傅里叶变换结果中第 n 个频率 $f_g(n)$ 对应的幅值; $R_g(n)$ 、 $I_g(n)$ 分别为幅值的实部和虚部; $\boldsymbol{f}_g$ 为与 $\boldsymbol{S}_g$ 对应的频率列向量。

$$
f_g(n) = \frac{f_s(n-1)}{N_s} = \frac{n-1}{T_s N_s}
\tag{2-7}
$$

式中: $\boldsymbol{f}_g$ 、 T_s 分别为样本数据 $\boldsymbol{P}_g$ 的频谱分析所对应频率和采样周期(s)。由采样定理和离散傅里叶变换数据的对称性可知, $\boldsymbol{S}_g$ 以 Nyquist 频率 $f_N = f_t / 2$ (频谱分析结果的最高分辨频率,为采样频率的 1/2)为对称轴,两侧对称的复序列互为共轭,模相等,故只需要考虑 $0 \sim f_N$ 频率范围的幅频特性。利用离散傅里叶变换直接获得的 $\boldsymbol{S}_g$ 为复数向量并非原信号的实际幅值,在使用时需要根据离散傅里叶分析结果求取实际幅值。

基于频谱分析结果求取满足功率输出波动约束的目标功率输出及其对应的储能系统补偿频段。假定 $\boldsymbol{f}_{ps}$ 为频谱分析结果的补偿频段,在该频段内的分量均置零则可以获得补偿后消除了相应频段的功率波动 $\boldsymbol{S}_0$,将该结果进行离散傅里叶反变换可得到经过储能系统补偿后的目标功率输出结果 $\boldsymbol{P}_0$ 。

$$
\boldsymbol{P}_0 = \mathcal{F}^{-1}(\boldsymbol{S}_0) = [P_0(1),\cdots,P_0(n),\cdots,P_0(N_s)]^T
\tag{2-8}
$$

式中: $\mathcal{F}^{-1}(\boldsymbol{S}_0)$ 为对 $\boldsymbol{S}_0$ 进行离散傅里叶反变换; $P_0(n)$ 为第 n 个采样点的目标输出功率。在评价补偿效果时,需要对用于储能配置计算所有特定大小的时间窗波动率进行检验,当有任何一个时间窗口的波动率不满足要求时,需要从高频逐次向低频扩大频率补偿范围重新进行校验,直至获取到满足波动率要求的最大截止补偿频率,计算最小补偿电量。

根据系统功率输出理想值,计及储能系统充放电效率因素,确定能够保证储能系统连续稳定运行的储能系统功率输出和相应储能系统所需最大充放电功率(即额定功率)。储能理想充放电功率序列为理想平滑功率和波动功率之间的差值,但是在实际的储能系统运行中,由于充放电转换过程存在一定损耗,因此需要对所获得的充放电功率进行修正,以保证储能系统在样本周期内可以稳定连续运行。修正的原则即保证储能系统在运行周期内净充放电量为零,通过迭代计算获得目标功率输出平移量 ΔP 对功率修正,最终得到计及储能系统运行损耗的储能系统实际充放电功率序列 $P_b(n)$ 。在样本周期内,计算得到的储

能系统实际充放电功率最大值即为储能系统额定功率值

$$P_{ES0} = \max\{|P_b(n)|\} \quad (2-9)$$

2）储能电量的确定。为满足平滑可再生能源输出功率波动率的要求，储能系统应具备足够大电量。针对确定的储能系统功率输出，储能系统所需最大电量同样可以利用仿真法获得。

对储能系统输出功率修正后的各个采样点处储能系统充放电电量进行累计可以得到不同采样时刻储能能量波动数据

$$E_{b,acu}(m) = \sum_0^m \left[P_b(m) \frac{T_s}{3600} \right], \quad m = 0,1,\cdots,N_s \quad (2-10)$$

式中：$E_{b,acu}(m)$ 为储能系统在第 m 个采样时刻相对于初始状态的能量波动，亦即前 m 个采样周期内储能系统累计充放电能量之和。

根据计算得到的整个运行周期内储能系统最大最小能量之差，考虑储能 SOC 限制计算储能系统应配置电量

$$E_{ES0} = \frac{\max\{E_{b,acu}(m)\} - \min\{E_{b,acu}(m)\}}{C_{up} - C_{low}} \quad (2-11)$$

式中：C_{up} 和 C_{low} 分别表示为储能系统在运行中的 SOC 上、下限；$\max\{E_{b,acu}(m)\}$、$\min\{E_{b,acu}(m)\}$ 分别为整个样本数据周期内储能系统相对于初始状态的最小、最大能量；$\max\{E_{b,acu}(m)\} - \min\{E_{b,acu}(m)\}$ 为整个样本数据周期内储能系统最大能量波动的绝对值。

3）初始 SOC 求取及校验。由以上分析可知，计算所得储能系统电量是保证储能系统在考虑运行损耗的典型运行周期中最小储能配置电量。如若保证储能系统在运行中 SOC 不超过约束范围，则储能系统 SOC 初值需满足

$$C(0) = C_{low} + \frac{\max\{E_{b,acu}(m)\}}{E_{ES0}} = C_{up} + \frac{\min\{E_{b,acu}(m)\}}{E_{ES0}} \quad (2-12)$$

由式（2-12）可知，在满足约束的储能系统最小电量确定之后，相应唯一满足约束的 SOC 初始值也就唯一确定。尽管这一条件有些苛刻，但在实际系统中，该初值条件可以在储能系统中通过采用一定控制策略运行一段时间，达到稳态之后自然得到满足。

（2）储能配置仿真分析。某地区电网接有装机总容量为 100MW 的风电场，选取 2016年 4 月 17 日出力数据作为典型日数据计算分析风电场储能配置情况，功率采样周期为 1min。平滑目标选取为典型日中任意 20min 时间窗口的新能源输出功率不超过额定装机容量的 10%。储能系统采用电化学储能，其循环充放电效率为 86%，假设充放电效率相等，则充/放电效率近似等于 92.7%。储能系统 SOC 运行上限取 1，下限取 0.4。

典型日内，系统最小输出功率为 2.046MW，最大功率为 87.65MW，平均输出功率为 27.96MW，由于数据的采样周期为 1min，则频谱分析所对应的 Nyquist 截止频率 $f_N = 8.333 \times 10^{-3} Hz$。基于离散傅里叶分析频谱分析结果如图 2-6 所示。

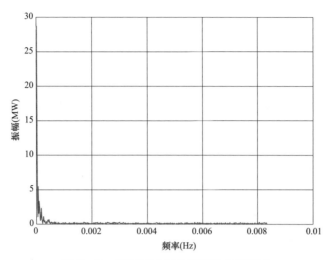

图 2-6　风电场输出功率频谱分析结果

　　基于频谱分析结果,可确定满足功率波动约束的储能系统最小补偿频段范围及其对应的理想目标输出。为表述方便,将频段范围以对应的周期值来描述。设补偿周期范围为 $[T_1, T_u]$,T_1、T_u 分别为补偿周期下限及上限。由上文介绍的储能配置方法,从高频波动分量开始对功率补偿。故补偿周期下限 T_1 设为 2min(为 Nyquist 频率对应的周期),采用试差法可寻找到满足功率波动约束的储能系统最小补偿范围对应的 $T_u = 144min$。

　　风电场发电功率与平滑目标输出功率如图 2-7 所示,按照计算储能配置所用的滤波方法,经过平滑后风电场—储能系统联合功率输出的最大功率值降为 1.64MW,最小功率输出为 74.11MW,典型日内任意 20min 的功率波动最大值为额定风电装机容量的 9.67%。所需配置储能功率为 14.65MW,所需配置储能电量为 8.77MWh,见表 2-3。

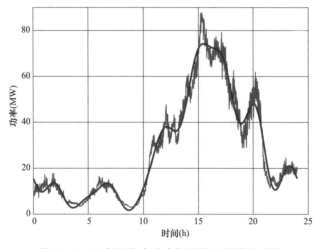

图 2-7　风电场发电功率与平滑目标输出功率

表 2-3 最优储能配置容量方案

T_1(min)	T_u(min)	F_{20}^{max}(%)	P_{ES0}(MW)	E_{ES0}(MWh)	$C[0]$(%)
2	144	9.67	14.65	8.77	67.79

2.2 考虑新能源出力平滑调节的储能系统容量配置方法

另一种降低可再生能源波动的储能容量配置方法是从可再生能源发电和储能联合控制的角度,计算电源侧配置储能容量。通过仿真分析方法确定储能容量可以充分利用储能的充放电特性以调节可再生能源和储能系统的总体输出功率,从而抑制新能源出力波动,提升可再生能源的消纳能力与电网的运行可靠性水平。根据控制策略结构的不同,储能配置方法可分为基于开环调节的储能容量配置方法和基于闭环调节的储能容量配置方法。

2.2.1 基于开环调节的储能容量配置方法

所谓开环控制策略指的是在控制储能平抑可再生能源出力功率波动的过程中不将储能的荷电状态参量引入控制系统输入端参与控制调节。该种控制策略优点是控制结构相对较为简单,控制调节速度较快。但是,该种控制策略在实际运行中可能由于无法有效限制储能 SOC 运行范围,一般需要为可再生能源发电厂站配置较大容量的储能系统以保证储能系统的动态调节能力。

(1)储能配置方法。在实际应用中,最常见的用于可再生能源输出功率平滑算法开环控制策略为一阶低通滤波算法和滑动平均滤波算法。基于以上两种滤波方法的储能配置方法思路可以概括为:可再生能源发电功率通过时域滤波后得到平抑后目标功率,平抑目标功率与原始功率间的差值记为储能系统充放电功率,根据所求得的储能充放电功率确定储能系统的额定功率。在此基础上,对储能充放电功率做积分获得能量变化曲线,确定所需配置储能系统的电量。

基于一阶低通滤波控制算法和滑动平均滤波控制算法的储能配置方法关键点在于滤波参数(滤波时间常数或滤波计算点数)的选取,滤波时间常数(或滤波计算点数)选择越大,所得到的平抑后波动功率越平滑,相应所需储能配置容量也越大;反之,滤波参数选取越小,可再生能源出力波动功率平抑效果越差,所需配置的储能容量也越小。基于一阶低通滤波和滑动平均滤波算法的储能配置方法需要确定可再生能源出力波动平滑目标,根据平滑目标要求结合历史可再生能源出力波动功率数据计算使得输出功率满足功率平滑需求的滤波器参数;根据原始可再生能源功率波动和平滑功率确定满足运行要求的储能配置方案。基于一阶低通滤波/滑动平均滤波控制策略的可再生能源储能配置方法流程图如图 2-8 所示。

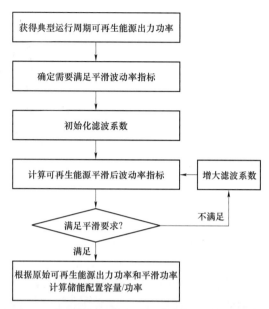

图 2-8　基于一阶低通滤波/滑动平均滤波控制策略的可再生能源储能配置方法流程

通过上述可再生能源功率波动平抑控制策略可计算求得储能的充放电功率曲线，进而求得储能系统的最大充放电功率；将充放电功率曲线积分可以得到储能系统存储电量变化曲线。在实际运行中，为提升储能系统使用寿命，需保证储能系统在运行时留有一定裕度，避免过充过放。因此，储能电量计算公式可以记为

$$E_{ES0} = \frac{\max \boldsymbol{E} - \min \boldsymbol{E}}{C_{up} - C_{low}} \qquad (2-13)$$

式中：C_{up} 和 C_{low} 分别表示储能 SOC 运行上下限限制，而 $\boldsymbol{E}$ 表示典型运行周期内储能剩余电量的向量。

（2）储能配置仿真分析。选取某 100MW 风电场典型年历史出力数据，计算基于滑动平均滤波控制策略的储能容量配置结果。其中，风电功率的采样周期为 2min，全年风电场平均输出功率为 33.07MW。波动率平滑要求全年内任意 10min 时间窗口最大波动率小于风电场装机容量的 10%。储能系统的充放电效率均设为 0.9。

采用基于滞后滑动平均控制策略的储能配置方法计算风电场储能配置容量，结果如表 2-4 所示。图 2-9 展示了基于滞后滑动平均滤波控制策略计算风电场储能配置 960～1000h 的风电场功率输出和平滑功率输出情况。

表 2-4　　　　　　　　　　　　　　风电场储能配置结果

控制策略	储能功率（MW）	储能电量（MWh）
滞后滑动平均滤波控制	61.50	191.38

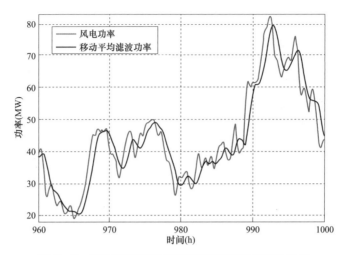

图 2-9 基于滞后滑动平均滤波控制策略平滑效果

基于开环控制策略的储能容量配置方法中所采用的平均滤波方法为滞后滑动平均滤波法，滤波器结构为

$$P_0(i) = \frac{1}{N} \sum_{j=-(N-1)}^{0} P_w(i+j) \qquad （2-14）$$

式中：N 为平滑功率计算点数；$P_w(i)$ 为 i 时刻风电场实际检测功率输出。本算例中，滤波平滑输出功率为当前时刻之前 72min 功率的平均值，为此平滑结果相较原始的功率滞后。为了补偿实际风电场发出功率和风电场储能系统联合输出功率之间的功率及电量偏差，储能功率和电量配置结果会偏大。与此不同，2.1.2 节中所介绍的基于可再生能源出力频域特征分析的储能容量配置方法是在获取所有典型日数据的基础上，通过对数据整体进行离散傅里叶变换、频域滤波、离散傅里叶反变换得到平滑功率数据。通过该种方式获得的平滑功率与原始功率之间在时域中无明显偏移，因此储能容量需求较小。相较基于可再生能源出力频域分析的储能配置方法而言，按照基于开环调节储能容量配置方法计算储能时，可以保证联合系统配置足够的储能功率与电量以保证控制策略的实施。

2.2.2 基于闭环调节的储能容量配置方法

闭环控制策略将储能荷电状态引入到控制环节中，在满足储能运行要求情况下，平滑可再生能源出力。基于闭环控制策略的储能配置方法计算所得储能配置容量结果相对较小，而且一般可以保证储能 SOC 运行在合理区间范围。常见的控制策略包括前补偿、后补偿、min-max 控制等方式等。

基于控制策略的储能配置方法都会首先制定控制策略。根据可再生能源历史出力数据，按照所制定的控制调度策略模拟可再生能源和储能系统联合运行。根据联合运行结果与原始可再生能源出力功率数据确定储能充放电情况，计算储能配置结果。与开环控制策略不同的是，闭环控制策略需要在系统运行中实时检测储能 SOC 情况，适时调整可再生能源及储能联合输出的调度目标功率，保证运行周期中可再生能源和储能联合输出功率在跟踪调度目标功率的同时，保证储能系统 SOC 始终运行在允许范围之内。

闭环控制策略的差异性主要体现在对于可再生能源及储能系统联合调度目标功率的选取上。本节仅选择以 min-max 控制方式为例来说明可再生能源及储能闭环控制策略及相应的面向可再生能源发电功率平滑的储能配置方法，基于其余闭环控制思想的储能配置方法可类比此方法进行拓展与分析。

（1）min-max 闭环控制策略。min-max 控制策略可以概括为在任意一段连续运行周期上，可再生能源及储能联合发电系统出力按照该段可再生能源出力预测的最小值/最大值进行调度。此时，储能系统将在该段相应运行周期中处于连续充电/放电状态。当储能达到荷电状态上限/下限后，将可再生能源和储能系统的联合调度目标功率设置为可再生能源出力预测最大值/最小值，这时储能系统将变为连续放电/充电状态运行。

由于闭环控制策略需要用到储能荷电状态信息，因此需要提前设置储能的电量。最优储能配置电量的确定在下一小节中进行详细介绍，本小节着重介绍对于特定储能电量的可再生能源发电及储能系统 min-max 联合调度控制策略。

下面将结合 min-max 调度控制逻辑示意图进行详细分析介绍，如图 2-10 所示。

图 2-10 中黑色实线表示的是可再生能源的实际出力数据，点划线和长虚线分别表示可再生能源在调度区间内不同时刻预测功率上限值和下限值。首先，确定第一个调度周期内储能系统处于充电状态，为此将该调度时段内可再生能源发电及储能系统联合调度目标功率设置为该时段内可再生能源预测出力最小值。因此，如图所示，当可再生能源发电功率实际出力为黑色实线时，所有超出调度目标功率部分的功率将会对储能系统充电，多余能量将会被储能装置存储。即图中 ABCDEA 部分能量将会在储能设备中存储。当所存储能量等于储能系统 SOC 运行上限值时，下一时刻，可再生能源发电和储能设备联合系统将按照下一时段的可再生能源出力预测上限值进行调度。为此，在下一调度时段内，由于实际可再生能源出力功率小于预测调度目标功率最大值，储能系统将工作在放电状态。如图 2-10 所示，第二时段储能系统将会释放 CFGHIC 部分能量以保证可再生能源和储能系统整体对外输出功率跟踪该时段所选定的调度目标功率。因此，在全运行周期中，可再生能源发电与储能联合系统对外输出功率将在不同时段的预测功率最小值/最大值之间切换，而储能系统将在相应时段进行充电/放电。

（2）储能配置方法。在 min-max 闭环控制策略介绍部分指出，由于 min-max 控制策略需时刻检测储能系统 SOC 情况并防止其越限。因此，在某一次具体调度过程中，储能系统容量为已知量。实际上，控制策略中所选取的储能系统容量不会在一开始是最优储能容量。因此，最优储能容量的确定需要通过遍历所有可能的储能容量并对相应容量储能系统的使用寿命与成本关系进行综合评估而确定。

直观上看，在为可再生能源发电厂站配置较低容量储能设备时，储能设备建设投资费用较低，但储能系统将在充电/放电状态间频繁切换，储能使用寿命较短，综合效益较低；

而当配置较大容量储能系统时，虽然储能系统充放电切换周期时间增加，储能系统寿命将延长，但是前期储能投资费用也相对较高。为了较好的衡量储能系统在投入运行后，可再生能源发电厂站联合储能系统的运行效益可以定义储能"运行寿命—成本"指标。通过遍历所有可能的储能系统容量，来寻找运行周期内使得储能系统"运行寿命—成本"指标最大情况时的储能配置方案，以此来实现储能运行寿命和储能投资成本之间的权衡。

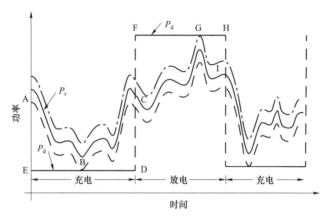

图 2-10　min-max 调度控制逻辑示意图

$$\max f = \frac{\tau(E_r)}{FC + kE_r} \tag{2-15}$$

式中：$\tau(E_r)$ 为在储能系统电量 E_r 时，按照 min-max 控制策略进行调节储能系统以小时为单位的使用寿命。储能系统的成本分为固定初始安装成本 FC 和与储能配置电量成正比的可变成本 kE_r。因此，运行寿命—成本指标 f 反映了储能系统运行时长和储能投资费用的比值。显然，根据式（2-15）无法获得在储能电量配置为 E_r 时储能寿命的显式数学表达式，储能寿命需要通过模拟运行分析获得。通过遍历不同初始储能配置情况，按照既定的 min-max 可再生能源与储能联合系统控制策略进行调度，计算储能"运行寿命—成本"指标，即可求取获得最优储能"运行寿命—成本"值以及相应最优储能容量配置结果。

2.3　以经济最优为目标的储能系统容量最优配置方案

从经济性的角度考虑可再生能源发电系统储能配置问题时需要建立联合系统优化调度与储能配置一体化优化问题，通过求解该优化问题一次性的得到储能系统的最优容量配置结果和联合系统运行优化调度方案。在优化问题中，目标函数的设置通常随优化目标的不同而变化，与可再生能源发电厂站和储能联合系统的预期调节作用、调节效益和储能系统建设及运营维护成本相关。而优化问题的约束条件则需要考虑储能充放电功率约束、储能系统 SOC 约束、可再生能源运行约束和联合系统运行约束等限制条件。下面将分别给出该类配置方案中部分常见的储能系统优化配置目标函数和约束条件。

2.3.1　目标函数

与可再生能源发电厂站联合的储能系统优化配置模型目标函数通常选取为运行周期内与储能配置相关的经济效益函数。目标函数一般由成本（费用）和收益两个部分所构成。其中成本（费用）部分可包含储能投资成本、储能系统能量损失成本、储能运行维护费用、储能运行老化折损费用、削减可再生能源发电能量惩罚等。收益部分则可包含可再生能源发电厂站储能联合上网电量收益和提供辅助服务收益两部分。优化模型通常以可再生能源发电厂站及储能系统联合调节运行净收益最大或者投资及运行费用最小为目标。

（1）成本与费用。储能系统初始安装成本一般由储能装置安装成本、储能系统功率成本和能量成本三个部分组成。初始成本 C_0 可表示为

$$C_0 = \alpha_p P_{\text{bat}} + \alpha_E E_{\text{bat}} + FC \tag{2-16}$$

式中：P_{bat} 和 E_{bat} 分别为储能系统的功率和电量；α_p 和 α_E 分别为储能装置的单位功率成本和单位能量成本；FC 为储能装置的安装成本。

储能寿命与储能循环充放电次数相关，为简化处理，可用循环充放电总电量来衡量储能运行对其寿命的影响，寿命折损与储能的充放电量成正比。在储能系统参与调频时，若储能上报调频功率 P_{bt}^{r}，在实际运行中，储能并非一直维持最大的充电或放电功率，而是根据不断变化的调频信号调整充放电功率。假设 Δt 时间内充放电累计使用了 $\beta P_{\text{bt}}^{\text{r}}$ 电量（β 表示 Δt 时间内储能参与调频实际使用的电量与上报功率之比）。令储能单位充放电电量折损费用为 c^{op}，则有

$$C_1 = c^{\text{op}}(|P_{\text{b}}(t)|\Delta t + 2\beta P_{\text{bt}}^{\text{r}}) \tag{2-17}$$

式中：$P_{\text{b}}(t)$ 为储能 t 时刻的充放电功率。当 $P_{\text{b}}(t) > 0$ 时表示储能系统充电，反之则表示储能系统放电。

储能系统的年运行维护成本 C_2 与每年储能电池年放电量有关，可表示为

$$C_2 = \varpi E_{\text{es}} \tag{2-18}$$

式中：E_{es} 为储能电池的年放电量；ϖ 为储能设备单位充放电量的运行成本。

可再生能源发电厂站及储能系统联合调度中，t 时刻可再生能源输出功率 $P_{\text{RG}}(t)$ 与该时段参考输出功率 $P_{\text{ref}}(t)$ 的差值 $\Delta P(t)$ 将作为重要数据信息量，用以评估削减可再生能源发电量和储能系统损耗。可再生能源发电输出功率和参考输出功率的偏差的计算公式为

$$\Delta P(t) = P_{\text{RG}}(t) - P_{\text{ref}}(t) \tag{2-19}$$

电力系统优化调度希望尽可能地消纳新能源发电，优化目标中考虑对削减的可再生能源发电量进行惩罚

$$C_3 = \rho_p F_{\text{LOWE}} \tag{2-20}$$

$$F_{\mathrm{LOWE}} = N_{\mathrm{year}} \sum_t S_{\mathrm{LOWE1}}(t)\{P_{\mathrm{b}}(t)\Delta t - [E_{\mathrm{b},N} - E_{\mathrm{b}}(t-1)]\} +$$
$$N_{\mathrm{year}} \sum_t S_{\mathrm{LOWE2}}(t)[\Delta P(t)\Delta t - P_{\mathrm{batcmax}}\Delta t] \tag{2-21}$$

$$S_{\mathrm{LOWE1}}(t) = \begin{cases} 1 & P_{\mathrm{b}}(t) > 0, P_{\mathrm{b}}(t)\Delta t > E_{\mathrm{b},N} - E_{\mathrm{b}}(t-1) \\ 0 & \text{其他} \end{cases} \tag{2-22}$$

$$S_{\mathrm{LOWE2}}(t) = \begin{cases} 1 & \Delta P(t) > P_{\mathrm{batcmax}} \\ 0 & \text{其他} \end{cases} \tag{2-23}$$

式中：$S_{\mathrm{LOWE1}}(t)$、$S_{\mathrm{LOWE2}}(t)$ 为用于描述可再生能源损失能量的情况的布尔量；N_{year} 为机组的运行年限；ρ_{p} 为削减可再生能源电量损失单价；P_{batcmax} 为储能系统最大充电功率；$E_{\mathrm{b},N}$ 为储能系统允许存储的最大电量；$E_{\mathrm{b}}(t)$ 为 t 时刻储能系统存储电量。

类似的，为减小储能系统损失能量，该部分损耗同样可以通过费用的形式计入到目标函数中，假设该部分费用记为 C_4，则有

$$C_4 = \rho_{\mathrm{q}} F_{\mathrm{LOSS}} \tag{2-24}$$

$$F_{\mathrm{LOSS}} = N_{\mathrm{year}} \sum_t S_{\mathrm{LOSS1}}(t)\{|P_{\mathrm{b}}(t)\Delta t| - [E_{\mathrm{b}}(t-1) - E_{\mathrm{batmin}}]\} +$$
$$N_{\mathrm{year}} \sum_t S_{\mathrm{LOSS2}}(t)[|P_{\mathrm{b}}(t)\Delta t| - P_{\mathrm{batcmax}}\Delta t] \tag{2-25}$$

$$S_{\mathrm{LOSS1}}(t) = \begin{cases} 1 & P_{\mathrm{b}}(t) < 0, |P_{\mathrm{b}}(t)\Delta t| > E_{\mathrm{b}}(t-1) - E_{\mathrm{batmin}} \\ 0 & \text{其他} \end{cases} \tag{2-26}$$

$$S_{\mathrm{LOSS2}}(t) = \begin{cases} 1 & \Delta P(t) < -P_{\mathrm{batdmax}} \\ 0 & \text{其他} \end{cases} \tag{2-27}$$

式中：$S_{\mathrm{LOSS1}}(t)$、$S_{\mathrm{LOSS2}}(t)$ 为用于描述储能系统损失能量情况的布尔量；ρ_{q} 为储能系统能量损失单价；P_{batdmax} 为储能系统最大放电功率；E_{batmin} 为储能系统允许最小能量。

（2）调频收益。可再生能源发电厂站联合储能系统收益项包含总上网电量收益和储能参与系统辅助服务收益两个部分。

考虑可再生能源发电厂站储能联合总上网功率，上网电量收益 R_1 按式（2-28）计算

$$R_1 = \sum_t c_t^e [P_{\mathrm{r}}(t) - P_{\mathrm{b}}(t)]\Delta t \tag{2-28}$$

式中：c_t^e 为上网电价；$P_{\mathrm{r}}(t)$ 为可再生能源在 t 时段输出功率；$P_{\mathrm{r}}(t) - P_{\mathrm{b}}(t)$ 为可再生能源和储能联合总输出功率。

在某些情况下，可再生能源发电厂站可同储能系统联合参与系统调频，获得一定收益，假设收益总额记为 R_2，则有

$$R_2 = \sum_t \left(c_t^{\mathrm{cap}} + c_t^{\mathrm{perf}} m\right) P_{\mathrm{b}t}^r \tag{2-29}$$

式中：c_t^{cap} 和 c_t^{perf} 分别为时段 t 的容量和里程价格；m 为平均里程；$P_{\mathrm{b}t}^r$ 为 t 时段上报参与调频功率。

（3）其他。在全运行周期上讨论储能配置优化问题时，需要对年收益及运行费用进行

折算，折算因子记为

$$I_{\text{CFR}}(r,Y) = \frac{r(1+r)^Y}{(1+r)^Y - 1} \qquad (2-30)$$

式中：I_{CFR} 为等年值系数；r 为折现率；Y 为储能寿命周期。

至此，与可再生能源发电厂站联合的储能优化配置问题可以根据规划运行需要，选择适当的成本（费用）与收益项，组合为以收益最大化为目标或者以费用最小化为目标的优化问题。

2.3.2　约束条件

在以经济为目标的储能系统容量优化问题约束条件中，最重要的限制条件为储能系统的运行约束条件，该约束条件包含储能功率约束和电量约束两个部分。

其中储能充放电功率约束需满足

$$-P_{\text{batdmax}} \leqslant P_b(t) \leqslant P_{\text{batcmax}} \qquad (2-31)$$

储能 t 时刻的剩余电量 $E_b(t)$ 可表示为

$$E_b(t) = E_b(t-1) + \eta_c P_b(t)\Delta t + \frac{1}{\eta_d} P_b(t)\Delta t \qquad (2-32)$$

式中：η_c、η_d 分别为储能系统充、放电效率；Δt 为时间步长；$E_b(t-1)$ 为储能在 $t-1$ 时刻的剩余电量。

储能 t 时刻的剩余电量的最大、最小限值需满足

$$E_{\text{batmin}} \leqslant E_b(t) \leqslant E_{b,N} \qquad (2-33)$$

除储能运行约束条件外，优化问题所涉及其他约束条件与可再生能源发电厂站和储能联合系统运行要求紧密相关，约束条件构建形式多样。本节将以可再生能源发电厂站与储能联合参与电力系统频率调节场景为例建立该场景下调频约束条件。其余场景约束条件可根据运行场景的不同要求建立，本节将不再赘述。

可再生能源最大出力值约束和可再生能源发电与储能系统总功率限值约束为

$$\begin{cases} 0 \leqslant P_{\text{rt}} \leqslant \overline{P}_{\text{rt}} \\ 0 \leqslant P_t + P_{\text{bt}}^r \leqslant \overline{P}_t \end{cases} \qquad (2-34)$$

在可再生能源发电厂站和储能联合系统进入调频时段时，储能系统 SOC 初值过高或者过低都将影响储能参与调频的表现。储能 SOC 严重偏离中间值，可能导致储能因为电量过高或过低无法响应系统调频的充放电指令，为此需要建立联合系统调频表现约束。将储能系统调频表现简化为一个以 SOC 为变量的分段函数。当 SOC 偏低或偏高时，调频表现分数为 κ（$\kappa < 1$），而其他情况分数为 1，如图 2-11 所示。取参加调频时段表现平均分 S_b 作为优化模型中衡量储能综合表现指标。

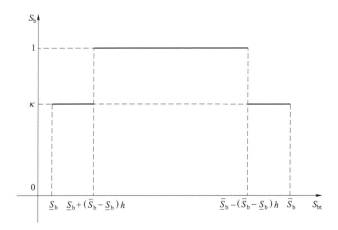

图 2-11 调频表现分数与储能系统 *SOC* 关系

储能在调频时段 *t* 内得分表达式和所有调频时段的性能表现得分表达式为

$$S_{bt} = \begin{cases} 1 & \underline{S}_b + (\overline{S}_b - \underline{S}_b)h \leqslant S_{bt} \leqslant \overline{S}_b - (\overline{S}_b - \underline{S}_b)h \\ \kappa & \text{其他情况} \end{cases} \tag{2-35}$$

$$S_b = \text{mean}\{S_{bt} | u_{bt}^r = 1\} \tag{2-36}$$

式中：*h* 为 *SOC* 偏离中间值的百分比；mean{•} 为求取平均值函数。

$$S_b \geqslant \underline{S} \tag{2-37}$$

调频表现约束式（2-37）要求参加调频时段表现分的平均分 S_b 大于一个下限值 $\underline{S}$，使储能在参与调频时的荷电状态尽量远离边界，以保证储能系统参与调频的可用性。

根据以上分析和所建立的目标函数及约束条件，可以构建以经济性为目标的针对可再生能源发电系统储能容量优化配置模型。通过求解所建立的优化模型，可以最大化可再生能源发电厂站与储能联合系统的收益或最小化系统投资成本及运行费用，同时确定可再生能源电站所需配置的储能功率和电量。

参 考 文 献

［1］Yoshimoto K，Nanahara T，Koshimizu G. New control method for regulating state-of-charge of a battery in hybrid wind power/battery energy storage system ［C］/IEEE PES Power Systems Conference and Exposition. Atlanta，USA：IEEE PES，2006：1244-1251.

［2］Yoshimoto K，Nanahara T，Koshimizu G. Analysis of data obtained in demonstration test about battery energy storage system to mitigate output fluctuation of wind farm ［C］//CIGRE/IEEE PES Joint Symposium on Integration of Wide-Scale Renewable Resources Into the Power Delivery System. Paris，France：CIGRE/IEEE PES，2009：1-5.

［3］林卫星，文劲宇，艾小猛，等. 风电功率波动特性的概率分布研究 ［J］. 中国电机工程学报，2012，

1（8）：66 - 74.

［4］ 国家电网公司，江苏省电力公司，江苏省电力公司电力科学研究院，等. 一种基于发电预测误差的光伏系统储能容量配置方法：CN201310432253.1［P］. 2014 - 01 - 29.

［5］ 王成山，于波，肖峻，等. 平滑可再生能源发电系统输出波动的储能系统容量优化方法［J］. 中国电机工程学报，2012，32（16）：1 - 8.

［6］ Paatero J V，Lund P D. Effect of energy storage on variations in wind power［J］. Wind Energy：An International Journal for Progress and Applications in Wind Power Conversion Technology，2005，8（4）：421 - 441.

［7］ Jiang Q，Wang H. Two-time-scale coordination control for a battery energy storage system to mitigate wind power fluctuations［J］. IEEE Transactions on Energy Conversion，2012，28（1）：52 - 61.

［8］ 孙玉树，唐西胜，孙晓哲，等. 风电波动平抑的储能容量配置方法研究［J］. 中国电机工程学报，2017，37（S1）：88 - 97.

［9］ Nguyen C L，Lee H H，Chun T W. Cost-optimized battery capacity and short-term power dispatch control for wind farm［J］. IEEE Transactions on Industry Applications，2014，51（1）：595 - 606.

［10］ Li Q，Choi S S，Yuan Y，et al. On the determination of battery energy storage capacity and short-term power dispatch of a wind farm［J］. IEEE Transactions on Sustainable Energy，2010，2（2）：148 - 158.

［11］ 冯江霞，梁军，张峰，等. 考虑调度计划和运行经济性的风电场储能容量优化计算［J］. 电力系统自动化，2013，37（1）：90-95.

［12］ 王典，李义强，王惠，等. 并网型光伏—储能微电网优化配置研究［J］. 技术产品与功能，2019，23（06）41 - 46.

［13］ 胡泽春，夏睿，吴林林，等. 考虑储能参与调频的风储联合运行优化策略［J］. 电网技术，2016，40（08）：2251 - 2257.

第3章

电网侧储能规划与运行模拟
模型与方法

　　储能技术的发展与普及将有效助力新一代安全可靠、灵活柔性、开放友好电力系统的建设。近年来，我国储能产业呈现良好发展态势，主要因为电化学储能性能不断提升、成本持续下降。在此形势下，电力系统将逐渐由"源网荷"系统向"源网荷储"系统演进，传统电网规划的理论体系和实践基础面临挑战，如何应用储能新技术缓解受端电网发展难题成为迫切需要研究和解决的问题。

　　当前电网侧储能规划主要面临的问题有：① 在高比例风光等新能源和大规模直流接入电网的背景下，电力系统净负荷波动性增大，系统调峰调频等灵活性资源稀缺化，电网运行方式多样化，大规模直流接入可能使受端电网产生局部阻塞，降低了电网运营效率。需要利用规模化储能的能量时空配置特性、快速调节特性与间歇性新能源、直流电网联合优化，精细化分析储能对新能源消纳和电网运营效率等问题的影响程度。② 电网侧储能兼有调峰、调频、平抑可再生能源波动、促进可再生能源消纳、缓解电网输配压力等多重效益，在规划中挖掘电网侧储能的多重化效益有利于储能实际落地、降低储能成本。但目前的规划缺少相应的研究和评价体系，难以量化储能的多重化需求，难以评价储能的多重化效益。③ 在风光等可再生能源和大规模直流接入等综合因素的影响下，电网侧规模化储能的容量与布局选择众多，同时储能种类多样，特性各异，适用于不同的场景，因此，优化规划及运行模拟模型复杂度高，规模大，难以求解。因此，亟须研究能体现电网侧储能多重效益的电网侧储能规划方法，实现科学决策。

　　本章主要探讨电网侧储能的优化规划问题，将规划决策过程分为四个阶段。第一阶段考虑储能可发挥多重作用，建立了储能参与电力系统调频、平抑可再生能源发电波动和参与调峰的容量需求模型和方法；第二阶段考虑电网侧储能对储能阻塞的缓解作用，给出了储能与输电网联合规划的模型和求解方法；第三阶段给出了含大规模储能的大电网运行精细化模拟技术；第四阶段则是对储能的综合效益进行评估。如果待选方案均未满足运行模拟评估要求，则更改优化规划边界条件，形成新的待选方案，迭代获取满意的储能规划方案。本章最后还给出了针对江苏电网和一个算例电网的储能规划计算结果。

3.1　储能电站优化接入的基本原则

储能系统规划应以需求为导向，遵循技术可行、经济合理、安全可靠的原则，深化储能效益分析，通过技术经济分析确定规划方案，与负荷发展、电源规划、电网规划相协调，重点解决电网安全运行问题，合理确定发展规模、设施布局、接入范围和建设时序，引导储能合理布局、有序发展，兼顾提升电网灵活与经济运行水平。其次应该充分考虑对周边工业及民用设施等的安全影响，高度重视储能应用的安全风险，除应符合本书所提及的标准外，还应符合国家、行业及电力企业现行有关标准的规定。

3.1.1　需求分析

（1）一般规定。储能系统需求分析应在电网现状、负荷预测、电力电量平衡分析等基础上开展，应根据电网的实际情况，综合考虑全网和局部电网在频率响应、调峰、消除设备重过载、提高供电可靠性等需求下的多种应用场景。

（2）频率响应需求。储能系统可作为毫秒级频率响应资源，用于提升特高压直流闭锁等严重事故下的电网频率安全水平，应充分考虑可能的运行工况，结合不触发第三道防线设防、事故后电网最低允许频率等电网安全稳定要求，通过频率仿真计算确定。储能系统频率响应需求规模计算应扣减已有的频率响应资源，如直流调制、抽蓄切泵、可中断负荷等。

（3）调峰需求。调峰需求主要包括日调峰需求和日顶峰需求。当常规电网调峰手段不足，电网调峰平衡存在缺口时，可考虑将储能作为电网调峰手段。日调峰需求应按照以下方式确定。

1）根据全年负荷特性，选取峰谷差、峰谷差率较大的典型日。对于新能源接入规模较大或区外来电占比较高的地区，应结合新能源出力和区外来电特性，针对净负荷分析选取典型日。

2）针对典型日进行调峰平衡计算。计算应结合实际合理选择火电、新能源、区外来电调峰系数。若存在调峰缺口，应统筹规划期内抽水蓄能、调峰机组、需求响应资源等情况，确定储能需求规模。

当电网电力平衡存在缺口，且电量平衡存在一定裕度时，可考虑将储能作为电网顶峰手段，削减尖峰负荷。日顶峰需求应按照以下方式确定。

1）储能日顶峰功率需求应在典型日电力平衡缺口的基础上，统筹需求响应等手段后确定。

2）储能日顶峰容量需求应根据典型日内需储能连续放电的最大电量，并考虑日内"多充多放"等运行模式确定。

（4）消除电网设备重过载需求。储能系统可用于解决局部电网输电阻塞问题，延缓电网输变电工程投资。对于存在输电阻塞的电网区域，应根据超出输电能力限值的输送功率确定储能功率需求，并根据越限的积分电量确定储能容量需求，积分周期宜为 1 天。其次，储能系统可用于解决尖峰负荷、分布式电源高比例接入等情况下的配电变压器/线路重过载问题，在保障配电设备安全稳定运行的同时，延缓配电网建设改造投资。

对于存在设备重过载的电网区域，应根据超出设备重过载限值的负荷功率确定储能功率需求，并根据越限的积分电量确定储能容量需求，积分周期宜为 1 天。

（5）提高供电可靠性需求。在故障或检修时，储能系统可作为紧急支撑电源，为重要负荷提供短时紧急性供电，其功率需求按照区域内重要负荷的功率确定，容量需求根据故障停电和计划检修时间确定。

（6）其他需求。在必要时，储能系统可用于改善配电网电能质量、支撑故障黑启动等其他需求，但此时的功率和容量确定应进行充分分析和论证。

3.1.2　规划容量计算

储能系统应与抽水蓄能、调峰机组、需求响应资源等不同调节手段以及电网升级改造等其他方案协调配合，综合确定储能的功率和容量需求。规划时应考虑储能系统可同时满足多种需求的情况，综合分析后确定最终的储能规划容量，避免重复投资建设。必要时可开展相应的规划计算分析，校验储能规划容量是否满足各方面的需求。

3.1.3　布局与建设原则

（1）一般要求。储能系统站址应根据电网现状及发展规划，并结合储能需求进行布局，储能类型选择应遵循安全、可靠、经济、适用的原则，因地制宜，充分发挥各类型储能方式自身的优势，储能系统接入应符合 GB/T 36547《电化学储能系统接入电网技术规定》、NB/T 33015《电化学储能系统接入配电网技术规定》、Q/GDW 1564《储能系统接入配电网技术规定》有关规定。其次，储能系统与周边设施预留足够的安全距离，科学制订防火措施和预案，防止发生连锁故障，应符合地区城乡总体规划和土地利用规划，经济、合理地利用土地资源，优先选用退役站址和变电站空余场地等资源。

（2）布局原则。储能系统应以满足需求为目标进行布局，应根据电力系统规划设计的网络结构、负荷分布、应用对象、应用位置、城乡规划、征地拆迁的要求进行，并满足消防要求，且应通过技术经济比较选择站址方案。站址应满足近期所需的场地面积，并应根据远期发展规划的需要，留有发展余地。布局选择时应注意储能系统与邻近设施、周围环境的相互影响和协调，应满足防洪及防涝的要求。具体说来，布局和选址应遵循以下原则。

1）为满足频率响应需求，储能系统宜靠近需要充放电调节的送端或受端电网的中心。

2）为满足调峰需求，储能系统宜布置在负荷或上网功率波动较大的变电站、开关站附近，以便于就近接入。

3）为满足消除电网设备重过载需求，储能系统宜布置在存在输电阻塞、设备重过载的电网区域。

4）为满足提高供电可靠性需求，储能系统宜布置在高可靠性或供电质量要求的配电网。

（3）选型原则。为了满足调峰、消除电网设备重过载、提高供电可靠性等需求，宜选用能量型储能系统；为了满足调频需求，宜选用功率型储能系统；为了满足兼顾多种需求或其他需求，应综合考虑倍率充放电性能、充放电持续时间等要求确定储能类型。储能单元设备应优先选择安全、可靠、节能、环保、高效、少维护型设备。

（4）建设方式。储能系统可采用独立储能电站、与变电站合建、与分布式电源合建等多种建设方式，配电设施宜采用户内布置，当受施工条件、工期等条件限制时，亦可采用户外预制舱布置。例如，电化学储能系统采用三元锂、磷酸铁锂等锂电池时，宜采用全户外预制舱布置方式；采用铅酸（炭）电池、液流电池时，可采用户外布置或户外预制舱布置等方式。

3.1.4　技术经济分析

为了评估储能规划方案在技术、经济上的可行性及合理性，为规划方案优选及投资决策提供依据，应结合储能系统需求，从选址、定容、选型、建设、接入等多个角度评价方案的技术可行性。应根据储能系统功能定位的不同，综合考虑直接效益和间接效益，进行经济效益分析。当存在多种规划方案时，应进行技术经济比选分析，在技术可行基础上，选择综合效益最优的方案。

3.2　电网侧储能规划基本流程

基于当前电网侧储能规划的关键问题，本章提出了四阶段电网侧储能规划基本流程，如图 3-1 所示。第一阶段，储能功能划分及需求测算：将电网侧储能的功能划分为调峰、调频等电网辅助服务，可再生能源消纳、平抑可再生能源波动等可再生能源并网服务，缓解电网阻塞等电网输配服务。根据历史数据和电网未来发展场景，量化测算电网对每一部分储能的需求，作为电网侧储能优化规划的边界条件。第二阶段，电网侧储能优化规划：对新能源不确定性进行建模，考虑负荷增长、储能成本、储能效率及电网运行投资边界条件，根据不同的储能应用场景，建立储能、新能源、电网联合优化规划模型，对模型进行合理简化并高效求解，得到电网侧储能规划待选方案。第三阶段，电网侧储能精细化运行模拟：首先根据历史数据提取新能源特性和负荷特性，生成小时级时序负荷数据并利用微分方程进行风光等新能源时序出力重构；将储能规划待选方案、负荷、新能源时序出力作为边界条件，建立电网侧储能精细化运行模拟模型，该模型对不同类型储能的运行特性分别建模，考虑电网安全约束、调峰约束、备用及电力电量平衡约束，模拟储能与电网的联合运行的实际情况。第四阶段，电网侧储能综合效益评估：基于大规模精细化运行模拟数据，建立电网侧储能综合效益评估体系，量化比较不同规划方案的储能能效、经济效益、社会效益、环境效益，形成综合评估指标，选取最优规划方案。如果待选方案均未满足运行模拟评估要求，则更改优化规划边界条件，形成新的待选方案，迭代规划求解。

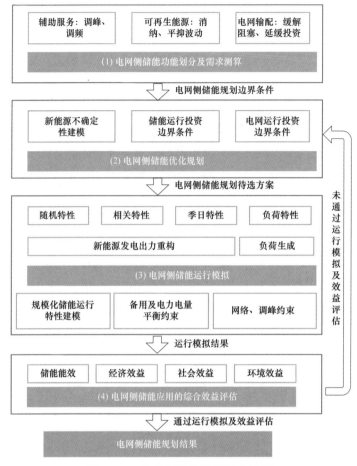

图 3-1　电网侧储能规划基本流程

3.3　电网侧储能规划模型与方法

储能设备作为一种优质的灵活性资源，在电网调频、调峰、平抑新能源波动等方面均能起到重要作用。现有储能规划研究中缺乏对多重应用场景下系统储能需求边界的评估方法。储能设备应用于不同场景时，分别工作在不同的时间尺度下，但本质上都是在发挥储能灵活调节，削峰填谷的能力。本节将分别介绍调频、平抑新能源波动以及系统调峰储能功率与能量需求的评估方法，基于系统运行历史数据与电力系统运行模拟方法，给出了一套适用于多种应用场景的系统整体储能需求评估方法。

3.3.1　参与调频的储能规划模型与方法

为保证电力系统中电力供给与消费的实时平衡，发电资源与负荷需要根据系统电力缺口或盈余情况对自身出力进行校正，以维持系统频率的稳定。在当前新能源大规模并网与电力市场的趋势下，由于预测误差与设备故障造成的发电出力与负荷之间的不平衡将更加显著。基于 AGC 系统调整发电机出力的传统调频方式将面临巨大挑战。储能设备启动与响应速度快、调节灵活，可有效跟踪负荷和新能源出力的随机不平衡量。在系统电量盈余时充电，出现缺口时放电，作为优质的灵活性资源，参与系统快速调频是储能发挥价值的重要应用场景。

通过 AGC 系统或辅助服务市场的相关数据，我们可以得知一定时间范围内任意时刻的历史调频功率需求。记 t 时刻的全系统调频功率需求为 $r(t)$，由于历史调频数据通常为等时间间隔采样的数据点，$r(t)$ 可以表示成如下离散形式

$$r(t_i) = \hat{R}_{t_i}, t_i = 1, 2, 3, \cdots, T \tag{3-1}$$

式中：T 为时间段总数量；$\hat{R}_{t_i}$ 为第 t_i 个时间段内的调频需求即系统功率不平衡量大小。由于同时存在正调频与负调频信号，$r(t)$ 数值可正可负。调频信号的数据周期一般为秒级。

对于储能调频功率需求，首先将系统某时刻调频信号大小表示为随机变量 R，根据历史数据 $r(t)$ 的绝对值可以得到随机变量 R 的概率分布。数学上，通过历史采样数据推断概率分布的方法包括参数估计与非参数估计两种。由于调频信号的随机性较强，其分布呈现多峰、非对称等的特点，因此难以利用现有概率分布类型进行参数估计拟合。常用的非参数估计方法有直方图密度估计、核密度函数法等，本章以直方图密度估计进行说明。

将 $|r(t)|$ 的分布区间，即 $[0, \max(|r(t)|)]$，均分为 n 个小区间，记 $|r(t)|$ 数值落在第 n 个小区间内的数量为 k_n，区间长度为 L，假设随机变量 R 在每个小段内均匀分布，则可以得到 R 的概率密度分布函数

$$pdf(r) = k_n \bigg/ \left(L \sum_{i=1}^{N} k_i \right), r \in [(n-1)L, nL] \tag{3-2}$$

对上式进行积分，即可得到 R 的累积概率分布函数

$$
\begin{aligned}
cdf(r) &= \int_0^r pdf(x)\,\mathrm{d}x \\
&= \sum_{j=1}^{n} \left[k_j \bigg/ \left(L \sum_{i=1}^{N} k_i \right) \right] - (nL - r)pdf(r) \\
&\quad r \in [(n-1)L, nL]
\end{aligned}
\tag{3-3}
$$

由于现阶段的储能投资成本较高，且通常需求尖峰的出现概率较低，应用储能满足所有调频需求尚不经济。为考虑需求总量的经济性，可人为设定储能满足调频功率的期望概率，记为 α，则此时的储能调频功率总需求 $\tilde{R}$ 为

$$\tilde{R} = cdf^{-1}(\alpha) \tag{3-4}$$

式中：$cdf^{-1}(\cdot)$ 为累积概率分布的反函数。

对于储能能量容量进行评估，都先需要对历史调频数据进行积分处理，得到 t 时刻的全系统调频储能能量需求 $Q(t_i)$ 如下

$$Q(t_i) = Q_0 + \sum_{j=1}^{t_i} \hat{R}_j \Delta t, \ t_i = 1,2,3,\cdots,T \tag{3-5}$$

式中：Δt 为调频信号的数据周期；Q_0 为储能设备的初始能量。得到历史能量调频数据后，同样可以利用上述直方图法，即式（3-2）～式（3-4），得到储能调频能量容量的总需求。

3.3.2 参与平抑新能源波动储能规划模型与方法

高比例可再生能源渗透带来发电出力的强波动性使得系统对能够平抑新能源波动的灵活性资源需求日益提高。一方面，电力系统调度或电力市场日前交易通常需要发电资源在一段时间内保持平稳确定的出力，在短时间内大范围波动的光伏或风电出力将对系统运行带来极大困难；另一方面，可再生能源的波动势必需要传统电源相应调节出力以补偿，这将产生大量的机组爬坡成本。极端情况下传统机组的爬坡速率不能跟踪可再生能源的波动将极大限制可再生能源的接入。需要注意的是，与调频需求不同，平抑新能源波动旨在应对新能源机组的波动性，而调频是为补偿系统运行中的不确定性带来的功率失配。

若已知全网风电或光伏的出力数据 $P(t)$，则可计算每个时间点新能源出力与所在调度周期（如 1h）$P(t_i)$出力平均值的差值

$$\Delta P(t_i) = P(t_i) - \bar{P}(t_i), \ t_i = 1,2,3,\cdots,T \tag{3-6}$$

通过式（3-6）即可得到全网平抑新能源波动的功率需求数据，其周期一般为分钟级。

然而系统中新能源发电厂商众多，往往难以获得完整的新能源历史出力数据。由于新能源发电固有的随机性，多个电厂其产生的波动性可相互抵消，在区域空间范围内能够形成互补效应，导致多个电厂出力加和后整体的波动性降低，这被称为新能源电厂集群的平滑效应。因此，直接通过已知电厂装机容量与全网装机的比例，倍比求取全网新能源波动量，如此得到的储能需求结果将过于保守。

考虑空间相关性，此处给出一种通过部分新能源电厂出力波动量推测全网波动量的方法。假设全网存在 M 个新能源电厂，已知其中 m 个电厂的出力波动数据，全网总装机容量是已知数据电厂装机容量的 I 倍。

记 m 个电厂的波动量为随机变量 δ_m，首先计算其标注差 $\sigma(\delta_m)$。数据的波动性可以通过标准差表征，因此要求得全网波动量，只需推断总体标准差与 $\sigma(\delta_m)$ 之间的比例。全网波动量 δ_M 可表示为

$$\delta_M = \delta_m^1 + \delta_m^2 + \cdots + \delta_m^I \tag{3-7}$$

假设随机变量 $\sigma(\delta_m^1)$、$\cdots$、$\sigma(\delta_m^I)$ 的标准差均为 $\sigma(\delta_m)$，则标准差 $\sigma(\delta_M)$ 的计算公式为

$$\sigma(\delta_M) = \sqrt{I\sigma^2(\delta_m) + I(I-1)\sigma^2(\delta_m)\rho} \tag{3-8}$$

式中：ρ 为波动随机变量之间相关性系数的平均值，可以通过新能源电站之间的距离计算得到或利用 m 个电厂的已知数据的平均相关性近似。利用式（3-8）得到 $\sigma(\delta_M)$ 与 $\sigma(\delta_m)$

的比值即可倍比计算得到全网的波动量大小。进一步依照前述拟合累积概率分布的方法即可得到储能平抑可再生能源波动的功率与能量容量的总需求。

3.3.3　参与调峰储能规划模型与方法

由于日间负荷波动，在负荷高峰与低谷时期系统需要启停调峰机组以满足负荷需求。储能设备能够在负荷低谷时存储低成本电力并在高峰时期发电，降低系统运行成本并节约调峰机组的投资，产生可观的经济效益。

与调频和平抑新能源波动的储能需求不同，系统运行中不存在明确的调峰需求。储能的调峰中体现的价值需要通过电网运行模拟体现。在此基础上综合考量其产生效益与成本，以此为依据确定储能的装机需求。

应用清华大学开发的电力规划决策支持系统 GOPT（grid optimization planning tools，GOPT）进行含储能设备的运行模拟。该软件旨在进行电力系统的时序运行模拟，其时间分辨率为 1h。因此，可以对发电和输电规划方案可行性、可靠性和经济性进行细粒度评估。与国内外现有的电力系统规划软件包相比，GOPT 在理论性和实用性方面都有自身的特点与创新之处，其突出特点是：理论与算法严谨、计算速度快、建模详细、分析全面。具体模型构建方式可参考文献 [1]。

利用 GOPT 运行模拟平台评估储能调峰需求的具体步骤如下：

步骤 1：预先设定一系列不同储能规划方案，在各个方案中对储能的能量容量进行规定，不约束储能功率；

步骤 2：以系统运行成本最小为目标函数进行全年的逐日机组组合运行模拟；

步骤 3：结合储能出力数据，依照前述基于概率分布的方法得到各个能量方案下的功率的总需求；

步骤 4：计算系统综合运行成本，同时考虑储能替代火电机组节省成本，得到系统运行总成本与储能装机容量的关系曲线，取总成本最小的点为系统的调峰储能需求。

3.4　电网侧集中式储能与输电网协同优化规划方法

电网侧储能可在不同时间尺度发挥多重作用，规划方法涉及与电源、电网协调，运行效果评价等多重因素。因此，电网侧储能规划相较传统电源、电网规划更加复杂，目前尚缺少完备的理论方法体系。本书提出了电网侧集中式储能电站与输电网协同优化规划方法。

本节提出的储能与输电网协同优化规划模型结构如图 3−2 所示。利用多个场景代表规划年负荷增长和可用容量的不确定性。每种场景利用多种运行条件考虑负荷和风力发电的相关性。每个运行条件可以通过聚类日负荷和风力发电的历史数据来构建。

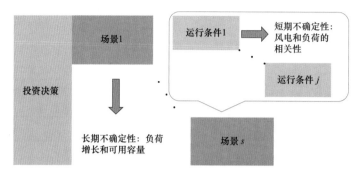

图 3-2 储能与输电网协同优化规划模型结构

3.4.1 符号及变量说明

（1）下标索引。下标索引说明如表 3-1 所示。

表 3-1 下 标 索 引 说 明

下标	索 引 说 明
l	表示输电线路
w	表示风电场
k	表示储能系统
i	表示火电机组
s	表示场景
t	表示时间
b	表示节点
j	表示运行状态

（2）集合。集合说明如表 3-2 所示。

表 3-2 集 合 说 明

符号	集 合 说 明
Ω_I	所有火电机组的集合
Ω_{I1}	不能在一天内启停的火电机组集合
Ω_{I2}	能够在一天内启停的火电机组集合
Ω_W	风电场的集合
Ω_K	储能系统的集合
Ω_L	所有线路的集合
Ω_{LE}	已建线路的集合
Ω_{LC}	待建线路的集合
Ω_B	节点的集合

符号	集 合 说 明
$\boldsymbol{\Omega}_{\text{Wb}}$	b 节点处风电场的集合
$\boldsymbol{\Omega}_{\text{Kb}}$	b 节点处储能系统的集合
$\boldsymbol{\Omega}_{\text{Lb1}}$	发送端节点为 b 的线路集合
$\boldsymbol{\Omega}_{\text{Lb2}}$	接收端节点为 b 的线路集合
$\boldsymbol{\Omega}_{\text{S}}$	所有场景的集合
$\boldsymbol{\Omega}_{\text{OP}}$	在每个场景下运行状态的集合

（3）常量。常量说明如表 3-3 所示。

表 3-3　　　　　　　　　常 量 说 明

常量符号	常 量 说 明
C_l^{Line}	线路 l 的投资成本
C_k^{Storage}	储能系统 k 的投资成本
C_k^{ch}，C_k^{dis}	储能系统 k 的充放电可变成本
C_i^{Gen}	火电机组 i 的发电成本
τ	一个时间周期的长度
α_s	场景 s 的权重
d_j	运行状态 j 的持续时间
x_l	线路 l 的电抗
η_k^{ch}，η_k^{dis}	储能系统 k 的充放电效率
$P_{b,i,\max}^{\text{Gen}}$	节点 b 处火电机组 i 的装机容量
R_i^{up}，R_i^{down}	火电机组 i 的上下爬坡极限
$P_{k,\max}^{\text{dis}}$，$P_{k,\min}^{\text{dis}}$	储能系统 k 的最大最小放电功率
$P_{k,\max}^{\text{ch}}$，$P_{k,\min}^{\text{ch}}$	储能系统 k 的最大最小充电功率
$S_{k,\max}$，$S_{k,\min}$	储能系统 k 的最大最小能量值
$F_{l,\max}$	线路 l 的容量
$P_{w,s,j,t}^{\text{f}}$	在 t 时刻场景 s 的运行状态 j 下风电场 w 的预测出力
$L_{b,s,j,t}$	在 t 时刻场景 s 的运行状态 j 下节点 b 的负荷
λ_i	火电机组 i 的最小出力比
T	总时间周期数
M	一个足够大的常量

（4）变量。变量说明如表 3-4 所示。

表 3-4 变 量 说 明

变量	变量说明
$P_{b,i,s,j}^{on}$	在 t 时刻场景 s 的运行状态 j 下节点 b 的火电机组 i 的现行容量
$P_{b,i,s,j,t}^{Gen}$	在 t 时刻场景 s 的运行状态 j 下节点 b 的火电机组 i 的实际出力
$P_{w,s,j,t}^{Wind}$	在 t 时刻场景 s 的运行状态 j 下风电机组 w 的实际出力
$S_{k,int}$	储能系统 k 的初始能量值
$P_{k,s,j,t}^{ch}$	在 t 时刻场景 s 的运行状态 j 下储能系统 k 的充电功率
$P_{k,s,j,t}^{dis}$	在 t 时刻场景 s 的运行状态 j 下储能系统 k 的放电功率
$F_{l,s,j,t}$	在 t 时刻场景 s 的运行状态 j 下线路 l 的潮流
$\delta_{b,s,j,t}$	在 t 时刻场景 s 的运行状态 j 下节点 b 的电压相角
X_l	二值变量，如果线路 l 投建为 1，反之为 0
Y_k	二值变量，如果储能系统 k 投建为 1，反之为 0

3.4.2 考虑储能并网规模与布局方案的优化规划模型

（1）目标函数。模型优化目标为投资与运行成本最小，它包括年度的输电线路和储能系统建设的投资成本以及运行成本。将目标函数列式

$$\min \ C^{Inv} + C^{Oper} \tag{3-9}$$

其中

$$C^{Inv} = \sum_{l\in\Omega_{LC}} \gamma C_l^{Line} X_l + \sum_{k\in\Omega_K} \gamma C_k^{Storage} Y_k \tag{3-10}$$

$$C^{Oper} = \sum_{s\in\Omega_S}\alpha_s\sum_{j\in\Omega_{OP}}d_j\sum_{t=1}^{T}\tau\sum_{i\in\Omega_l}\sum_{b\in\Omega_b}C_i^{Gen}P_{b,i,s,j,t}^{Gen} +$$
$$\sum_{s\in\Omega_S}\alpha_s\sum_{j\in\Omega_{OP}}d_j\sum_{t=1}^{T}\tau\sum_{k\in\Omega_K}(C_k^{ch}P_{k,s,j,t}^{ch}+C_k^{dis}P_{k,s,j,t}^{dis}) \tag{3-11}$$

式中：C^{Inv} 为输电线路和储能系统建设的投资成本；C^{Oper} 为发电机组和储能系统的运行成本。所有的运行成本函数都被假设成线性的。由于负荷预测的不确定性，从规划的角度考虑多种负荷场景。其中用 α_s 来表示场景 s 的权重。

通过乘以一个年金因子来将投资成本 C^{Inv} 分散到每一年

$$\gamma = \frac{r(1+r)^n}{(1+r)^n - 1} \tag{3-12}$$

式中：r 是货币贴现率；n 为以年为单位的使用寿命。

将输电线路和储能系统建设的投资成本分摊到每年是为了使投资成本与运行成本具有可比性。

（2）约束条件。下面列写出该模型的约束

$$\sum_{i\in\boldsymbol{\Omega}_{\mathrm{I}}}P^{\mathrm{Gen}}_{\mathrm{b},i,\mathrm{s,j,t}}-\sum_{l\in\boldsymbol{\Omega}_{\mathrm{Lb1}}}F_{l,\mathrm{s,j,t}}+\sum_{l\in\boldsymbol{\Omega}_{\mathrm{Lb2}}}F_{l,\mathrm{s,j,t}}$$
$$+\sum_{k\in\boldsymbol{\Omega}_{\mathrm{Kb}}}(P^{\mathrm{dis}}_{k,\mathrm{s,j,t}}-P^{\mathrm{ch}}_{k,\mathrm{s,j,t}})=L_{\mathrm{b,s,j,t}},\ \forall b,s,j,t=1,2,\cdots,T \tag{3-13}$$

$$F_{l,\mathrm{s,j,t}}-(\theta^{l}_{\mathrm{b1,s,j,t}}-\theta^{l}_{\mathrm{b2,s,j,t}})/x_{1}=0$$
$$\forall l\in\boldsymbol{\Omega}_{\mathrm{LE}},s,j,t=1,2,\cdots,T \tag{3-14}$$

$$-M(1-X_{1})\leqslant F_{\mathrm{l,s,j,t}}-(\theta^{l}_{\mathrm{b1,s,j,t}}-\theta^{l}_{\mathrm{b2,s,j,t}})/x_{1}$$
$$\forall l\in\boldsymbol{\Omega}_{\mathrm{LC}},s,j,t=1,2,\cdots,T \tag{3-15}$$

$$F_{\mathrm{l,s,j,t}}-(\theta^{l}_{\mathrm{b1,s,j,t}}-\theta^{l}_{\mathrm{b2,s,j,t}})/x_{1}\leqslant M(1-X_{1})$$
$$\forall l\in\boldsymbol{\Omega}_{\mathrm{LC}},s,j,t=1,2,\cdots,T \tag{3-16}$$

$$-R^{\mathrm{down}}_{i}\tau\leqslant P^{\mathrm{Gen}}_{\mathrm{b,i,s,j,t}}-P^{\mathrm{Gen}}_{\mathrm{b,i,s,j,t-1}}$$
$$\forall i\in\boldsymbol{\Omega}_{\mathrm{I}},b,s,j,t=2,3,\cdots,T \tag{3-17}$$

$$P^{\mathrm{Gen}}_{\mathrm{b,i,s,j,t}}-P^{\mathrm{Gen}}_{\mathrm{b,i,s,j,t-1}}\leqslant R^{\mathrm{down}}_{i}\tau$$
$$\forall i\in\boldsymbol{\Omega}_{\mathrm{I}},b,s,j,t=2,3,\cdots,T \tag{3-18}$$

$$S_{k,\min}\leqslant S_{k,\mathrm{int}}+\sum_{t=1}^{t_{\mathrm{n}}}(P^{\mathrm{ch}}_{k,\mathrm{s,j,}t}\eta^{\mathrm{ch}}_{k}-P^{\mathrm{dis}}_{k,\mathrm{s,j,}t}/\eta^{\mathrm{dis}}_{k})\tau\leqslant S_{k,\max}$$
$$\forall k,s,j,t_{\mathrm{n}}=1,2,\cdots,T \tag{3-19}$$

$$\sum_{t=1}^{T}(P^{\mathrm{ch}}_{k,\mathrm{s,j,}t}\eta^{\mathrm{ch}}_{k}-P^{\mathrm{dis}}_{k,\mathrm{s,j,}t}/\eta^{\mathrm{dis}}_{k})\tau=0,\ \forall k,s,j \tag{3-20}$$

$$-F_{\mathrm{l,max}}\leqslant F_{\mathrm{l,s,j,t}}\leqslant F_{\mathrm{l,max}}$$
$$\forall l\in\boldsymbol{\Omega}_{\mathrm{LE}},s,j,t=1,2,\cdots,T \tag{3-21}$$

$$-X_{1}F_{\mathrm{l,max}}\leqslant F_{\mathrm{l,s,j,t}}\leqslant X_{1}F_{\mathrm{l,max}}$$
$$\forall l\in\boldsymbol{\Omega}_{\mathrm{LC}},s,j,t=1,2,\cdots,T \tag{3-22}$$

$$Y_{k}P^{\mathrm{dis}}_{k,\min}\leqslant P^{\mathrm{dis}}_{k,\mathrm{s,j,t}}\leqslant Y_{k}P^{\mathrm{dis}}_{k,\max}$$
$$\forall k,s,j,t=1,2,\cdots,T \tag{3-23}$$

$$Y_{k}P^{\mathrm{ch}}_{k,\min}\leqslant P^{\mathrm{ch}}_{k,\mathrm{s,j,t}}\leqslant Y_{k}P^{\mathrm{ch}}_{k,\max}$$
$$\forall k,s,j,t=1,2,\cdots,T \tag{3-24}$$

$$0\leqslant P^{\mathrm{on}}_{\mathrm{b,i,s,j}}\leqslant P^{\mathrm{Gen}}_{\mathrm{b,i,max}},\quad\forall i\in\boldsymbol{\Omega}_{\mathrm{I}},b,s,j \tag{3-25}$$

$$\lambda_{i}P^{\mathrm{on}}_{\mathrm{b,i,s,j}}\leqslant P^{\mathrm{Gen}}_{\mathrm{b,i,s,j,t}}\leqslant P^{\mathrm{on}}_{\mathrm{b,i,s,j}}$$
$$\forall i\in\boldsymbol{\Omega}_{\mathrm{I1}},b,s,j,t=1,2,\cdots,T \tag{3-26}$$

$$0\leqslant P^{\mathrm{Gen}}_{\mathrm{b,i,s,j,t}}\leqslant P^{\mathrm{on}}_{\mathrm{b,i,s,j}}$$
$$\forall i\in\boldsymbol{\Omega}_{\mathrm{I2}},b,s,j,t=1,2,\cdots,T \tag{3-27}$$

$$0\leqslant P^{\mathrm{Wind}}_{\mathrm{w,s,j,t}}\leqslant P^{\mathrm{f}}_{\mathrm{w,s,j,t}},\forall w,s,j,t=1,2,\cdots,T \tag{3-28}$$

$$X_l \in \{0, 1\}, \ \forall l \in \boldsymbol{\Omega}_{\mathrm{LC}} \qquad\qquad (3-29)$$

$$Y_k \in \{0, 1\}, \ \forall k \in \boldsymbol{\Omega}_k \qquad\qquad (3-30)$$

式（3-13）代表系统中每个节点的功率平衡，保证流入每个节点的能量总和为零。式（3-14）、式（3-15）和式（3-16）线性的分离直流潮流约束。式（3-14）是对已建线路上的线性直流潮流约束；然而，那些实际没有投建的待建线路并不需要满足潮流约束。分离约束就是用来体现这一情形，如果某一条线路没有投建，于是有 $X_l = 0$，那么式（3-15）的左边项和式（3-16）的右边项就会是一个足够大的数 M，式（3-15）和式（3-16）自然得到满足。式（3-17）和式（3-18）分别是火电机组的最大上下爬坡约束。式（3-19）是储能系统的容量约束，储能系统 k 的容量必须在指定的最大最小容量的范围之内。式（3-20）是储能系统 k 的充放电平衡约束。式（3-21）和式（3-22）限制了不同类型输电线路的容量：式（3-21）是对已建线路最大容量的约束，则是对待建线路的约束。在式（3-22）中，那些实际没有投建的线路上的容量就被约束为零。式（3-23）和式（3-24）的不等式约束将储能系统的充放电功率限制在了额定的功率范围内。式（3-25）里，$P^{\mathrm{on}}_{\mathrm{b},i,s,j}$ 代表火电机组 i 的现行容量，它的值应该小于该机组的装机容量。式（3-26）和式（3-27）表示火电机组的运行约束，如果某一台火电机组开启了，那么它的出力必须被限制在一定的范围内。需要注意的是，对于不能在一天内启停的机组，它们的出力不能小于其最小出力，在这里用一个最小出力比系数 λ_i 来表征；对于能够在一天内启停的机组，它们的出力下限则是零。最后，式（3-29）和式（3-30）将输电线路与储能系统的投建决策变量 X_l 和 Y_k 约束在 0 和 1 之间。在每一类运行状态下，上述的所有约束都应该被同时满足。

3.4.3 模型求解

由式（3-9）～式（3-30）构建出了一个数学规划模型，这是一个混合整数线性规划问题（mixed-integer linear programming, MILP）。该混合整数线性规划可以通过 CPLEX 求解，得到电网侧储能优化规划待选方案。

3.5 电网侧储能运行模拟模型与方法

3.5.1 电网侧储能运行模拟框架

电网侧储能运行模拟框架如图 3-3 所示，主要包括数据输入、计算环节以及模拟结果输出三大部分。其中计算环节是电网侧储能运行模拟框架的核心，基于待选储能及电网规划方案、新能源资源信息、负荷预测信息等输入作为边界条件，进行考虑电网侧储能运行特性、新能源随机特性、电网调峰和安全约束的精细生产运行模拟，输出电网侧储能充放电曲线、电力电量平衡、弃风弃光电量等小时级数据，用于进一步综合评估待选规划方案。具体来说，系统负荷生成及新能源出力重构模块根据历史负荷特性及负荷预测信息生

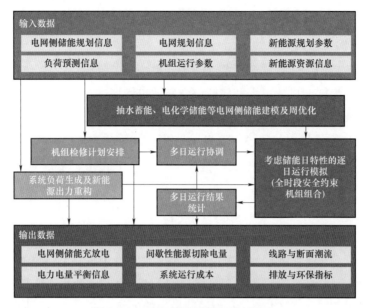

图 3-3　电网侧储能运行模拟框架

成小时级系统时序负荷，根据新能源随机性、时空相关性，重构新能源时序出力，模拟新能源时序运行；电网侧规模化储能模块根据不同储能的时序运行特性对抽水蓄能、电化学储能等分别进行建模，模拟储能多样的运行方式，通过削峰填谷算法进行储能周优化得到储能日边界条件；含储能的电力系统日运行模拟模块则根据负荷生成、新能源重构、储能周优化的结果作为边界条件，利用考虑储能日特性、电网调峰、网络安全约束的机组组合和经济调度模型，以日为单位模拟系统的调度运行，最终通过运行结果统计模块输出。

3.5.2　储能本体建模

3.5.2.1　电网侧电化学储能建模

电网侧电化学储能的建模主要表现为以下约束：储能充放电功率约束，储能充放电状态约束，储能 *SOC* 约束，以及储能 *SOC* 与储能出力关联约束。

储能充放电约束需要将储能的功率限制在最大充电极限与最大放电极限的范围内

$$\begin{cases} 0 \leqslant P_t^C \leqslant I_t^C P^{Cmax} \\ 0 \leqslant P_t^D \leqslant I_t^D P^{Dmax} \end{cases} \tag{3-31}$$

式中：P_t^C、P_t^D、P_i^{Cmax}、P_i^{Dmax}、I_t^C、I_t^D 分别为 t 时刻储能充电功率、放电功率、最大充电功率、最大放电功率、充电状态（1 表示正在充电）、放电状态（1 表示正在放电）。

储能充放电状态互斥约束

$$I_t^C + I_t^D = 1 \tag{3-32}$$

储能 *SOC*（state of charge）S_t 容量约束

$$0 \leqslant S_t \leqslant S^{max} \tag{3-33}$$

式中：S^{max} 为储能的最大容量。

储能 SOC 与储能出力关联约束

$$S_t - S_{t-1}(1-a) = P_t^C \eta - P_t^D \tag{3-34}$$

式中：a、η 分别为储能自放电率及储能综合充放电效率。

3.5.2.2 电网侧抽蓄机组建模

抽蓄机组在运行模拟中的建模主要表现为以下约束

$$\begin{cases} -P_{p,pump}I_{p,pump}^t \leqslant P_p^t \leqslant I_{p,gen}^t P_{p,gen} \\ I_{p,pump}^t + I_{p,gen}^t = 1 \\ \sum\limits_{t=1}^T I_{p,gen}^t P_h^t = \lambda_p \sum\limits_{t=1}^T I_{p,pump}^t P_h^t \end{cases} \tag{3-35}$$

式中：$P_{p,pump}$、$P_{p,gen}$ 为抽蓄机组单位时段最大抽水量与发电量，第一行表示抽蓄机组出力上下限约束；$I_{p,pump}^t$、$I_{p,gen}^t$ 为描述抽蓄机组 t 时段抽水或发电的状态变量，第二行表示抽蓄机组抽水与发电状态互斥约束；λ_p 为抽蓄机组的效率，第三行表示抽蓄机组每日抽水量与发电量平衡约束。

3.5.2.3 电网侧储能多日协调运行建模

随着电网侧规模化电化学储能及抽蓄容量增加，储能的调节能力增强，可以实现多日运行协调。如图 3-4 所示为规模化储能多日协调运行（比如一周）的算法原理示意图。

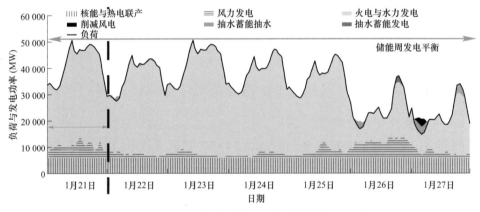

图 3-4　规模化储能多日协调运行的算法原理示意图

首先根据储能的容量对一周的负荷曲线进行削峰填谷优化计算。保证日充电电量 H_{day} 和发电电量 P_{day} 满足一周充放电平衡

$$\sum_{day \in Week} P_{day} = \lambda \sum_{day \in Week} H_{day} \tag{3-36}$$

显然，参与周优化后，储能每日不需要满足充放电量平衡约束，每日的"盈余"电量为 $\lambda H_{day} - P_{day}$。则在日内需要满足的充放电量约束为

$$\sum_{t \in Day} P_t - \lambda \sum_{t \in Day} H_t = \lambda H_{day} - P_{day} \tag{3-37}$$

3.5.2.4　电化学储能寿命模型

电化学储能的寿命由浮充寿命（float life）和循环寿命（cycle life）中两者的较小值确定。浮充寿命受储能循环次数的影响较小，可以认为是固定值，循环寿命主要与电池的放电深度（depth of discharge，DOD）有关，其中放电深度定义为电池放出的能量与总容量的比值，取值为 0～1。

一般而言，电化学电池最大循环次数随放电深度的增加而降低，可以用幂函数或者多项式去拟合它们之间的关系，为了简化考虑，本文用幂函数拟合放电深度为 d 时最大放电次数为

$$N_m^d = f(d) = N_0 d^{-k} \tag{3-38}$$

式中：d 为放电深度；N_0、k 为需要拟合的参数。因此，我们定义 n^d 次放电深度为 d 时的寿命损耗率为

$$g(n^d, d) = \frac{n^d}{f(d)} \tag{3-39}$$

当损耗率之和为 1 时储能报废。则每次储能以深度 d 充放电时的成本 c_{bt} 为

$$c_{bt} = \frac{1}{f(d)} Inv_{bt} \tag{3-40}$$

式中：Inv_{bt} 为电化学储能的投资成本。

3.6　电网侧储能规划实例

基于江苏电网 2020 年规划测试系统，应用前述电网侧储能规划模型与方法计算江苏电网调频、调峰、平抑新能源波动三个场景下电网侧储能的需求，并给出了储能类型选择的建议。

3.6.1　江苏电网测试系统基本数据

本章在江苏电网 2020 年规划数据的基础上测试了提出的多应用场景储能需求评估方法。本小节将介绍测试系统的基本情况。进行精细化的运行模拟需要全年的时序负荷数据。本章使用江苏 2020 年的负荷数据基于江苏实际历史负荷数据进行长期负荷预测生成得到。其四季典型日负荷曲线如图 3-5 所示。全年的负荷高峰发生在夏季，最大负荷峰值 130GW；全年最低负荷发生在冬季，具体日期在春节前后。春秋的负荷典型日曲线较为接近。虽然，四季典型日负荷水平与峰谷差值均不相同，但大致都呈现典型的双峰趋势。在日间 11 点前后出现早高峰，晚间 19 点前后出现晚高峰。

图 3-6 展示了江苏电网 2020 年的规划电源结构。常规燃煤机组与燃气机组等火电为电源装机的主体，两者之和占比达到 61%。由于江苏省内包含多个特高压直流线路落点，区外电源供电比例也十分显著。光伏与风电的装机占比 19%。除此之外电源结构中还包含一定的热电与核电机组。

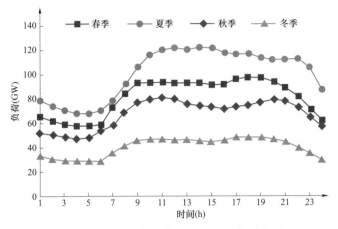

图 3-5　2020 年江苏四季典型日负荷曲线

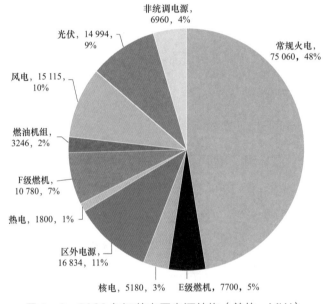

图 3-6　2020 年江苏电网电源结构（单位：MW）

常规火电、热电与核电的出力调节范围较小。风电与光伏的出力呈现明显的间歇性与不确定性。区外与非统调电源通常无法有效调节。在该电源结构中，灵活性调节资源较为缺乏，这将会引发新能源消纳，负荷低谷时常规火电开停机等问题。储能作为优质的灵活性资源，能够有效解决当前问题。算例分析将基于该电源结构，确定不同应用场景下储能的需求大小。

算例分析中的调频需求信号采用美国 PJM 快速调频市场 2018 年 RegD 实际数据。美国 PJM 是目前世界范围内应用储能调频最为成熟的电力系统之一，其投运电网级储能占全美比例达到 46%，主要用于系统调频。其调频需求数据以 2s 为时间周期，通常在 1h 之内能够归零，即每小时调节资源为电网提供零电能。风电与光伏出力采用江苏省电力公司经济技术研究院提供的 2020 年规划数据。该数据库数据以 5min 为时间周期提供了全年的新能源出力数据。

3.6.2　参与调频的储能规划实例

所采用的 PJM 系统负荷峰值 144 964MW 与江苏省 2020 年规划数据相近。其调频数据按江苏电网负荷峰值比例进行了修正。典型的调频信号波形如图 3−7 所示，在一个小时的周期内系统需要补偿的功率缺额在零值附近上下波动。总能量需求，即正调频与负调频能量之和，在 1h 之内大致归于零。

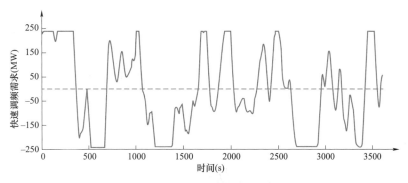

图 3−7　典型调频需求信号

利用第二小节阐述的方法得到系统调频所需功率以及能量的 pdf 与 cdf 如图 3−8 所示。计算需求能量时，假设能量初值充足。由图 3−8 可见，调频需求功率 pdf 呈现出多峰，不对称的特点，能量需求 pdf 峰尖尾厚，均难以利用现有分布类型拟合，体现了非参数估计的优势。

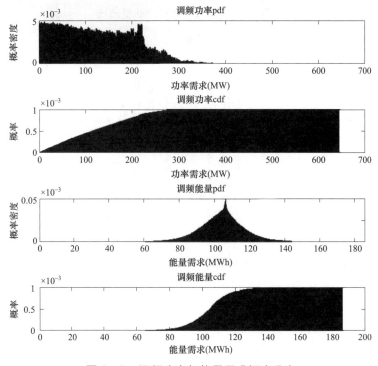

图 3−8　调频功率与能量需求概率分布

取期望概率 α 为 0.98，计算得到江苏电网调频的储能需求为 289.3MW/134.2MWh。调频仅需补偿电网供需的不平衡量，所以相比负荷峰值，其功率需求较小。此外，由于调频的时间尺度较短，其需求储能能量容量同样较小。此能量容量下以最大功率可持续输出27.8min。因此，系统调频可更多配备短时输出功率较大的储能类型。

3.6.3 参与平抑新能源波动储能规划实例

风电与光伏的典型日功率波动平抑功率需求分别如图 3-9 与图 3-10 所示。图中数据按新能源机组装机大小进行了标幺化。对于江苏实例，风电与光伏的日内波动量变化有着不同的特点。首先，光伏波动量的变化范围比风电要大，风电的波动更加靠近零值。再者，在日间光伏有功率输出的时段，光伏功率波动量的变化频率相比风电更高，风电的波动情况较为平缓。

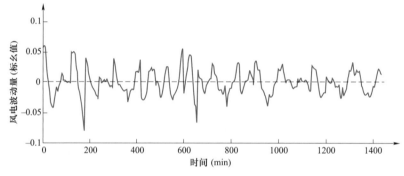

图 3-9 典型风电功率波动量曲线

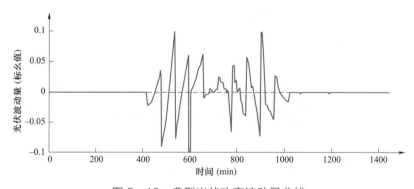

图 3-10 典型光伏功率波动量曲线

江苏 2020 年风电与光伏分别规划容量为 15 115MW 和 14 994MW。由于本算例提供数据为江苏省风电光伏出力总和，故不需要利用式（3-8）进行等效容量的推算。图 3-11 与图 3-12 分别为每小时平抑风电与光伏所需功率以及能量的 pdf 与 cdf。由于光伏夜间出力为零，计算光伏概率分布时仅取早五点至晚七点的出力时段。取期望概率 α 为 0.98，计算得到江苏电网平抑风电与光伏波动的储能需求分别为 542.1MW/572.4MWh 与 933.5MW/791.9MWh。两者在数值大小与功率能量配比上均有一定差异。本例中虽然光伏电厂总装机较风电小，但光伏功率需求远大于风电。这是由于相关性较高不同电厂波动量正向叠加概率较大，考虑平滑效应后的光伏等效装机容量更大，因此功率需求更大。功率与能量需求比例方面，风电的功率需求与储能能量需求比例接近 1∶1，能量需求数值略大于功率需求数值。而光伏的储能能量需求较功率需求小。该差异存在是由于风电光伏功率波动量的变化频率较低，风电单调变化趋势时间较长。光伏功率波动量的变化频率较高，其单调变化趋势时间短，波形陡峭。因此平抑风电波动的储能要求最大可放电时长较高。

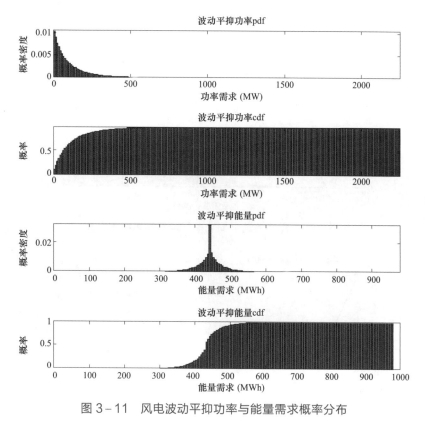

图 3-11　风电波动平抑功率与能量需求概率分布

根据此特点，在电网侧平抑风电波动应该在兼顾功率与能量的基础上，相应地更多配备能量型储能，而平抑光伏波动对于储能功率需求更大，应该更多配备功率型储能。

3.6.4　参与调峰储能规划实例

依据 2020 年江苏电网储能实际规划，本章模型在同里、龙湖、南翼、南通等 42 个节点处设置储能电站以进行全年电网运行模拟。各处的储能装机能量容量设置为相同值。以 10MWh 为步长，分别进行单节点装机为 0~70MWh 下运行模拟。储能功率装机大小由第二节所述方法得到。储能功率与能量投资成本分别设置为 70 万元/MW 与 210 万元/MWh。储能寿命设计为 10 年。贴现率设置为 8%。储能替代火电每年节省成本设置为 37.5 万元/MW。取期望概率 α 为 0.98，计算结果如图 3-13 所示。

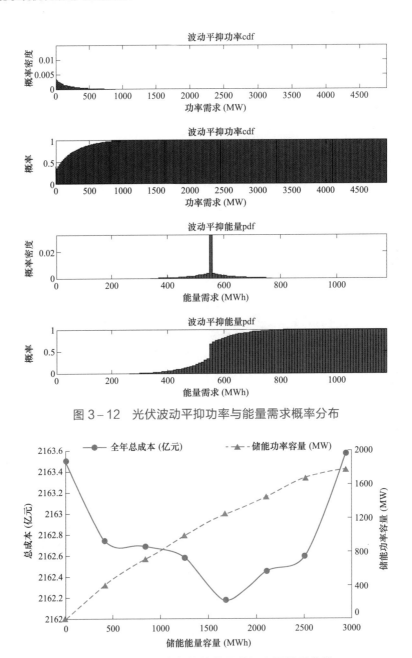

图 3-12　光伏波动平抑功率与能量需求概率分布

图 3-13　总成本与储能能量装机容量关系曲线

由图 3-13 可见，综合考虑储能建设成本，其替代效益与调峰红利，当能量容量取 1680MWh 时总成本最低，此时系统调峰储能需求为 1245MW/1680MWh。当储能装机容量较小时，由于储能削峰填谷、替代火电机组投资带来的效益，网络全年总成本随着装机的增加不断降低。但系统储能调峰需求超过某个阈值后，其带来效益是逐渐递减的。此时由于储能投资建设成本的增加，总成本将不断上涨。

系统储能装机容量为最优结果，即 1245MW/1680MWh 时，夏季典型负荷周储能调度运行情况如图 3-14 所示。

由图 3-14 可见，储能在负荷低谷时段吸收较为廉价的电力，在负荷高峰时放出。由于江苏电网负荷呈现明显的双峰模式，储能有两个典型的放电时段。在日间早高峰时，由于其持续时间较长，储能设备以相对较低的功率持续放电。而晚高峰时期，负荷尖峰持续时间短，储能大功率短时间放电。因此按照 1245MW/1680MWh 的功率能量比例，系统调峰应同时兼顾功率型与能量型储能。

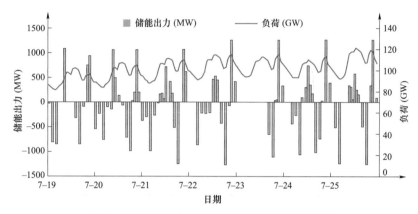

图 3-14   典型负荷周储能调度运行模拟情况

3.6.5   储能与输电网规划实例

本小节将提出的优化规划模型在改进 Garver's 6 节点系统上进行了测试。如图 3-15 所示，该系统包括 5 个节点和 6 个线路。另外，考虑第六个孤立节点，它没有连接到系统，但可以构建线路来连接它。任何走廊最多可容纳三条线。表 3-5 给出了现有和待选线路的参数，第六列是年度投资成本。发电系统由三台发电机组成，其参数如表 3-6 所示。节点 1 处的发电机是一个容量为 400MW 的风电场，风力出力来自 NERL 风电数据集。节点 1 至 5 的负荷数据基于实际电网的历史数据库。考虑三种不同的负载曲线（场景高、中、低，如表 3-7 所示）。为简单起见，目标年度的可用发电容量被认为是确定的。对于每条负荷曲线，考虑四种运行条件以反

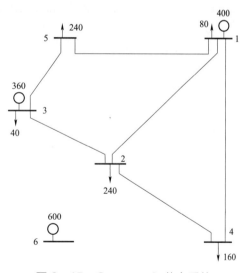

图 3-15   Garver's 6 节点系统

映一年中四个季节的风电及负荷变化。每个季节代表性日负荷曲线如图 3-16 所示。在每个节点处考虑两个候选储能。每项投资成本为 60 美元/kWh，表 3-8 提供了两个候选储能的参数。

表 3−5　　　　　　　　　　　　　　Garver'6 节点系统参数

起始节点	终止节点	电阻（标幺值）	电抗（标幺值）	潮流极限（MW）	成本（10^6 $）	是否已建
1	2	0.10	0.40	100	40	是
1	3	0.09	0.38	100	38	否
1	4	0.15	0.60	80	60	是
1	5	0.05	0.20	100	20	是
1	6	0.17	0.68	70	68	否
2	3	0.05	0.20	100	20	是
2	4	0.10	0.40	100	40	是
2	5	0.08	0.31	100	31	否
2	6	0.08	0.30	100	30	否
3	4	0.15	0.59	82	59	否
3	5	0.05	0.20	100	20	是
3	6	0.12	0.48	100	48	否
4	5	0.16	0.63	75	63	否
4	6	0.08	0.30	100	30	否
5	6	0.15	0.61	78	61	否

表 3−6　　　　　　　　　　　　　　发 电 机 参 数

节点	容量（MW）	类型	发电成本（$/MWh）
1	400	风电	0
3	360	煤	48
6	600	煤	52

表 3−7　　　　　　　　　　　　　　场 景 数 据

场景	权重	尖峰负荷（MW）
1	0.4	900
2	0.3	760
3	0.3	650

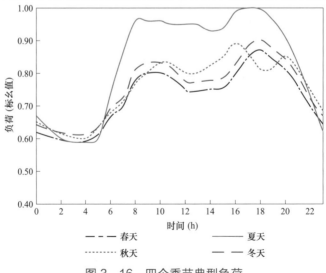

图 3−16　四个季节典型负荷

表 3－8 候 选 储 能 参 数

储能类型	$P_k^{dis,max}$ / $P_k^{ch,max}$（MW/h）	$P_k^{dis,min}$ / $P_k^{ch,min}$（MW/h）	s_k^{min}（MWh）	s_k^{max}（MWh）	η_k^{dis} / η_k^{ch}
1	100	0	20	600	0.85
2	50	0	10	300	0.90

算例结果。算例考虑了两种情况：① 包含待选线路及储能；② 不包含储能。第二个不包括存储，算例结果总结在表 3－9 和图 3－17 中。规划结果包括五条新线路，年度总投资成本为 1.4 亿美元，两个储能，年度投资总成本为 5400 万美元。在五条新线路中，两个连接节点 6 与节点 2，另外两个连接节点 6 与节点 4，其余的连接节点 3 与节点 5。该解决方案允许节点 6 处的出力流向所有负荷节点。在节点 1 处建立类型 2 的储能以减轻风力发电的可变性，在最大负荷节点 5 处建立类型 1 的储能。在第二种情况下，需要两条额外的线，在图 3－17（b）中以蓝色显示。

表 3－9 有储能和无储能算例结果对比

方案	有储能	无储能
新建线路数量	5	7
新建线路	2－6（2），3－5，4－6（2）	2－6（3），3－5（2），4－6（2）
每年线路投资（百万美元）	140.00	190.00
每年储能投资（百万美元）	54.00	—
运行成本（百万美元）	207.24	213.52
总成本（百万美元）	401.24	403.52
切除风电（MWh）	270.37	5307.46

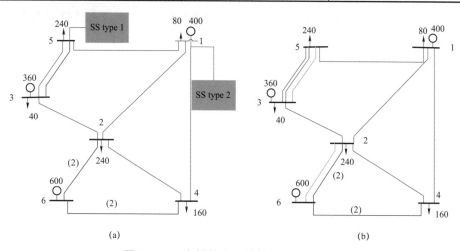

图 3－17　有储能和无储能规划结果对比

图 3－18 给出了在两个代表性日场景下的风力和储能出力情况。对于储能，高于零的值表示放电功率，而低于零的值表示充电功率。结果表明，储能能够在风电高出力时充电和风电低出力时放电来降低节点 1 风电的波动。如果有可用的储能，每年的弃风从

5370.46MWh 减少到 270.37MWh。由于风力发电通常在夜间高，而负荷需求低，因此弃风通常在夜间发生。储存可以减少清洁能源的浪费。输电线路的运营成本和投资成本的下降足以抵消储能的投资成本。因此，如果考虑存储，总成本将从 4.032 2 亿美元减少到 4.012 4 亿美元。

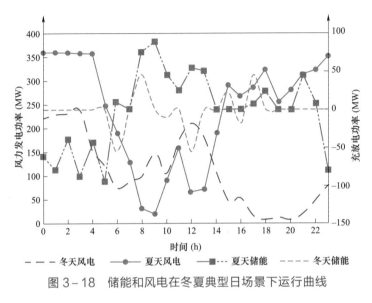

图 3-18 储能和风电在冬夏典型日场景下运行曲线

参 考 文 献

[1] Zhang N，Kang C，Kirschen D S，et al. Planning pumped storage capacity for wind power integration [J]. IEEE Transactions on Sustainable Energy，2013，4（2）：393-401.

[2] PJM. Ancillary services[EB/OL]. https://www.pjm.com/markets-and-operations/ ancillary-services.aspx.

[3] Lee T. Energy storage in PJM：exploring frequency regulation market transformation [R]. Kleinman Center for Energy Policy，2017.

[4] 刘静琨. 电力系统云储能理论与方法研究 [D]. 北京：清华大学，2017.

第4章

频率支撑与黑启动服务
储能优化配置

在传统交流电力系统中，几乎所有的电源都是同步发电机组，频率可以表征系统发电功率与负荷功率的平衡水平，系统的调频完全由同步机组的机电特性与负荷响应特性决定。伴随电源侧风光新能源比例、网侧直流传输规模和负荷侧逆变器负荷的共同攀升，电力系统逐步呈现电力电子化的特征。惯性减小、扰动增加、负荷频率响应也不利于维持频率稳定，2015 年锦苏直流故障引起华东电网频率下降事件、2019 年英国大停电事故都是这一大背景下给我们的警示。

目前，储能电池参与电网调频是其在电网环节的重要功能，也是储能电网侧应用最具比较优势场景。系统发生功率扰动时，频率随之变化，常规机组通过惯性响应、一次调频等手段来进行频率响应，而储能具有快速反应、灵活调节的特点，相比常规机组可以在短时间内进行更加快速、有效的功率支撑。理论与实践都已证明，在系统频率快速下降的初始阶段，只有储能能够提供毫秒级支撑，在随后的数分钟内也有数倍甚至数十倍于火电机组的替代优势。储能参与调频应用在国内外都得到了相关政策的大力支持，已成为全球规模化储能项目开展最多的三个应用领域之一，是储能在电网应用最接近商业化运营的领域。

黑启动是电网侧储能的又一典型应用，电池储能应用于黑启动具有可靠、快速的优点，在黑启动电源不足的电网中，分散储能可以起到多点点亮作用，从而提高电网恢复速度。

本章主要包括两方面内容：储能用于紧急频率支撑的优化配置方法和用于电力系统黑启动的优化配置方法。首先，本章介绍能够用于提供紧急频率支撑的储能控制策略，分析了相应的功能需求及容储比配置特点，指出按电池最大过载能力即最大倍率特性配置逆变器功率，按以减少频率安全风险衡量其收益，按充放电倍率折算其寿命影响来计算运行成本，可以最大限度提高储能对电网频率的支援作用。其次，本章在介绍电力系统黑启动子系统组成的基础上，分析储能用于黑启动的可行性并给出布点建议。

4.1 提供紧急频率支撑的储能控制策略

图 4-1 为电池储能装置并网示意图，并网模型可以分为储能电池本体、PCS（功率

控制单元）、应用控制系统（能量管理系统）以及变流器四部分。控制单元对能量管理系统以及电网侧的数据进行收集，并以一定的逻辑控制并网换流器的动作，对储能装置的出力模式进行定制化控制。

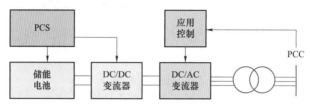

图 4-1　电池储能装置并网示意图

国内外对于储能电池本体的建模，大致可以分为两大类，分别是动态频域模型以及利用戴维南等效方法构建的电路模型。由于电池储能装置一般通过电力电子设备并网，而电力电子装置的出力模式又可以自由定制，所以在近似分析中，可以将应用于电力系统中的储能电池简化为一个可以定制出力的有功功率源。

影响电网频率稳定性的关键是 DC/AC 变流器策略及 SOC 策略。电化学储能装置通过 DC-AC 并网变流器接入电网，使得电池组和电网两者之间没有直接耦合，电网侧的电气特性完全由变流器的控制策略决定。其中控制能力最强、目前应用最为广泛的为电压源型变流器（voltage source converter，VSC）。

尽管储能装置并网种类繁多，但其控制结构基本相同，如图 4-2 所示，一般由量测及计算环节、附加环控制器、外环控制器、内环控制器、直流电容、滤波电容、耦合电抗等组成。

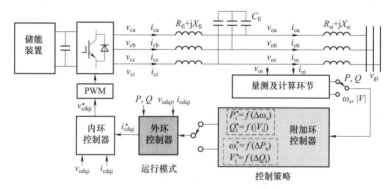

图 4-2　储能装置并网控制结构

量测及计算环节实现对电网侧电压（幅值和频率）、电流、输出有功功率及无功功率等变量值的测量；附加环控制器根据不同目标设定换流器控制策略，并给定外环控制器参考值；外环控制器调节储能装置机端电流 i_c；内环控制器调节储能装置机端电压 V_c；直流电容为电压源型换流器提供直流电压支撑；滤波电容滤除交流侧谐波，耦合电抗实现电压源型换流器与交流系统能量交换。

VSC 一般采用双闭环矢量控制策略，即外环控制和电流内环控制。根据控制的对象不同，外环控制一般包括有功/无功功率控制（PQ 控制）、有功功率/电压控制（PV 控制）

和电压/频率控制（VF 控制）。电流内环控制通常采用直接电流控制，这种方法采用快速的电流反馈能够获得高品质的电流动态响应。

不同类型储能并网电力电子接口装置的量测计算方式、内环控制器控制策略、滤波电容及耦合电抗结构基本相同，但是外环控制器及附加环控制器的控制策略各异。外环控制器控制策略决定储能装置控制模式，附加环控制器可以"自定义"储能装置的交流并网响应特性。

当附加环控制器中采用定值控制时，储能装置能够维持恒定的输出功率或机端电压，不能响应系统变化；当附加环控制器通过量测系统变化从而改变输出功率或机端电压的参考值，从而使储能装置具备一定的电网支撑能力（grid-supporting）。通过自定义附加环控制策略，实现具备不同等效电源特性的储能装置电网支撑能力。

（1）功率源型储能装置频率调节模型。不具备电网支撑能力的功率源型储能装置的外环控制器参考值为恒定功率值，如式（4-1）和式（4-2）所示。此时，电力电子接口装置不能响应系统频率变化。

$$P_i^* = P_{i0} \tag{4-1}$$

$$Q_i^* = Q_{i0} \tag{4-2}$$

式（4-1）和式（4-2）中，P_i^*、Q_i^* 为第 i 个储能装置有功功率及无功功率参考值；P_{i0} 及 Q_{i0} 为第 i 个储能装置恒定的有功功率及无功功率。

储能系统的惯性响应策略是通过调节输出电磁功率变化量 ΔP_{in} 与系统频率变化率 RoCoF 成正比例，模拟同步发电机组的惯性响应，如式（4-3）所示。

$$P_i^* = P_{i0} + \Delta P_{in} = P_{i0} - k_{in}\frac{\mathrm{d}\omega_s}{\mathrm{d}t} \tag{4-3}$$

式中：k_{in} 为惯性响应系数；ω_s 为机端量测频率。

通过调节输出电磁功率变化量 ΔP_f 与系统频率变化量 $\Delta\omega_s$ 成正比例，可以模拟同步发电机组提供一次频率调节，即 $P—\omega_s$ 下垂策略。式（4-4）中的下垂关系基于高压传输线路感性阻抗假设。

$$P_i^* = P_{i0} + \Delta P_f = P_{i0} - k_{pi}(\omega_s - \omega_{s0}) \tag{4-4}$$

式中：ω_s 为机端量测频率；ω_{s0} 为额定频率及额定电压幅值；k_{pi} 为 $P—\omega_s$ 下垂系数。

功率源型储能装置还可以采用功率增量控制策略，在频率波动期间按指定数值或曲线输出电磁功率，如式（4-5）所示。

$$P_i^* = P_{i0} + \Delta P_s \tag{4-5}$$

式中：ΔP_s 为输出功率增量。

对于大容量储能装置，其功率增发持续时间可以满足一次及二次频率调节要求。

（2）交流电压源型储能装置频率调节模型。当大容量储能装置在连接可再生能源场站、无源负荷中心时，需要运行在交流电压源模式，其基本工作原理如图 4-3 所示。采用定值控制的交流电压源型储能装置能够独立建立电压波形，并保持机端电压幅值及频率为定值，通常称为恒定 VF 控制，如式（4-6）和式（4-7）所示。

$$\omega_{si}^* = \omega_{s0} \qquad\qquad (4-6)$$

$$|V_i^*| = |V_{i0}| \qquad\qquad (4-7)$$

式中：ω_{si}^* 及 $|V_i^*|$ 为第 i 个储能装置电压频率及幅值参考值，在稳态情况下有系统频率 $\omega_s^* = \omega_{si}^*$；$\omega_{s0}$ 及 $|V_{i0}|$ 为第 i 个储能装置电压频率及幅值基准值。

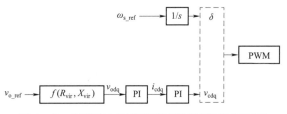

图 4-3 交流电压源型储能装置基本工作原理

为了模拟同步发电机组惯性响应及动态响应特性，交流电压源型储能装置可以采用虚拟同步机控制策略，其工作原理如图 4-4 所示。

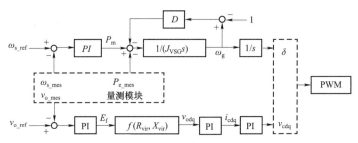

图 4-4 交流电压源型储能装置虚拟同步机模型

在图 4-4 中，惯性响应策略通过式（4-8）实现。

$$\frac{d\omega_{gi}}{dt} = \frac{1}{T_{VSGi}}[P_{mi} - P_i - D_{VSGi}(\omega_{gi} - 1)] \qquad\qquad (4-8)$$

式中：T_{VSGi} 为虚拟惯性时间常数；D_{VSGi} 为虚拟阻尼系数；ω_{gi} 为虚拟转子转速；P_{mi} 为虚拟机械功率。与同步机组不同的是，以上四个参量均为控制器预设参数，不与任何机械旋转元件关联。

通过调节输出频率变化量 $\Delta\omega_s$ 与电磁功率变化量 ΔP_f 成正比例，可以模拟同步机组提供一次频率调节，即 ω—P 下垂控制，如式（4-9）所示。

$$\omega_{si}^* = \omega_{s0} - \frac{1}{k_{\omega i}}(P_i - P_{i0}) \qquad\qquad (4-9)$$

式中：P_i 为量测有功功率；P_{i0} 为额定有功功率；$k_{\omega i}$ 为 ω—P 下垂系数。

4.2　储能倍率充放下的能量支撑

充放电倍率为电池充放电电流与额定容量的比值，一般用 C 来表示电池充放电电流大小的比率，如 1200mAh 的电池，0.2C 表示 240mA（1200mAh 的 0.2 倍率），1C 表示 1200mA（1200mAh 的 1 倍率），在充放电电压恒定的情况下即为充放电功率与额定功率的比值。

电池的倍率特性越优良，在电池容量一定时能够提供充电/放电的功率对应越大，此快速提供大功率的能力与电网调频场景较为匹配。在容量配置时使用倍率充放电模式可减小储能的电池容量成本；在运行优化时，通过分批次使用电池进行倍率充放电调频可以提高寿命周期内的整体电池使用次数，从而降低单次循环成本。这里验证倍率充放电下的实际容量是否满足调频需求。

在不考虑倍率下电池实际容量变化时，即假设储能所释放的电池容量在不同倍率功率下相同，那么储能持续充/放电时间 t_λ 与储能充放电倍率的关系如图 4-5 所示（倍率为 1C 的情况下，使用时间 60min）。

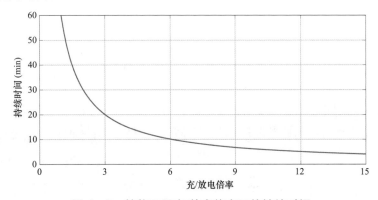

图 4-5　储能不同充/放电倍率下的持续时间

实际充放电时，能够释放的容量比理想情况下略小，在图 4-5 中，实际曲线将在上述曲线下方。

一般来说，充放电倍率越大，能够放出或充进所使用的容量空间越小。衰退程度与具体储能种类和参数相关，某种磷酸铁锂电池在不同倍率下所放出的容量如图 4-6 所示，该电池参数下 2C 的充放电倍率（因为该类型电池标称倍率为 0.2C，不为 1C，所以 1C 倍率持续时间少于 1h）为标称容量的 90%。

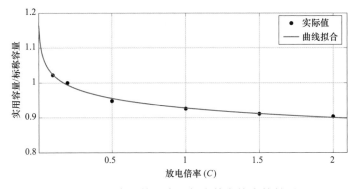

图 4-6　实际使用容量与充放电倍率的关系

已有研究人员推导出电池实际放电容量与放电电流满足幂函数形式，加上放电电流与倍率之间为线性关系，推导出实际放电容量与倍率的关系为幂函数形式。

故此处，曲线以幂函数形式拟合，数据拟合表达式为

$$E(\lambda) = 0.927\lambda^{-0.043} \tag{4-10}$$

可以计算出即使按照 10C 倍率进行放电（最大倍率允许的情况下），其使用容量衰减为标称容量81.9%，相比 1C 的容量92.7%减少11.65%，充放电持续时间为4.9min。

考虑频率响应时间尺度的关系，可近似认为在数倍于额定充放功率范围内充放电时，储能的电池容量（MWh）可满足频率响应的需要。

4.3 提供紧急频率支撑的储能配置

（1）最大频率偏差与储能参数的关系。作为参与紧急频率支撑的备用电源，储能装置通过检测系统的频率偏差信号来响应系统频率变化，当系统中频率偏差达到了储能紧急功率支撑动作死区，储能装置会根据系统的频率以一定的方式放电参与到系统的紧急频率支撑当中。目前常用的储能装置频率响应模式为 P-f 下垂控制的方法，储能控制系统检测系统频率变化，当频率跌落到控制死区以外时，储能装置按照频率偏差的一定比例放电以提供频率支撑。

$$P_{B} = -K_{B}\Delta f, \Delta f > \Delta f_{B\_death} \tag{4-11}$$

由于系统出现较大频率偏差时不平衡功率大，而频差较小时不平衡功率较小，下垂控制模式可以使得储能出力的比例符合电网对功率的需求。如果取 K_B 为恒定值，由于储能电池容量有限，当储能电池能量耗尽时有功出力瞬间降为0，可能使系统发生频率的二次跌落。充分考虑储能装置的荷电状态，可以通过变 K_B 的方式对储能装置进行控制。

变 K 法是基于荷电状态的改进下垂控制法，在放电的过程中充分考虑电池的荷电状态，避免电池的过放，有效地弥补了定 K 法对于储能电池状态考虑不足的缺点。引入与 SOC 状态耦合的变量 K_{bu} 对储能频率响应的下垂系数 K_B 进行适时调整，调整方法如式（4-12）所示，其中 K_{bmax} 是为储能装置设定的最大下垂调节系数。

$$K_{B} = K_{bu}K_{bmax} \tag{4-12}$$

保守型策略中的 K_{bu} 可以由式（4-13）得到

$$K_{bu} = \left(\frac{SOC - SOC_{min}}{SOC_{max} - SOC_{min}}\right)^{2} \tag{4-13}$$

激进型策略中的 K_{bu} 可以由式（4-14）得到

$$K_{bu} = 1 - \left(\frac{SOC - SOC_{max}}{SOC_{max} - SOC_{min}}\right)^{2} \tag{4-14}$$

图4-7给出了两种变 K 法的下垂系数随储能电池 SOC 状态变化的关系。保守型放电

曲线在 SOC 限制范围内是下凸的，在放电一开始时 K_B 迅速下降，随着 SOC 的减少，K_B 的下降速率才逐渐减慢，这种放电策略更注重对于 SOC 的维持。激进型放电曲线与保守型的恰恰相反，是上凸的，在放电一开始的阶段保持快速放电，直到 SOC 跌落到较低水平时才延缓放电速度，这种放电策略更注重于对电池电量的充分利用。

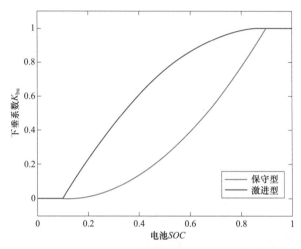

图 4-7　变 K 法下垂系数与电池 SOC 的关系

　　为了得到表征系统频率变化的显式数学表达式，以便对于储能装置在系统调频过程的作用进行探索，暂不考虑参与调频机组以及储能装置的调节死区、爬坡限制以及出力约束，并假定储能装置电量充足。

　　假设储能系统以定下垂系数的方式响应频率变化，在系统频率出现偏差时，储能装置的有功出力变化量为

$$\Delta P_B = -K_B \Delta f \tag{4-15}$$

将储能装置加入频率响应方程，得到系统的频率响应

$$M \frac{\mathrm{d}\Delta f}{\mathrm{d}t} = \Delta P_G + \Delta P_B - \Delta P_D - P \tag{4-16}$$

式中：M 为系统的惯性时间常数；ΔP_G、ΔP_D 分别为发电机组和负荷的功率变化量；P 为扰动功率（如故障机组停运前的功率）。

　　类似相关文献的推导，得到系统频率响应的微分方程表达形式如下

$$T_G M \frac{\mathrm{d}^2 \Delta f}{\mathrm{d}t^2} + [T_G(K_B + K_D) + M]\frac{\mathrm{d}\Delta f}{\mathrm{d}t} + (K_G + K_D + K_B)\Delta f + P = 0 \tag{4-17}$$

式中：T_G 为常规机组调速器时间常数；K_G 为常规机组的一次调频下垂系数；K_D 为负荷阻尼系数。

　　满足初始条件

$$\Delta f(0) = 0; \frac{\mathrm{d}\Delta f(0)}{\mathrm{d}t} = \frac{-P}{M}$$

解得

$$\Delta f(t) = -\frac{P}{K_G + K_D + K_B} + A\mathrm{e}^{\alpha t}\sin(\omega t + \varphi) \tag{4-18}$$

其中

$$\alpha = -\frac{T_G(K_B + K_D) + M}{2T_G M}$$

$$\omega = \sqrt{\frac{K_B + K_D + K_G}{T_G M} - \alpha^2}$$

$$A = \frac{P}{\omega M}\sqrt{\frac{K_G}{K_G + K_D + K_B}}$$

$$\varphi = \arcsin\left[M\omega \frac{1}{\sqrt{K_G(K_G + K_D + K_B)}}\right]$$

求出最大频率偏差为

$$\Delta f_{max} = -\frac{P}{K_G + K_D + K_B} + A\mathrm{e}^{\alpha t_m}\sin(\omega t_m + \varphi)$$

其中

$$\alpha\sin(\omega t_m + \varphi) + \omega\cos(\omega t_m + \varphi) = 0$$

由最大频差公式可以看出，储能装置的下垂系数位于分母项，相当于增大了系统频率调节效应系数（$K_G + K_D + K_B$），有效地抑制了系统频率跌落的速率以及跌落幅度。

（2）优化问题。通过在系统中配置响应频率变化的储能系统，提高瞬时大功率缺额下系统频率响应稳定性，并维持系统频率在低频减载线以上（即系统最大频率偏差不超过Δf_{limit}）。

以储能装置安装成本C_B、故障后系统一次调频过程频率跌落风险h_f成本之和$\{C_B + h_f\}$最小为优化目标对储能装置的容量E和功率P进行优化配置。

其中，储能安装成本

$$C_B = C_{BE}E + C_{BP}P \tag{4-19}$$

式中：C_{BE}为单位储能容量成本；C_{BP}为单位储能功率成本。

一次调频频率跌落风险成本

$$h_f = c_f\int_{t=0}^{t_{end}}\Delta f(t)^2\,\mathrm{d}t \tag{4-20}$$

式中：t代表出现大功率缺额故障后的时间；t_{end}为一次调频结束的时间；$\Delta f(t)$为配置容量为E、功率为P的储能系统后，系统在t时刻的系统频率偏差量；c_f为风险成本系数。

为了保障配置储能之后系统最大频率偏差不大于 Δf_{limit}，设置罚函数 C_{pun} 并加入到优化目标函数中，使得优化目标变为：$\min\{C_{\text{B}} + h_{\text{f}} + C_{\text{pun}}\}$，其中

$$C_{\text{pun}} = \begin{cases} 0, \max(|\Delta f|) \leqslant \Delta f_{\text{limit}} \\ c_{\text{P}}, \max(|\Delta f|) > \Delta f_{\text{limit}} \end{cases} \qquad (4-21)$$

式中：c_{P} 为罚函数惩罚因子，设置为一个远高于系统中其他变量量级的大数。

由于 $\Delta f(t)$ 由系统的动态过程得出，存在许多非线性环节，不能划归为标准的优化模型，所以考虑采取启发式的算法对问题进行求解。本节采用混沌粒子群算法进行求解，求解的流程图如图 4-8 所示。

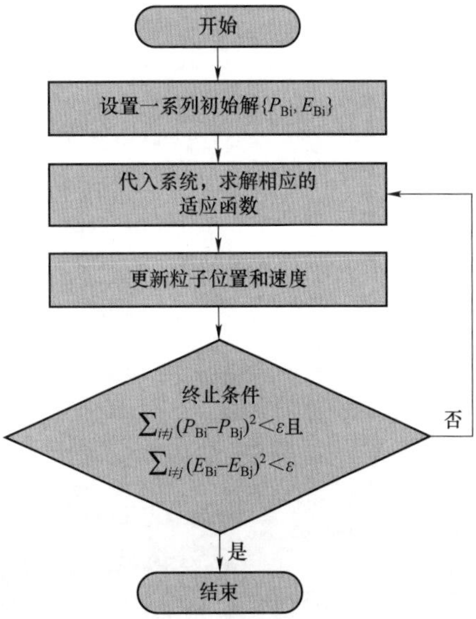

（3）仿真分析。利用 MATLAB 搭建了一个由火电机组、水电机组、储能装置和负荷组成的仿真系统。系统总装机容量为 100GW，其中不参与系统调频的机组装机容量为 10GW，参与系统调频的火电机组装机容量为 81GW，参与系统调频的水电机组装机容量为 9GW，系统负荷为 60GW，直流馈入功率为 3.5GW。

图 4-8　储能优化配置的求解流程

火电机组参数：惯性时间常数 $M_1 = 16\text{s}$，机组功频静态特性系数 $K_{\text{G1}} = 20$，调速器动作时间常数 $T_{\text{G1}} = 5\text{s}$，调频频率响应死区 $\pm 0.033\text{Hz}$，响应延时 3s。

水电机组参数：惯性时间常数 $M_2 = 6\text{s}$，机组功频静态特性系数 $K_{\text{G2}} = 40$，调速器动作时间常数 $T_{\text{G2}} = 5\text{s}$。调频频率响应死区 $\pm 0.033\text{Hz}$，响应延时 1s。

储能装置参数：响应紧急调频响应死区 $\pm 0.2\text{Hz}$。

负荷参数：负荷频率调节效应系数 $K_{\text{D}} = 2$。

系统低频减载死区参数：$f_{\text{cut}} = 49.50\text{Hz}$，即安全运行最大频差 $\Delta f_{\text{limit}} = 0.50\text{Hz}$。

当发生直流双极闭锁时，系统瞬时损失 3.5GW 的有功功率，若没有储能系统参与紧急调频，系统故障后频率响应如图 4-9 所示。频率跌落的谷值为 49.399Hz，低于系统低频减载的阈值，系统低频减载产生大量经济损失。现考虑通过配置储能装置使得发生直流闭锁故障时系统频率维持到低频减载域以上，并降低频率跌落风险成本。

采用混沌粒子群算法对上述算例的储能配置问题进行求解，解得该算例下优化配置结果为配置储能功率为 498.3MW，容量为 9.4MWh，最低综合成本为 61 162 万元。

将储能功率与容量的配置结果回带到算例系统中，得到储能装置加入后系统的频率响应曲线如图 4-10 所示。

储能有功出力的变化如图 4-11 所示。

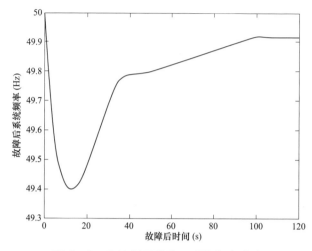

图 4-9　直流闭锁故障下系统频率响应

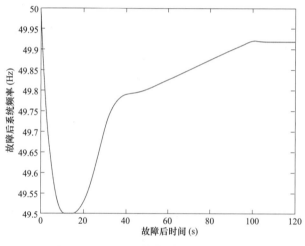

图 4-10　配置储能时系统频率响应

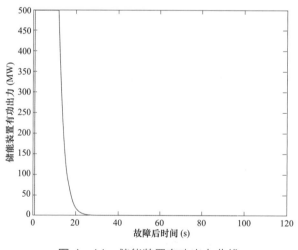

图 4-11　储能装置有功出力曲线

储能装置 *SOC* 变化如图 4−12 所示。

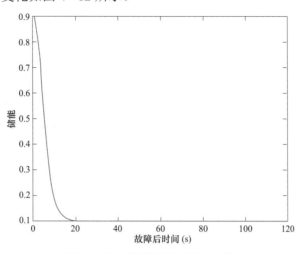

图 4−12　储能装置 *SOC* 变化

仿真结果显示上述配置结果以及控制策略可以将直流闭锁故障下频率谷值提高到低频减载死区（49.5Hz）以上，并且可以维持储能装置 *SOC* 在允许的范围内。

4.4　用于黑启动的储能优化配置方法

由于储能具备一系列的技术特点，与黑启动的要求在很多方面有较高的契合度，所以开展储能黑启动的相关研究就十分必要。而在储能的建设布点过程中，将黑启动的需求纳入考量，谋划在前，也将给未来进行黑启动相关研究提供更多的选择。

4.4.1　黑启动子系统的组成

4.4.1.1　黑启动电源点

电网黑启动电源点分为：系统外电源和系统内具有黑启动能力的机组。优先选择系统外电源作为黑启动电源。

系统外电源，指能够通过联络线或相邻变电站送电至停电系统的外部电源。自启动能力，指在没有外来电源供给的情况下，机组在规定时间内从停机状态启动并具备向系统送电的能力。具备自启动能力的机组为黑启动机组。

被启动机组，指在系统全黑后，利用机组自有条件，尽可能保持热力、厂用电力系统稳定，在外来电源供电后，能迅速启动成功的热力机组。被启动机组需承担地区恢复系统的调频调压任务。

电网黑启动机组的选择综合考虑下列因素。

（1）尽量选择调节性能好、启动速度快、具备进相运行能力的机组。

（2）优先选用省调调度管辖机组作为启动电源，其次选用用户电源。

（3）尽量选择接入较高电压等级的机组。

（4）有容量保证，且有利于快速恢复其他电源的机组。

（5）电气距离负荷中心近的机组。

与外界相连的变电站应是地区系统全黑后首选的黑启动电源点。对于依靠外界电源恢复相邻变电站的过程，由调度规程规定。由于不可抗拒外力对联络输电线路的破坏，外界电源不是最可靠的黑启动电源点。因此对黑启动电源点的研究重点放在供电地区内部电厂机组的启动恢复。

对于被启动机组，由于其启动成功后要担任恢复系统的调频调压责任，故容量上选择不低于100MW的机组。对于600MW及以上机组，由于厂用电机功率较大，对于小系统冲击太大，在一般情况下也不予考虑作为最先被启动的机组。

4.4.1.2　黑启动路径

电网黑启动路径的选择，原则上按照地区黑启动电源点的分布，配合地区被启动机组厂用电及重要用电负荷的恢复制定。黑启动路径必须具备与外系统的并列点。

电网黑启动路径的选择综合考虑了下列因素。

（1）能在尽量短的时间内以最少的操作步骤恢复系统供电。

（2）尽量减少不同电压等级的变换。

（3）距离下一个电源点最近，以尽快恢复本地区电网的主力电厂，建立相对稳定的供电系统。

（4）便于220kV及以上电网主网架的快速恢复。

在黑启动电源启动成功，被启动机组顺利并网后，对于地区电网的恢复路径，综合考虑以下因素。

（1）避免容量在200MW以下的单机弱电源对500kV主网的试送电。

（2）送电路径优先考虑重要负荷的恢复。

（3）系统间的并列点优先考虑电厂侧开关，跨区电网的并列优先考虑500kV系统开关。

4.4.1.3　负荷恢复

电网首先恢复省内各级电网调度机构生产用电、省内核设施的安全用电、地区主力电厂启动用电。在地区黑启动电源容量允许条件下，按照用电负荷重要性，优先恢复通信设施、党政机关、重要厂矿企业的用电。

电网在黑启动负荷恢复过程中，频率和电压控制仍需遵守电网调度规程相关规定。其中，恢复系统应留有一定的旋转备用容量，旋转备用容量一般不低于系统发电容量的30%。

4.4.1.4　电网子系统的划分

按照国家电网公司颁布的《电力系统黑启动方案编制和实施技术规范》（调技〔2005〕88号），制定的划分黑启动子系统具体原则如下。

（1）子系统至少具有1个黑启动电源点和1台被启动机组。

（2）子系统应具有较好的调频调压手段。

（3）子系统间具有明确、可靠的同期并列点。

4.4.1.5　黑启动校核

黑启动路径校核主要包括暂态稳定性、线路末端过电压、电厂电机启动能力、发电机自励磁校核四个方面。

4.4.2　利用储能电站黑启动可行性

4.4.2.1　储能具备电源与负荷双重功能

由于储能具备电源与负荷的双重功能,发挥给机组供电和黑启动子系统有功频率支撑双向作用。

储能装置建设地点的选择,应根据电网运行的实际需要来取舍。如果在储能选点时进一步考虑黑启动的实际需求,则可根据电网中机组的实际接入状况,挑选合适的机组,纳入黑启动路径,在路径点考虑装设储能装置。一般来说,厂用电率较低的燃机是比较好的黑启动机组,容量较小的燃煤机组也可以考虑。应分析被启动机组的辅机容量与启动特性。

储能电站可考虑作为并网点变电站站用电电源,突破站用 UPS 容量和功率限制,大大提高灾备能力。

4.4.2.2　储能黑启动电站需解决的问题

由于储能装置的电流过载能力不强,所以在启动电动机等冲击负荷时,应考虑留有充分的容量裕度,根据储能装置的容量选择合适的启动对象,构建启动路径,确定储能安装节点。

储能电站与被启动机组形成的黑启动子系统自持应考虑利用微网控制技术或就地有功无功调节装置,提高小系统稳定性。

黑启动的整体设计是个系统工程,涉及启动电源、被启动设备、启动路径、负荷等多个方面。储能作为一种可以自启动、负荷响应速度快、可扮演电源与负荷双重角色的新型电源,既可以作为黑启动路径的起点,充当最初的星星之火,又可以设置在黑启动路径的中途,为启动过程加速助力,同时,还可以设置在被启动机组,降低机组启动的门槛,简化流程,加快启动进程。有了储能的助力,将会大大增加可用的黑启动电源点,为黑启动路径提供更多样的选择,大大提升黑启动方案的整体可行性。

4.4.2.3　用于黑启动的储能电站布点建议

基于以上技术要求,建议对承担黑启动电源的储能电站布点和容量提出以下要求。

(1)布点应优先考虑不经方式调整可直接供待启动机组厂用电。

(2)其次考虑在待启动火电机组并网点的 220kV 变电站直接布点,缩短黑启动子系统路径,路径最多不超过二级,路径线路总长度应尽量短;此类布点为便于统一调度,并网点应设在 220kV 变电站。

(3)第一级被启动机组容量上选择不低于 100MW,不高于 400MW。

(4)建议对储能电站并网站点的站用直流系统进行改造,可利用储能电站对并网站直流系统供电,延长自持时间;同时黑启动路径站点应对站用直流电源系统进行校验和改造,并安装、校验同期并列装置。

(5)以 300MW 机组作为典型待启动机组,考虑 3%(燃机)至 7%(煤机)厂用电率,维持 2h 左右，建议布点储能电站容量不低于 10MW/20MWh（燃机）至 20MW/40MWh（煤机）。

（6）按照用电负荷重要性优先恢复原则，同时考虑负荷集中度，建议在省会、矿山或化工园区、直流落点附近优先布点。

参 考 文 献

［1］Bevrani H，Ise T，Miura Y. Virtual synchronous generators：A survey and new perspectives. International Journal of Electrical Power & Energy Systems，2014，54：244－254.

［2］Guan M，Pan W，Zhang J，et al. Synchronous generator emulation control strategy for voltage source converter（VSC）stations. IEEE Transactions on Power Systems，2015，30（6）：3093－3101.

［3］Khan S，Bhowmick S. A comprehensive power-flow model of multi-terminal PWM based VSC-HVDC systems with DC voltage droop control. International Journal of Electrical Power & Energy Systems，2018，102：71－83.

［4］Vinayagam A，Swarna K S V，Khoo S Y，et al. PV based microgrid with grid-support grid-forming inverter control－（simulation and analysis）. Smart grid and renewable energy，2017，8（01）：1－30.

［5］王彩霞，李琼慧，雷雪姣. 储能对大比例可再生能源接入电网的调频价值分析［J］. 中国电力，2016，49（10）：148－152.

［6］Aghamohammadi M R，Abdolahinia H. A new approach for optimal sizing of battery energy storage system for primary frequency control of islanded Microgrid. International Journal of Electrical Power & Energy Systems，2014，54（01）：325－333.

［7］唐进，徐国锋，李建玲. 不同放电倍率磷酸铁锂电池循环性能研究［J］. 有色金属科学与工程，2017，08（05）：95－102.

［8］李艳，胡杨，刘庆国. 放电倍率对锂离子蓄电池循环性能的影响. 电源技术，2006，30（06）：488－491.

［9］时玮. 动力锂离子电池组寿命影响因素及测试方法研究［D］. 北京：北京交通大学，2014.

［10］高飞，杨凯，惠东，等. 储能用磷酸铁锂电池循环寿命的能量分析［J］. 中国电机工程学报，2013，33（05）：41－45.

［11］郭嘉庆，乔颖，鲁宗相，等. 考虑频率安全约束的储能－电网联合规划［J］. 全球能源互联网，2021，4（04）：323－333.

［12］李蕊，李跃，陈健，等. 重要电力用户自备应急电源的配置要求及成本效益分析［J］. 供用电，2014，31（06）：30－35.

［13］李蕊，李跃，苏剑，等. 配电网重要电力用户停电损失及应急策略［J］. 电网技术，2011，35（10）：170－176.

第 5 章

配电网侧储能优化配置

　　储能系统由于其快速的功率调节能力,接入配电网后可以在一定程度上平抑负荷功率变化以及分布式电源所带来的不利影响,提升配电网运行的安全性与经济性。储能装置在配电网中的作用可以总结为以下几点:

　　(1)平抑波动。储能系统具有快速的功率调节能力,能够根据电网的能量需求快速地充放电,进而平抑由于分布式电源接入以及系统中的冲击负荷、间歇性负荷等引起的功率波动。

　　(2)削峰填谷。电力系统的负荷因用户的用电习惯而呈现典型的峰谷特性,而储能装置能够在负荷低谷时将电能以化学能、机械能或电磁能等形式进行存储,在负荷高峰时又将其转化为电能释放到电网,从而减小系统的负荷峰谷差,实现"削峰填谷"。

　　(3)提高电能质量。大容量储能设备能够根据系统的需求快速地吸收或释放能量,为系统提供调频、调压以及调相等辅助服务,在提高系统电能质量的同时提高了系统的供电可靠性与稳定性。

　　(4)延缓电网升级改造。储能系统通过平抑波动、削峰填谷以及提高电能质量等可以大大提高系统设备的利用率和使用寿命,从而减少系统电源和电网的建设及维护费用,延缓电网的升级改造。

　　随着智能电网的发展以及分布式电源的不断推广,储能在配用电侧具有很大的潜力。储能在配用电侧中的应用主要包括以下几种模式:

　　(1)在配电网的合适节点(高/中压)接入电力储能系统,储能系统直接参与配电网管理,应对节点的电压波动、阻塞等问题。

　　(2)应用于微电网中,参与微电网能量管理,通过与微电网中的电源和负荷的协调配合满足配电网的运行管理要求。

　　(3)应用于用户侧,满足用户用能需求,参与需求响应服务,支撑用户经济高效用能。

　　(4)通过对用户侧多种具有储能能力的元件进行汇聚管理,形成容量可观的虚拟储能系统,进而参与配电网的管理与调度,实现配电网的优化运行。

　　对于大规模电网侧储能系统,一般分为多个储能电站接入配电网,共同组成容量达到百兆瓦级的储能系统。因此,本章将在 5.2 节讨论电网侧储能电站优化接入评估方法及技术原则。

　　本章首先分析储能在配电网中的典型应用模式,包括辅助分布式光伏发电并网、负荷侧削峰填谷、微电网的运行需求、提高电能质量与供电可靠性、服务电动汽车的光储一体化电站。其次,本章介绍储能接入电网的性能提升指标体系与评估方法。最后,本章介绍在配电网中配置储能的选址定容优化方法,重点探讨了对负荷和分布式电源出力变化的处理方法、储能优化配置的数学模型及求解方法。

5.1 储能在配电网中的典型应用模式分析

5.1.1 辅助光伏功率并网应用

利用储能系统不仅可以最大限度地平抑用户侧光伏输出功率波动,且可实现跟踪计划出力。《储能系统接入配电网技术规定》(Q/GDW 564—2010)中对电池储能系统接入配电网的接入方式做了一般性技术规定。现以 110(35)kV 变电站为例,研究储能系统在用户侧辅助光伏功率并网应用模式中的接入方式。移动式储能在用户侧电网中有多种运行模式,不同的运行模式、不同用户需求储能系统接入方式不同,其典型接线如图 5-1 所示。

接入方式(a)电池储能单元和光伏发电单元共用光伏逆变器,需要配置储能 DC/DC、DC/AC 模块,储能和光伏共用光伏逆变器对光伏逆变器的要求较高,设计中需考虑光伏逆变器控制策略和参数。当光伏逆变器出现故障时,责任体不明确。储能系统功率输入/输出受光伏输出功率和光伏逆变器约束。

接入方式(b)的交流母线连接方式,需要配置储能升压变压器,适合集中管理,且技术成熟度相对成熟,控制策略简单,储能系统功率输入/输出较独立。

接入方式(c)中低压交流母线接入方式,模块化设计,配置灵活,节省储能升压变压器的投资,控制策略比接入方式(a)简单,而较接入方式(b)复杂;相比接入方式(a)中减少了 DC/DC 的投资,需配置储能 DC/AC。储能系统功率输入/输出受光伏输出功率和上级升压变容量约束。

(1)平滑光伏功率输出。光伏发电站有功功率变化应满足电力系统安全稳定运行的要求,其限值应根据所接入电力系统的频率调节特性,由电力系统调度机构确定。国家电网有限公司关于光伏发电站有功功率变化要求如表 5-1 所示。

表 5-1 光伏发电站有功功率变化要求

光伏发电站装机容量(MW)	10min 有功功率变化最大限值(MW)	1min 有功功率变化最大限值(MW)
<30	10	3
30~150	装机容量/3	装机容量/10
>150	50	15

为使光伏并网功率满足分钟级/10 分钟级最大有功功率变化量限值要求,基于电池储

能系统来平滑光伏输出功率波动，以电池储能系统 SOC 为反馈信号的能量管理控制策略，如图 5-2 所示。

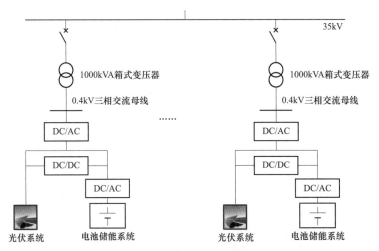

(a) 储能系统接入光伏低压直流并网点系统接入示意图

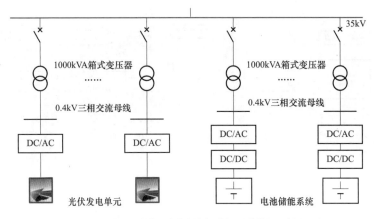

(b) 储能系统接入光伏交流高压并网系统接入示意图

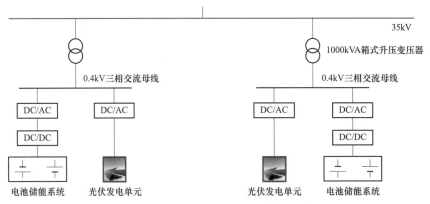

(c) 储能系统接入光伏交流低压并网点系统接入示意图

图 5-1　辅助光伏并网的储能系统接入方式示意图

图 5-2　平滑光伏出力波动控制框图

为使光伏并网功率波动满足并网要求,以改善光伏电站出力特性、缩减光伏并网功率波动为目的;以优先满足分钟级光伏并网功率并网要求为控制原则,利用电池储能系统的充/放电特性,使分钟级的光伏功率在 $\pm\Delta P$ 的范围内波动,其次使 10 分钟级的光伏功率波动接近/满足的最大有功功率变化限值的要求。

(2)跟踪计划出力。基于日前预测功率的光伏电站发电计划曲线与次日实际光伏功率输出存在较大偏差,为使光伏发电尽可能的与日前发电计划曲线匹配,减少两者间的偏差,提高光伏发电的可调度性,利用电池储能系统跟踪光伏发电计划出力的控制框图,如图 5-3 所示。

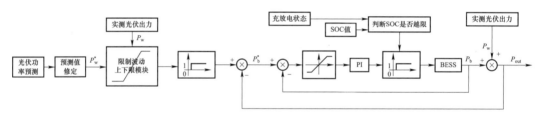

图 5-3　跟踪系统计划出力控制框图

受储能输出功率、容量限制,光储输出功率曲线无法严格与调度计划一致,在尽可能满足光储输出曲线与调度曲线一致的前提下,充分考虑电池储能系统 SOC 变化。为了在运行中留有足够充电和放电容量,在 SOC 反馈控制中使用模糊控制策略,尽可能使电池储能系统工作在于 50%SOC 附近,进而可在兼顾对发电计划的跟踪的同时对 SOC 进行调整,较好地完成跟踪计划出力的工作,然而针对移动式光储应用模式中目前暂无该功能要求。

(3)减少光伏电站弃光。减少光伏电站弃光控制策略基于当前各发电单元的光伏发电量功率数据和其对应的单元储能系统当前容量状态,通过储能集群控制器下发各储能单元的功率指令到基本并网控制单元,各单元储能系统通过充放电控制,达到减少光伏电站弃光限电的目的,具体程序流程如图 5-4 所示。

根据当前光伏电站实际功率数据和整体储能电站系统容量和当前光伏电站整体输出功率 P_{PV} 与当前光伏电站限电功率指令 P_L,对储能电站输出/入功率值 P_B 进行分配,具体流程如图 5-5 所示。

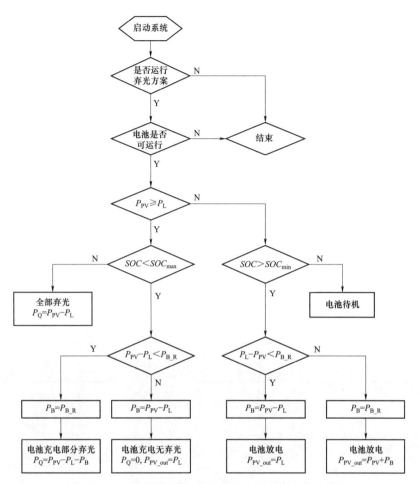

图 5-4 电池储能系统减少光伏电站弃光方案流程图

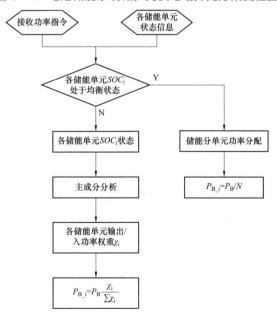

图 5-5 电池储能单元功率指令分配流程图

以各电池储能系统的 SOC、电压、电流、充电截止 SOC_{max}、放电截止 SOC_{min}、对应并网单元中光伏单元的输出功率为并网指标参数，构建综合评价函数并进行主成分分析，确定各电池储能系统的储能功率，根据电池储能系统储能功率的权重系数 χ_i，确定各储能单元功率指令 P_{B_i}，实现对各储能单元输出/入功率的控制。

5.1.2 负荷侧削峰填谷应用

将电池储能系统接入配电网，利用电池储能系统在低谷电价时段充电，在高峰电价时段放电，在一定程度上达到缩减负荷峰谷用电量，改善电网负荷特性，实现峰谷时间段用户负荷用电量转移的目的，从而获取经济效益。基于当地的峰谷电价差，针对典型日负荷曲线，利用电池储能系统充放电控制，可实现园区/用户负荷用电的削峰填谷作用，降低园区负荷购电成本。负荷侧削峰填谷应用的电池储能系统典型接入拓扑结构如图 5-6 所示。

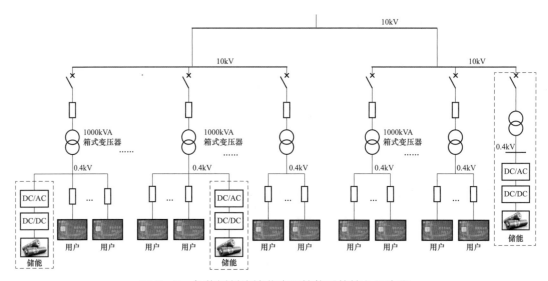

图 5-6 负荷侧削峰填谷应用储能系统接入示意图

电池储能单元可接入用户侧交流母线低压侧，与用户共用上级升压变压器，也可作为独立的基本单元经储能系统自身升压变压器接入用户侧上级高压交流母线并网点。

图 5-7 为江苏某地区工商业分时电价的曲线，用电高峰时间段为 8:00～12:00 和 17:00～21:00，电价 1.100 2 元/kWh；谷段时间段为 24:00～08:00，电价为 0.32 元/kWh；平段时间段为 12:00～17:00 和 21:00～24:00，电价为 0.66 元/kWh。电池储能系统基于峰谷电价差进行充放电控制，可充电时间为 0:00～8:00 和 12:00～17:00，可放电时间为 8:00～12:00 和 17:00～19:00，从而实现用电负荷的移峰填谷，减少负荷用电成本。

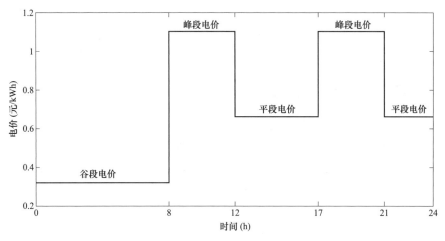

图 5-7　江苏某地区工商业分时电价曲线

5.1.3　并/离网型微电网对储能的需求分析

并网型微电网是由分布式发电技术发展而来的新型电网结构,分布式电源的容量通常为几十至几百千瓦,通过 380V 低压配电网接入电力网络。相应地,储能系统在微电网中的规模通常在几十千瓦到 1MW。储能系统可实现系统内部削峰填谷、负载调平、改善微电网电能质量等功能。并网型微电网系统的发电量一般按照就地消纳原则,以负荷为依据确定,在考虑经济性的前提下,储能系统在极端情况下需保证微电网系统内重要负荷持续供电一定时间。微电网中分布式电源的波动对微电网的影响,也是储能系统配置需考虑的因素。

离网型微电网通常适用于海岛、山区等远离配电网的地区,储能是其供电可靠性的重要保障,储能容量与其电源、负荷的特性和可靠性需求密切相关。

储能装置在并/离网型微电网的作用可以总结为以下几点:

(1) 并网型微电网联络线功率控制。对微电网联络线功率进行控制是配电网对微电网管理的主要方式,微电网作为统一单元与配电网进行交互,储能系统具有快速的能量响应能力,能够根据配电网的功率需求快速地充放电,保证联络线功率的精准控制。

(2) 实现微电网的并—离转换。储能系统支持并网、离网、并网—离网切换、离网—并网切换四种应用模式。储能系统并网运行时,实时接收监控后台下发的有功/无功功率指令,满足负荷的正常供电需求。当配电网发生故障时,储能系统通过并网—离网切换,进入离网应用模式,以电压频率控制模式运行,支撑微电网的频率/电压,保证微电网系统正常运行。一旦主网恢复供电,储能系统通过离网向并网切换,重新实现微电网的并网运行。

(3) 保证离网型微电网电能质量和供电可靠性。离网微电网以风—光—柴联合发电系统为主，主要依靠风、光等新能源进行发电，柴油发电作为系统备用。如我国浙江舟山东福山岛微电网、广东珠海智能微电网、南麂岛微电网示范工程以及希腊 Kythnos 微电网工程等。储能在离网型微电网中可支撑系统电压和频率，保障其电能质量。当微电网失去其主要电源时，储能将承担为其重要负荷供电的功能，保障该部分负荷的供电可靠性。

5.1.4　提高电能质量与供电可靠性

若电力用户对电能质量和电压波形要求较高时（如高精密电子芯片制造业），可将移动式储能系统接在负荷侧，通过高精度的有功、无功控制，提高供电质量。为保证某园区内重要负荷供电可靠性，保证精密仪器加工成品率，某工业园区屋顶安装光伏容量 460kWp，锂电池储能容量为 500kW/660kWh。园区一级负荷约 30kW，重要负荷约为 500kW，该园区分布式电源和储能接入如图 5-8 所示。

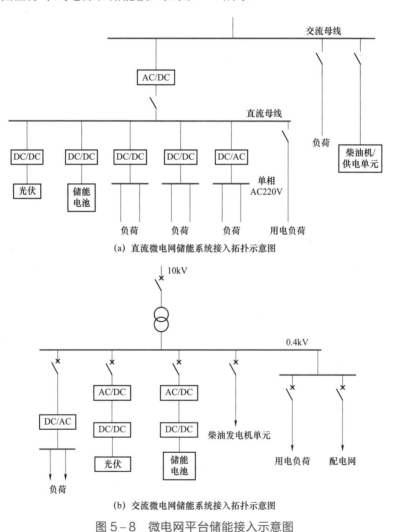

图 5-8　微电网平台储能接入示意图

该园区储能系统可实现并网、离网之间的主动无缝切换。微网系统能够在外电网计划停电前，根据监控系统的控制指令，可在有功无功控制模式和电压频率控制模式之间的无缝切换，保证系统主备电源的切换。

园区储能系统在并网转离网运行，由微网监控系统发起，监控系统调节系统内各设备功率，使其功率稳定至并网点处功率小于允许值。然后令储能 PCS 迅速转换为电压频率控制运行模式，断开并网点开关，由储能作为孤网运行的功率支撑。在这一过程中，微网内重要负荷不断电。

离网转并网运行，由监控系统发出命令，储能控制器调整自身运行状态，与外部电网同步后闭合固态开关，微网转入并网运行模式，切换过程中能确保负荷的正常供电，各能源系统恢复正常工作状态。为实现微电网内主储能 PCS 在 PQ 和 VF 两种控制模式之间的平滑切换，控制结构如图 5-9 所示。通过主电源逆变器在恒功率和恒压控制模式之间的快速切换，实现微电网运行模式的切换。

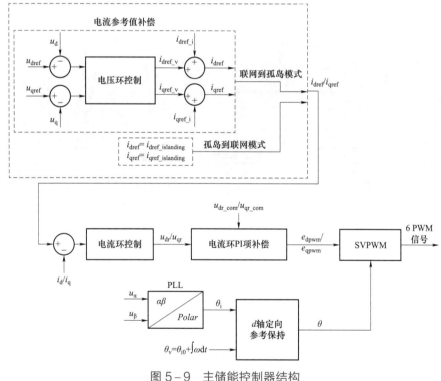

图 5-9　主储能控制器结构

5.1.5　光储充一体化应用

目前电动汽车充电桩采用的恒流/恒压充电方式可实现的负荷调节能力有限，单独靠电动汽车充电桩实现负荷调节效果不够理想。电动汽车充电负荷具有时空双尺度的可调节性，利用此特性可在时间和空间上进行双尺度的负荷调度，使电动汽车充电负荷与电网运行形成积极的互动。光储充一体化园区储能接入示意图如图 5-10 所示。

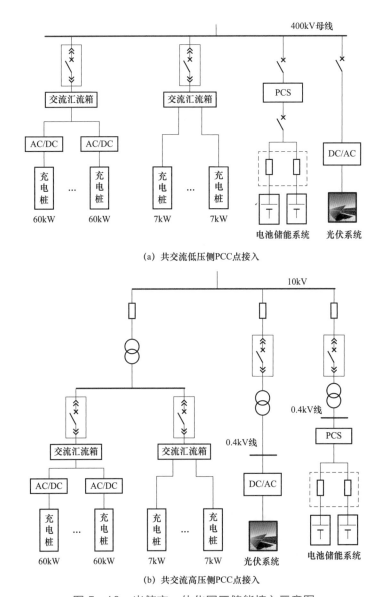

(a) 共交流低压侧PCC点接入

(b) 共交流高压侧PCC点接入

图 5-10 光储充一体化园区储能接入示意图

根据目前我国电网运行现状，暂不考虑充电站向电网放电的工作模式。光伏发电的首要目标是服务电动汽车充电，在正常情况下光储充一体化电站并网运行，光伏发电系统优先为电动车充电桩和场站内负荷供电，电能供给不足则由电网购电；光伏发电功率较大，满足场站内电动汽车及负荷用电需求，则为电池储能系统充电，多余的电力通过双向电能计量系统送入电网。夜间电动汽车充电桩及场站负荷用电优先由电池储能系统供给，功率不足或电能质量不满足要求时再由电网购电。当电网故障停止供电时，光储充一体化电站中的监控装置应检测到异常情况，并自动将光伏发电系统的并网侧开关及负荷侧开关断开，维持电动汽车充电桩和光伏控制室的电力供应，确保充电站的持续可靠供电。

5.2　储能接入电网的性能提升指标体系及评估方法

储能资源利用自身动态储能特性，通过对势能、化学能、机械能等间接能源的转化，实现电能的存储过程。以风电为例，风电在全球许多地区存在白天出力较小，而在夜间负荷低谷时段出力较高的情况，这被称为"反调峰性"。而储能资源的可调度性可以存储富余风电出力，在高负荷期间释放能量，起到"削峰填谷"的作用，提高电网消纳风力发电的能力。储能技术的发展为解决新能源并网的波动性和随机性等问题带来了新的解决方法，为了评估储能接入电网对电网造成的影响，相关专家提出了以下性能指标体系和评估方法。

5.2.1　储能接入电网的性能提升指标体系

为了全面评价储能接入电网可能造成的影响，可以从运行响应能力和可靠性、电能质量、削峰能力、供电安全可靠等方面进行综合全面的评价，具体性能提升评价体系如图 5－11 所示。

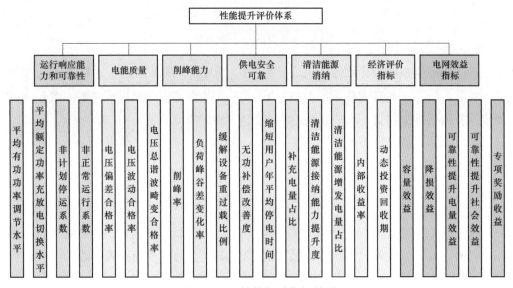

图 5－11　性能提升指标体系

（1）运行响应能力和可靠性。运行响应能力和可靠性主要指电力系统在正常运行过程中面对外界干扰或系统冲击等的响应能力，而可靠性包括充裕度和安全性。充裕度是指电力系统有足够的发电容量和输电容量，在任何时候都能满足用户的峰荷要求，表征了电网的稳态性能；安全性是指系统在事故状态下，避免连锁反应而不会引起失控和大面积停电的能力，表征了电力系统的动态性能。为了评价储能系统响应电网负荷调节的能力，引入平均有功功率调节水平进行量化，其计算方法为

$$V_{\mathrm{K}} = \frac{K_{\mathrm{Q}} - K_{\mathrm{B}}}{K_{\mathrm{B}}} \times 100\% \qquad (5-1)$$

式中：V_{K} 为储能系统有功功率调节水平，%；K_{Q} 为评价周期内储能系统实际有功功率调节的平均速率，kW/ms；K_{B} 为储能系统有功功率调节速率基准值，kW/ms，计算时 K_{B} 取值根据并网调度协议或相关规定要求确定，若没有约定时，可按一般规定执行。

为了评价储能系统响应电网负荷的充放电切换能力，引入平均额定功率充放电切换水平进行量化，其计算方法为

$$V_{\mathrm{T}} = \frac{T_{\mathrm{Q}} - T_{\mathrm{B}}}{T_{\mathrm{B}}} \times 100\% \qquad (5-2)$$

式中：V_{T} 为储能系统额定功率充放电切换水平，%；T_{Q} 为评价周期内储能系统额定功率实际充放电切换平均时间，ms；T_{B} 为储能系统额定功率充放电切换时间基准值，ms，计算时 T_{B} 取值应满足 Q/GDW 1564《储能系统接入配电网技术规定》要求。

为了评价周期内储能系统非计划停运情况，引入非计划停运系数进行量化，其计算方法为

$$\delta_{\mathrm{UOF}} = \sum_{i=1}^{n} \lambda_i \frac{T_{\mathrm{UOH},i}}{T_{\mathrm{PH}}} \times 100\% \qquad (5-3)$$

$$UOF = \sum_{i=1}^{n} \lambda_i \frac{UOH_i}{PH} \times 100\%$$

式中：δ_{UOF} 为储能系统非计划停运系数，%；$T_{\mathrm{UOH},i}$ 为评价周期内第 i 个储能单元非计划停运小时数，h；T_{PH} 为评价周期小时数，h；λ_i 为第 i 个储能单元权重系数，由各储能单元额定功率占比计算得到，%；n 为储能系统包含储能单元个数。

为了评价周期内储能系统非正常运行情况，引入非正常运行系数进行量化，其计算方法为

$$\delta_{\mathrm{UOW}} = \sum_{i=1}^{n} \lambda_i \frac{T_{\mathrm{UWH},i}}{T_{\mathrm{PH}}} \times 100\% \qquad (5-4)$$

式中：δ_{UOW} 为储能系统非正常运行系数，%；$T_{\mathrm{UWH},i}$ 为评价周期内第 i 个储能单元非正常运行小时数，h；T_{PH} 为评价周期小时数，h；λ_i 为第 i 个储能单元权重系数，由各储能单元额定功率占比计算得到，%；n 为储能系统包含储能单元个数。

（2）电能质量。电能质量的评价主要包括电压偏差、电压波动和电压总谐波畸变。为了评价储能系统接入后公共连接点处电压偏差合格情况，引入电压偏差合格率，其计算方法为

$$K_{\mathrm{vd}} = \frac{T_{\mathrm{DQH}}}{T_{\mathrm{PH}}} \times 100\% \qquad (5-5)$$

式中：K_{vd} 为公共连接点处电压偏差合格率，%；T_{DQH} 为评价周期内公共连接点处电压偏差合格时间，h；T_{PH} 为评价周期小时数，h。

为了评价周期内储能系统接入后公共连接点处电压波动合格情况，引入电压波动合格

率，其计算方法为

$$K_{vf} = \frac{T_{FQH}}{T_{PH}} \times 100\% \qquad (5-6)$$

式中：K_{vf} 为公共连接点处电压波动合格率，%；T_{FQH} 为评价周期内公共连接点处电压波动合格时间，h；T_{PH} 为评价周期小时数，h。

为了评价周期内储能系统接入后公共连接点处总谐波畸变合格情况，引入电压总谐波畸变合格率，其计算方法为

$$K_{va} = \frac{T_{AQH}}{T_{PH}} \times 100\% \qquad (5-7)$$

式中：K_{va} 为公共连接点处电压总谐波畸变合格率，%；T_{AQH} 为评价周期内公共连接点处电压总谐波畸变合格时间，h；T_{PH} 为评价周期小时数，h。

（3）削峰能力。如图5-12所示的某区域电网的典型日负荷曲线，低于平均负荷以下的低负荷区为蓄电站吸收电量的"填谷区"，高于平均负荷以上的高负荷区为"削峰区"。根据填谷比例的大小，蓄能后电网发电机组的负荷率会有不同程度的提升，能有效降低电网的高峰负荷，提高低谷负荷，平滑负荷曲线，提高负荷率，减少发电机组投资，保障电网的稳定运行。

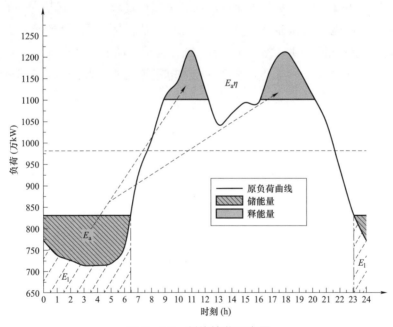

图5-12　削峰填谷示意图

因此电力系统的削峰能力也是评价储能接入电网的重要指标之一，主要评价对象包括对电网最大负荷的降低能力和电网负荷的平滑作用。其中为了评价储能系统接入电网后对电网最大负荷的降低能力，引入削峰率，其计算方法为

$$\delta_{\mathrm{PCR}} = \frac{P_{\max}}{k \mid P_{\mathrm{sy}} \mid} \times 100\% \qquad (5-8)$$

式中：δ_{PCR} 为削峰率，%；$P_{\max}$ 为储能系统最大充/放电功率，MW，当电网负荷为下网型负荷时，$P_{\max}$ 取最大放电功率；当电网负荷为上网型负荷时，$P_{\max}$ 取最大充电功率；P_{sy} 为未接入储能前电网年最大负荷，MW，统计范围为储能系统公共连接点上一级变压器供电范围内；k 为储能系统接入后期望降低的最大负荷比例，取值范围为 $0 \sim 1$。

为了评价储能系统接入电网后对电网负荷的平滑作用，引入负荷峰谷差变化率，其计算范围为储能系统公共连接点上一级变压器供电范围内，计算方法为

$$\delta_{\mathrm{PVDR}} = \frac{\delta_{\mathrm{PVD,b}} - \delta_{\mathrm{PVD,f}}}{\delta_{\mathrm{PVD,b}}} \times 100\% \qquad (5-9)$$

式中：δ_{PVDR} 为负荷峰谷差变化率，%；$\delta_{\mathrm{PVD,b}}$ 为储能系统接入前负荷峰谷差率，%；$\delta_{\mathrm{PVD,f}}$ 为储能系统接入后负荷峰谷差率，%。

储能系统接入前与接入后的负荷峰谷差率计算应取同一时间周期，其中储能系统接入后负荷峰谷差率计算可由实际运行负荷曲线计算得到，储能系统接入前负荷峰谷差率计算由储能系统接入后实际运行负荷曲线与储能系统实际运行负荷曲线叠加得到负荷曲线计算。

（4）供电安全可靠。供电安全可靠可以通过电网重过载设备变化情况、无功补偿能力的改善情况、用户停电时间和补充电量等进行综合评估。为了评价储能接入后电网重过载设备变化情况，包括线路和主（配）变压器，统计范围为储能系统公共连接点上一级变压器供电范围内，统计时只统计与公共连接点相同电压等级的设备。引入缓解设备重过载比例进行量化评估，其计算方法为

$$R_{\mathrm{HOV}} = \frac{N_{\mathrm{HOV}}^{\mathrm{b}} - N_{\mathrm{HOV}}^{\mathrm{f}}}{N_{\mathrm{HOV}}^{\mathrm{b}}} \times 100\% \qquad (5-10)$$

式中：R_{HOV} 为储能缓解设备重过载比例，%；$N_{\mathrm{HOV}}^{\mathrm{b}}$ 为储能系统接入前电网设备重过载总数；$N_{\mathrm{HOV}}^{\mathrm{f}}$ 为储能系统接入后电网设备重过载总数。

为了评价储能系统公共连接点上一级变压器供电范围内，储能系统对电网无功补偿能力的改善情况，引入无功补偿改善度，其计算方法为

$$R_{\mathrm{IRPC}} = \frac{R_{\mathrm{RPC}}^{\mathrm{f}} - R_{\mathrm{RPC}}^{\mathrm{b}}}{R_{\mathrm{B}} - R_{\mathrm{RPC}}^{\mathrm{b}}} \qquad (5-11)$$

式中：R_{IRPC} 为无功补偿改善度，%；$R_{\mathrm{RPC}}^{\mathrm{b}}$ 为储能系统接入前无功补偿度，%；$R_{\mathrm{RPC}}^{\mathrm{f}}$ 为储能系统接入后无功补偿度，%；R_{B} 为无功补偿度基准值，%，计算时 R_{B} 取值应满足 Q/GDW 1212《电力系统无功补偿配置技术导则》的要求。

为了评价储能系统公共连接点所涉及设备供电范围内（如储能系统接入配电变压器，则总用户数统计为该配电变压器所带的用户数；储能系统接入 10kV 线路，则总用户数统计为该 10kV 线路所带的用户数）储能系统接入后对用户年平均停电时间的改变情况，引

入缩短用户年平均停电时间,其计算方法为

$$T_{\text{APO}} = \frac{\sum n_{\text{ESS}} T_{\text{ESS}}^{\text{PO}}}{N} \qquad (5-12)$$

式中: T_{APO} 为储能缩短用户年平均停电时间,h; n_{ESS} 为每次外部停电时储能保障供电的用户数; $T_{\text{ESS}}^{\text{PO}}$ 为每次外部停电时储能保障供电时间,h; N 为总用户数。

为了统计时段内储能系统对缺电用户的放电量与系统缺供电量的比值,引入补充电量占比,其计算方法为

$$K_1 = \frac{E_{\text{str}}}{E_{\text{p}}} \times 100\% \qquad (5-13)$$

式中: K_1 为储能系统补充发电量占比,%; E_{str} 为统计时段内,储能系统对缺电用户的放电量,kWh; E_{p} 为统计时段内,无储能系统时系统缺供电量,kWh,包括故障停电导致的缺供电量和限电导致缺供电量。

(5)清洁能源消纳。清洁能源消纳能力的提升主要体现在配电网接纳清洁能源装机容量和新增清洁能源发电量的提升,具体指标包括清洁能源接纳能力提升度和清洁能源增发电量占比。其中,为了评价储能系统公共连接点所涉及设备供电范围内,储能系统单位能量提升配电网接纳清洁能源装机容量的水平,引入清洁能源接纳能力提升度,其计算方法为

$$R_{\text{CEAC}} = \frac{E_{\text{CEA}}^{\text{f}} - E_{\text{CEA}}^{\text{b}}}{E_{\text{n}}} \qquad (5-14)$$

式中: R_{CEAC} 为清洁能源接纳能力提升度,%; $E_{\text{CEA}}^{\text{f}}$ 为储能系统接入后可接纳最大清洁能源装机容量,kW; $E_{\text{CEA}}^{\text{b}}$ 为储能系统接入前可接纳最大清洁能源装机容量,kW。

为了评价储能系统公共连接点所涉及设备供电范围内,储能系统单位能量增加清洁能源发电量情况,引入清洁能源增发电量占比,其计算方法为

$$R_{\text{CEG}} = \frac{E_{\text{CEG}}^{\text{f}} - E_{\text{CEG}}^{\text{b}}}{E_{\text{n}}} \qquad (5-15)$$

式中: R_{CEG} 为清洁能源增发电量占比,%; $E_{\text{CEG}}^{\text{f}}$ 为储能系统接入后清洁能源年发电量,kWh; $E_{\text{CEG}}^{\text{b}}$ 为储能系统接入前清洁能源年发电量,kWh。

(6)经济评价指标。经济评价指标主要包括项目投资方案盈利能力和回收投资成本所需时间。其中,为了评价储能项目投资方案盈利能力,引入内部收益率,其计算方法为

$$\sum_{t=0}^{\text{T}} (CI - CO)_t (1 + IRR)^{-t} = 0 \qquad (5-16)$$

式中: IRR 为内部收益率,即储能项目净现值为零时所对应指标的收益率(%); CI 为现金流入量,即储能项目的收益; CO 为现金流出量,包括储能项目初始投资成本及后期运行维护费用; t 为储能项目的评价周期。

为了评价储能项目投资回收效率,引入动态投资回收期,其计算方法为

$$\sum_{t=0}^{P_t}(CI-CO)_t(1+i_c)^{-t}=0 \qquad (5-17)$$

式中：P_t 为投资回收期（年）；i_c 为行业基准收益率。

（7）电网效益指标。电网效益主要通过延缓电网设备扩容、改造、升级所获得的效益，减少电网容量传输所带来的降损效益，缩短用户年平均停电时间所带来的直接电量效益和间接社会效益，以及国家专项奖励或补贴的收益等。为了评价储能系统接入后可延缓电网设备扩容改造升级所获得的效益，引入容量效益，其计算方法为

$$B_{CO}=C_{de}+C_{ca} \qquad (5-18)$$

式中：B_{CO} 为容量效益，万元/年；C_{de} 为储能系统接入可推迟电网建设工程所节约的年费用，万元，项目的年费用采用项目全寿命周期投资情况进行折算，包括项目初始投资及后期运维支出等；C_{ca} 为储能系统接入可取消电网建设工程所节约的年费用，万元。

为了评价储能系统公共连接点上一级变压器供电范围内，储能系统接入后可减少电网容量传输所带来的降损效益，引入降损效益，其计算方法为

$$B_{RL}=(R_L^f-R_L^b)N_P P_E \qquad (5-19)$$

式中：B_{RL} 为降损效益，万元/年；R_L^f 为储能系统接入前线损率，%；R_L^b 为储能系统接入后线损率，%；N_P 为电网年供电量，万 kWh；P_E 为输配电价，元/kWh，具体指储能系统公共连接点接入电压等级对应的输配电价。

为了评价储能系统公共连接点上一级变压器供电范围内，储能系统接入后缩短用户年平均停电时间所带来的直接电量效益，引入可靠性提升电量效益，其计算方法为

$$E_E=\sum W_{ESS}P_E \qquad (5-20)$$

式中：E_E 为可靠性提升电量效益，万元/年；W_{ESS} 为每次外部停电时储能系统提供持续供电的供电量，万 kWh；P_E 为输配电价，元/kWh，具体指储能系统公共连接点接入电压等级对应的输配电价。

为了评价储能系统接入后缩短用户年平均停电时间所带来的间接社会效益，引入可靠性提升社会效益，其计算方法为

$$E_S=\sum W_{ESS}C_{PL} \qquad (5-21)$$

式中：E_S 为可靠性提升社会效益，万元/年；W_{ESS} 为每次外部停电时储能系统提供持续供电的供电量，万 kWh；C_{PL} 为度电损失成本，元/kWh。

为了评价储能系统接入后电网获得国家专项奖励或补贴的收益，引入专项奖励收益（万元/年），其计算方法按照国家最新奖励或补贴政策进行计算。

5.2.2 储能接入电网的性能提升评估方法

（1）评价指标体系。储能系统接入配电网评价包括 7 项一级评价指标，22 项二级评价指标。根据储能系统投资主体与应用场景的不同，宜选择不同的评价重点，本书所介绍的指标体系设置了 3 种权重配置，在实际评价中可根据具体情况确定评价指标及权重。不

同情况下评价重点如下：

1）应用于电网侧，主要用于优化电网经济运行，通过削峰填谷延缓电网升级、减少输电阻塞、提高供电可靠性等带来相关效益，评价侧重于运行响应能力、削峰能力、供电安全可靠性、电网效益等指标。

2）应用于分布式发电及微电网，主要通过提升分布式发电和微网的运行能力带来相关效益，评价侧重于清洁能源消纳、电网效益、电能质量、供电安全可靠性等指标。

3）应用于用户侧，主要通过调节负荷以节省电费、提供不间断供电等带来相关效益，评价侧重于供电安全可靠性电网效益、电能质量等指标。

（2）评价流程。储能系统接入配电网评价流程如图 5-13 所示。

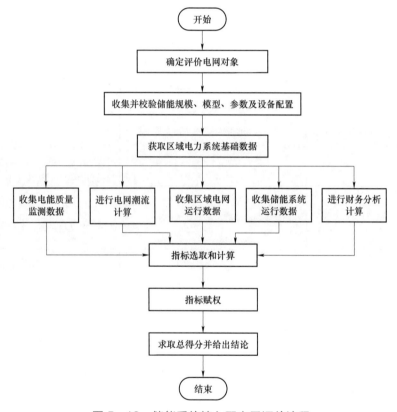

图 5-13　储能系统接入配电网评价流程

储能系统接入配电网具体评价步骤如下：

1）确定评价电网对象（区域及电压等级）。

2）收集并校验储能系统规模、模型、参数及设备配置。

3）获取区域电力系统基础数据、电网运行参数，进行历史数据分析。

4）进行指标选取和计算，并对各项指标进行赋权，评价指标及评分标准如表 5-2 所示。

5）求取总得分并得出评价结论。

（3）评价结论。按式（5-22）计算不同应用场景下的储能系统接入配电网评分值

$$Z_i = \sum y_k w_k \qquad k = 1, \cdots, m \qquad (5-22)$$

式中：Z_i 为储能系统应用场景为第 i 种的评分；y_k 为储能系统接入配电网的第 k 项具体指标评分；m 为储能系统接入配电网评价的指标项数，$m \leqslant 30$；w_k 为储能系统接入配电网的第 k 项具体指标权重，m 项权重之和应等于1。

表 5-2   评价指标及评分标准

序号	指标名称	指标含义	评分公式
1	运行响应能力和可靠性		
1.1	平均有功功率调节水平	评价储能系统响应电网负荷调节的能力	$y = \begin{cases} 100 & x \geqslant \eta \\ \dfrac{100}{\eta}x & 0 < x < \eta \\ 0 & x \leqslant 0 \end{cases}$ 式中：η 为系数，计算时取储能系统有功功率调节速率期望值与基准值的比值
1.2	平均额定功率充放电切换水平	评价储能系统响应电网负荷充放电切换的能力	$y = \begin{cases} 0 & x \geqslant 0 \\ -\dfrac{100}{\eta}x & -\eta < x < 0 \\ 100 & x \leqslant -\eta_B \end{cases}$ 式中：η 为系数，计算时取储能系统充放电切换时间期望值与基准值的比值
1.3	非计划停运系数	评价周期内储能系统非计划停运情况	$y = -\dfrac{100}{\eta}x + 100$ 式中：η 为系数，计算时根据供电可靠性需求选取
1.4	非正常运行系数	评价周期内储能系统非正常运行情况	$y = -\dfrac{100}{\eta}x + 100$ 式中：η 为系数，计算时根据供电可靠性需求选取
2	电能质量		
2.1	电压偏差合格率	评价周期内储能系统接入后公共连接点处电压偏差合格情况	$y = \begin{cases} 100 & x = 100\% \\ 0 & x < 100\% \end{cases}$
2.2	电压波动合格率	评价周期内储能系统接入后公共连接点处电压波动合格情况	$y = \begin{cases} 100 & x = 100\% \\ 0 & x < 100\% \end{cases}$
2.3	电压总谐波畸变合格率	评价周期内储能系统接入后公共连接点处总谐波畸变合格情况	$y = \begin{cases} 100 & x = 100\% \\ 0 & x < 100\% \end{cases}$
3	削峰能力		
3.1	削峰率	评价储能系统接入电网后对电网最大负荷的降低能力	$y = \begin{cases} 100 & x \geqslant 100\% \\ 100x & x < 100\% \end{cases}$
3.2	负荷峰谷差变化率	评价储能系统接入电网后对电网负荷的平滑作用	$y = \begin{cases} 100 & x \geqslant \eta \\ \dfrac{100}{\eta}x & 0 < x < \eta \\ 0 & x \leqslant 0 \end{cases}$ 式中：η 为系数，计算时取期望的峰谷差变化率

序号	指标名称	指标含义	评分公式
4	供电安全可靠		
4.1	缓解设备重过载比例	评价储能系统接入后电网重过载设备变化情况	$y = \begin{cases} 100x & x > 0 \\ 0 & x \leq 0 \end{cases}$
4.2	无功补偿改善度	评价储能系统对电网无功补偿能力的改善情况	$y = \begin{cases} 100 & x \geq 1 \\ 100x & x < 1 \end{cases}$
4.3	缩短用户年平均停电时间	评价储能系统接入后对用户年平均停电时间的改变情况	$y = \dfrac{100}{\eta} x$ 式中：η 为系数，计算时取储能系统接入前用户年平均停电时间
4.4	补充电量占比	统计时段内储能系统对缺电用户的放电量与系统缺供电量的比值	$y = \begin{cases} 100 & x \geq 1 \\ 100x & x < 1 \end{cases}$
5	清洁能源消纳		
5.1	清洁能源接纳能力提升度	评价储能系统单位能量提升配电网接纳清洁能源装机容量的水平	$y = \begin{cases} 100 & x \geq \eta \\ \dfrac{100}{\eta} x & x < \eta \end{cases}$ 式中：η 为系数，计算时取期望清洁能源接纳能力提升度
5.2	清洁能源增发电量占比	评价储能系统单位能量增加清洁能源发电量情况	$y = \begin{cases} 100 & x \geq n \\ \dfrac{100}{\eta} x & x < n \end{cases}$ 式中：η 为系数，计算时取期望清洁能源增发电量
6	经济评价指标		
6.1	内部收益率	评价储能项目投资方案盈利能力	$y = \begin{cases} 100 & x \geq i_c \\ \dfrac{100}{i_c} x & 0 < x < i_c \\ 0 & x \leq 0 \end{cases}$
6.2	动态投资回收期	评价储能项目投资回收效率	$y = \begin{cases} 0 & x \geq 2T_s \\ 200 - \dfrac{100}{T_s} x & T_s < x < 2T_s \\ 100 & x \leq T_s \end{cases}$ 式中：T_s 为期望回收期
7	电网效益指标		
7.1	容量效益	评价储能系统接入后可延缓电网设备扩容改造升级所获得的效益	$y = \dfrac{200}{\pi} \cdot \arctan \dfrac{x}{E_n \overline{B_{co}}}$ 式中：$\overline{B_{co}}$ 为储能系统单位能量年平均容量效益
7.2	降损效益	评价储能系统接入后减少电网容量传输所带来的降损效益	$y = \dfrac{200}{\pi} \cdot \arctan \dfrac{x}{E_n \overline{B_{RL}}}$ 式中：$\overline{B_{RL}}$ 为储能系统单位能量年平均降损效益

序号	指标名称	指标含义	评分公式
7.3	可靠性提升电量效益	评价储能系统接入后缩短用户年平均停电时间所带来的直接电量效益	$y = \dfrac{200}{\pi} \cdot \arctan \dfrac{x}{E_n \overline{E_E}}$ 式中：$\overline{E_E}$ 为储能系统单位能量年平均可靠性提升电量效益
7.4	可靠性提升社会效益	评价储能系统接入后缩短用户年平均停电时间所带来的间接社会效益	$y = \dfrac{200}{\pi} \cdot \arctan \dfrac{x}{E_n \overline{E_s}}$ 式中：$\overline{E_s}$ 为储能系统单位能量年平均可靠性提升社会效益
7.5	专项奖励收益	评价储能系统接入后电网获得国家专项奖励或补贴的收益	$y = \dfrac{200}{\pi} \cdot \arctan \dfrac{x}{E_n \overline{R_{spe}}}$ 式中：$\overline{R_{spe}}$ 为储能系统单位能量年平均专项奖励收益

注 1. 评分公式中的 x 为各指标值，y 为各指标的得分，指标得分小数点后保留 2 位；

　　2. 根据储能系统接入配电网的实际情况不同，可适当选取评价指标，非电网投资项目可不进行经济性评价，缓解设备重过载、无功补偿改善度、清洁能源消纳等指标可根据需求选择使用。

储能系统接入配电网评价结论说明如下：

1）每个单项指标满分为 100 分，单项指标得分在 80～100 分之间为 A 级"优秀"，60～80 分之间为 B 级"合格"，小于 60 分为 C 级"较差"。

2）单项指标得分加权后相加得到总得分。每种应用场景下的评价结论分为三级，总得分在 80～100 分之间为 A 级"接入成效优秀"，60～80 分之间为 B 级"接入成效合格"，小于 60 分为 C 级"接入成效较差"。

3）对评价结论为 C 级的指标，应针对存在的问题重点分析，并进行电网运行风险分析，调整储能系统运行方式，提出储能系统与电网协调优化运行的措施及建议。

5.3　配电网中配置储能的优化模型与方法

本节讨论在含有分布式电源的配电网中接入储能系统的最优配置问题，采用聚类算法得到负荷和出力的典型曲线，用于系统潮流的计算，以投资和运行成本最小为目标，考虑储能系统接入位置、功率和配电网安全运行约束等条件，建立了多时段混合整数非线性优化模型。利用遗传算法在外层对储能系统的功率和位置进行优化，内部通过最优潮流计算来评估每种方案的适应度函数，最终通过多代的计算得到最佳的储能系统配置方案。

5.3.1　典型日的确定方法

在规划期内对储能系统在配电网中的运行状况进行模拟评估，需要对一年内负荷需求的变化以及配电网中分布式电源的出力变化进行分析，这两者的变化会对储能系统的成本评估造成影响。本节只考虑风电和光伏发电两种分布式电源。

本节对负荷、风电和光伏发电在一年的时间内来考虑其变化特性，默认每一年三者的变化特性是一致的，同时，考虑一年内负荷和分布式发电的数据量很大，不可能用每一天的特性曲线进行计算，因此本节采用多个典型日来代表全年负荷、风电和光伏发电的变化。这样不仅可以较好地反映负荷和分布式电源的变化，有利于准确地评估储能系统的配置方案，而且还可以大大降低海量数据的计算。

本节采用聚类方法来处理历史数据，从而得到负荷、风电和光伏发电的典型日曲线。建立聚类模型对历史数据进行处理，这需要充分的数据来找到其变化特征。同时，聚类需要将数据进行标幺化，可以更好地反映数据的变化趋势。

5.3.1.1　K 均值聚类算法

采用 K 均值聚类算法，首先对聚类中心进行确定，考虑样本之间的特点并进行初步分类，通过聚类的原则进行反复修正，若不合适则重新进行聚类直至合适为止。此法计算简单，收敛速度较快。

聚类原则为误差平方和函数，如式（5-23）所示

$$\min K = \sum_{m=1}^{a} \sum_{n=1}^{N} c_{nm} \left\| x^n - \omega_m \right\|^2 \tag{5-23}$$

式中：a 为初始聚类中心个数；N 为样本数；n 为样本号；c_{nm} 为第 n 个样本是否属于 m 类；x^n 为待聚类日的相关因素构成的量；ω_m 为类 R_m 的聚类中心。

c_{nm} 定义为

$$c_{nm} = \begin{cases} 1, & x^n \in \boldsymbol{R}_m \\ 0, & x^n \notin \boldsymbol{R}_m \end{cases} \tag{5-24}$$

通过 K 均值聚类算法可以得到误差平方和函数最小值。

5.3.1.2　聚类中心的确定

K 均值算法对聚类中心初始点的要求较高，往往会因初始点的不同而导致最终结果的不同，甚至无法找到最优解，因此需要合理地选择聚类中心。解决方法如下：

（1）确定聚类的数目 m。

（2）将样本从小到大排列。

（3）将样本平均分成 m 个区间，确定每个区间的样本数，对样本从小到大排序并进行区间划分。

（4）计算每个区间的样本平均值，平均值即为该区间的初始聚类中心。

按照以上聚类算法的步骤，从不同的划分角度可以得到负荷、风电和光伏发电等多个典型日曲线，同时考虑三者之间的相关性进行相互分组，可以得到多个场景下的典型日曲线组合，每个场景在一年之中对应有不同的天数，分别对每个场景下的模型进行求解，最后求和得到总的成本目标函数值。

5.3.2　分布式储能系统优化配置模型

在含有分布式电源的配电网中接入储能系统，需要就储能系统的接入位置和接入容量进行优化，对约束条件内的每种配置方案通过评价系统来进行经济上的评估，确定最优的储能系统配置方案。

5.3.2.1　目标函数

考虑配电网中的网损费用、储能系统安装费用、高压网侧注入无功功率所引起的费用、分布式电源提供无功的费用，以及通过储能系统实现价格套利等费用，确定目标函数如式（5-25）所示。由于要考虑配电网的规划周期，在一年内需要分析多个典型日，考虑到规划期内资金的时间价值，统一将成本费用折算成现值。

$$F = C_{\mathrm{LOSS}} + C_{\mathrm{Q,HV}} + C_{\mathrm{Q,DG}} + C_{\mathrm{PA}} + C_{\mathrm{DESS}} \tag{5-25}$$

其中

$$C_{\mathrm{LOSS}} = \sum_{m=1}^{N_t} \sum_{i=1}^{N_Y} \left[N_{\mathrm{days},m} \times \left(\frac{1+\alpha_{\mathrm{L}}}{1+a} \right)^{i-1} \times \sum_{k=1}^{N_{\mathrm{L},i}} (Pr_{\mathrm{L},i,k} P_{\mathrm{L},i,k} \Delta T_{i,k}) \right] \tag{5-26}$$

$$C_{\mathrm{Q,HV}} = \sum_{m=1}^{N_t} \sum_{i=1}^{N_Y} \left[N_{\mathrm{days},m} \times \left(\frac{1+\alpha_{\mathrm{HV}}}{1+a} \right)^{i-1} \times \sum_{k=1}^{N_{\mathrm{L},i}} (Pr_{\mathrm{HV},i,k} Q_{\mathrm{HV},i,k} \Delta T_{i,k}) \right] \tag{5-27}$$

$$C_{\mathrm{Q,DG}} = \sum_{m=1}^{N_t} \sum_{i=1}^{N_Y} \left[N_{\mathrm{days},m} \times \left(\frac{1+\alpha_{\mathrm{DG}}}{1+a} \right)^{i-1} \times \sum_{k=1}^{N_{\mathrm{L},i}} (Pr_{\mathrm{DG},i,k} Q_{\mathrm{DG},i,k} \Delta T_{i,k}) \right] \tag{5-28}$$

$$C_{\mathrm{PA}} = \sum_{m=1}^{N_t} \sum_{i=1}^{N_Y} \left[N_{\mathrm{days},m} \times \left(\frac{1+\alpha_{\mathrm{DESS}}}{1+a} \right)^{i-1} \times \sum_{k=1}^{N_{\mathrm{L},i}} (Pr_{\mathrm{En},i,k} P_{\mathrm{DESS},i,k} \Delta T_{i,k}) \right] \tag{5-29}$$

$$C_{\mathrm{DESS}} = Pr_{\mathrm{DESS}} \sum_{j=1}^{n_{\mathrm{DESS}}} P_{\mathrm{DESS},j} \tag{5-30}$$

式（5-25）中：C_{LOSS} 为网损费用；$C_{\mathrm{Q,HV}}$ 为从高压网侧注入无功功率的费用；$C_{\mathrm{Q,DG}}$ 为分布式电源提供无功功率的费用；C_{PA} 为价格套利所引起的费用；C_{DESS} 为安装储能系统所引起的费用。

式（5-26）中：N_t 为不同典型日的种类个数；$N_{\mathrm{days},m}$ 为每种典型日所对应的天数；N_Y 为规划周期年数；a 为贴现率；α_{L} 为考虑贴现率时 $Pr_{\mathrm{L},i,k}$ 每年的增长率；$Pr_{\mathrm{L},i,k}$ 为第 i 年第 k 个时间间隔的单位网损费用，美元/MWh；$N_{\mathrm{L},i}$ 为不同负荷水平下的时间间隔数量；$P_{\mathrm{L},i,k}$ 为第 i 年第 k 个时间间隔的网损值，MW；$\Delta T_{i,k}$ 为第 i 年第 k 个时间间隔的时间长度，h。

式（5-27）中：α_{HV} 为考虑贴现率时 $Pr_{\mathrm{HV},i,k}$ 每年的增长率；$Pr_{\mathrm{HV},i,k}$ 为第 i 年第 k 个时间间隔的高压网侧注入无功功率的单位费用，美元/Mvarh；$Q_{\mathrm{HV},i,k}$ 为第 i 年第 k 个时间间隔高压网侧注入无功功率值，Mvar。

式（5-28）中：α_{DG} 为考虑贴现率时 $Pr_{\mathrm{DG},i,k}$ 每年的增长率；$Pr_{\mathrm{DG},i,k}$ 为第 i 年第 k 个时间间隔分布式电源提供无功功率的单位费用，美元/Mvarh；$Q_{\mathrm{DG},i,k}$ 为第 i 年第 k 个时间间隔的

分布式电源提供的无功功率值，Mvar。

式（5-29）中：α_{DESS} 为考虑贴现率时 $Pr_{En,i,k}$ 每年的增长率；$Pr_{En,i,k}$ 为第 i 年第 k 个时间间隔有功能量的单位费用，美元/MWh；$P_{DESS,i,k}$ 为第 i 年第 k 个时间间隔的所有分布式储能系统总的有功功率值，MW。

式（5-30）中：Pr_{DESS} 为安装储能系统的单位费用，美元/MW；$P_{DESS,j}$ 为第 j 个分布式储能系统的有功功率值，MW；n_{DESS} 为安装储能系统的总个数。

5.3.2.2　约束条件

配网侧储能优化规划的约束条件主要包括潮流约束、发电机出力约束、节点电压约束、支路有功约束、储能系统充放电模型约束、荷电状态约束、储能系统功率及充放电功率约束和储能系统的数量约束。

（1）潮流约束。

$$P_{it} = V_{it} \sum_{j=1}^{N} V_{jt}[G_{ij}\cos(\delta_{it} - \delta_{jt}) + B_{ij}\sin(\delta_{it} - \delta_{jt})] \qquad (5-31)$$

$$Q_{it} = V_{it} \sum_{j=1}^{N} V_{jt}[G_{ij}\sin(\delta_{it} - \delta_{jt}) - B_{ij}\cos(\delta_{it} - \delta_{jt})] \qquad (5-32)$$

$i, j = 1, 2, \cdots, N;\ t = 1, 2, \cdots, T$。

式中：P_{it}、Q_{it} 为 t 时段节点 i 的注入有功和无功功率；V_{it}、V_{jt} 为 t 时段节点 i、j 的电压幅值；δ_{it}、δ_{jt} 为 t 时段节点 i、j 的相角；G_{ij}、B_{ij} 分别为节点导纳矩阵第 i 行第 j 列的实部、虚部；N 为节点总数。

（2）发电机出力约束。

$$P_i^{\min} \leqslant P_i \leqslant P_i^{\max} \qquad (5-33)$$

式中：$P_i^{\min}$、$P_i^{\max}$ 分别为第 i 个发电单元的最小和最大发电功率。

（3）节点电压约束。

$$V_i^{\min} \leqslant V_{it} \leqslant V_i^{\max} \qquad (5-34)$$

式中：$V_i^{\min}$、$V_i^{\max}$ 分别为节点 i 电压幅值的下限和上限。

（4）支路有功约束。

$$-P_l^{\max} \leqslant P_{lt} \leqslant P_l^{\max} \qquad (5-35)$$

式中：$P_l^{\max}$ 为支路 l 最大的有功功率；P_{lt} 为支路 l 在 t 时段流过的有功功率。

（5）储能系统充放电模型。

$$SOC_t = SOC_0 + \frac{\sum_{h=1}^{t}\left(P_{C,h}\eta_C + \dfrac{P_{D,h}}{\eta_D}\right)\Delta T}{E_s} \qquad (5-36)$$

式中：η_C、η_D 分别为充电和放电效率；$P_{C,h}$、$P_{D,h}$ 分别为充电和放电功率；SOC_0、SOC_t 分别为储能系统零时刻和 t 时刻的荷电状态。

（6）荷电状态约束。

$$SOC_{\min} \leqslant SOC_t \leqslant SOC_{\max} \qquad (5-37)$$

式中：$SOC_{\min}$、$SOC_{\max}$ 分别为储能系统的最小和最大荷电状态。

（7）储能系统功率约束。

$$P_{\text{DESS,i}} = x_i \left(P_C \eta_C + \frac{P_D}{\eta_D} \right) \qquad (5-38)$$

$$P_{\text{DESS}} \leqslant P_{\max} \qquad (5-39)$$

$$x_i = \begin{cases} 0, & \text{节点 } i \text{ 不接入储能系统} \\ 1, & \text{节点 } i \text{ 接入储能系统} \end{cases} \qquad (5-40)$$

式中：$P_{\text{DESS,i}}$ 为节点 i 处储能系统的实际接入功率，在最大功率范围内取离散值；$P_{\max}$ 为允许储能系统接入的最大功率。

（8）储能系统充放电功率约束。

$$\left| P_{C,t} \right| \leqslant P_s \qquad (5-41)$$

$$\left| P_{D,t} \right| \leqslant P_s \qquad (5-42)$$

式中：$P_{C,t}$、$P_{D,t}$ 分别为 t 时段的充电和放电功率；P_s 为储能系统的额定功率。

（9）储能系统数量约束。

$$n_{\text{DESS}} = \sum_{i=1}^{n_{\max}} x_i \qquad (5-43)$$

$$n_{\text{DESS}} \leqslant n_{\max} \qquad (5-44)$$

式中：n_{DESS} 为配电网中接入储能系统的实际个数；$n_{\max}$ 为允许接入储能系统个数的上限。

根据以上分析，分布式储能系统的优化配置是一个非线性混合整数优化问题。

5.3.3 模型求解方法

5.3.3.1 实现流程

根据上节所建立的模型，可采用改进的遗传算法对储能系统的配置方案进行优化，在遗传算法的内部运用最优潮流算法对各种储能系统的配置方案进行评估，通过目标函数的比较，筛选出较优的配置方案，并保留到下一代，通过外层的遗传算法不断优化，继续对配置方案进行评估，直至达到最大的遗传代数，得出最优的分布式储能系统配置方案。具体算法的实现流程如图5-14所示。

输入的数据包括目标函数、网络约束条件、储能系统接入位置及功率约束条件，典型日数据及所对应的天

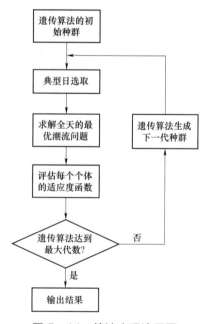

图 5-14 算法实现流程图

数、网损单位价格、储能系统安装单位价格、高压网侧注入无功的单位价格、分布式电源
提供无功的单位价格、有功能量单位价格，以及通货膨胀所引起的价格增长率、贴现率、
规划周期、遗传算法种群的个数、最大遗传代数。

输出的数据包括最佳分布式储能系统配置方案的接入节点及接入功率，最佳配置方案
在规划周期内所需的总费用，以及在遗传迭代过程中，每一代种群中最佳配置方案的适应
度函数变化情况和最优潮流的计算运行结果。

5.3.3.2　遗传算法

遗传算法需要建立一个初始种群，种群中的每个个体用一串二进制数来编码，每个个
体分别代表一种优化配置方案，即代表的是储能系统接入的节点及功率。

对于每个个体，先选择一种典型日，确定风电、光伏发电出力及负荷需求之后，通过
内部最优潮流的计算，得到有功、无功等数据，然后计算得到目标函数。每种方案的目标
函数在遗传算法内部即为该方案的适应度函数的相反数，对于种群中的每个个体，适应度
函数可以分别对其进行评价，若一个个体的目标函数值越小，则适应度函数值就越大，适
应度越高，被保留到下一代的概率就会越大，适应度函数的表达式为

$$F_{GA} = -F = -(C_{LOSS} + C_{Q,HV} + C_{Q,DG} + C_{PA} + C_{DESS}) \tag{5-45}$$

根据适应度函数可以筛选出优质的个体保留到下一代，直至找到最优解。遗传算法主
要通过选择算子、交叉算子和变异算子来对个体进行优化，可利用 MATLAB 软件的遗传
算法工具箱进行求解。

5.3.3.3　最优潮流

内层问题是一个多时段的最优潮流模型，考虑时段间储能的能量约束。需要在单时段
最优潮流算法的基础上，进行多时段约束的扩展并加入储能系统的运行约束。

5.3.4　对优化模型与求解方法的讨论

在以上储能优化配置模型中，若将配电网潮流约束改写为二阶锥模型，则所建立的储能
优化配置模型为混合整数二阶锥规划（mixed integer second order cone programming，
MISOCP）问题。对于 MISOCP 问题，可采用较为成熟的算法软件进行求解。但对于考虑多
个场景和大规模配电网的储能优化配置问题，MISCOP 问题的规模很大，直接求解的耗时长。

可以采用 Benders 分解法对 MISOCP 问题进行求解，因为其在求解多场景混合整数问
题时有计算优势：Benders 分解子问题的最优值是各个场景的最优值加权所得，在子问题
的计算过程中各个场景间是并行关系，随着场景数的增长，计算量仅会线性增长，因此
Benders 分解是求解多场景 MISOCP 问题的更佳选择。

在进行 Benders 分解前，先进行模型变换：将原 MISOCP 模型中的决策变量按"规划
变量"与"运行变量"分类，则原模型可转换为上层为"规划层"、下层为"运行层"的
双层模型。此时"规划层"中储能的配置问题成为 Benders 分解的上层"主问题"，"运行
层"中各场景与时段下的配网 OPF 问题成为 Benders 分解的"子问题"。

参 考 文 献

［1］ Atwa Y M，ElSaadany E F. Optimal allocation of ESS in distribution systems with a high penetration of wind energy. IEEE Transactions on Power Systems，2010，25（4）：1815－1822.

［2］ Awad A S，ELFouly T H，Salama M M. Optimal ESS allocation for benefit maximization in distribution networks. IEEE Transactions on Smart Grid，2017，8（4）：1668－1678.

［3］ 高戈，胡泽春. 含规模化储能系统的最优潮流模型与求解方法. 电力系统保护与控制，2014，（21）.

［4］ Gan L，Li N，Topcu U，et al. Exact convex relaxation of optimal power flow in radial networks. IEEE Transactions on Automatic Control，2014，60（1）：7287.

［5］ Geoffrion A M. Generalized benders decomposition. Journal of optimization theory and applications，1972，10（4）：237260.

［6］ Z. Lin，Z. Hu，H. Zhang，Y. Song. Optimal ESS allocation in distribution network using accelerated generalized Benders decomposition. IET Generation，Transmission & Distribution.

第 6 章

电化学储能电站模块化典型设计

本章将介绍电化学储能电站典型设计的主要内容，其主要特点如下：

（1）采用模块化思路、标准化设计。对电化学储能电站按照功能区域划分基本模块，各基本模块统一技术标准、设计图纸，实现模块、设备通用互换，减少备品备件种类。

（2）应用工业化理念，实施模块化建设，大幅提高工程建设效率。户外设备采用预制舱式组合设备，最大限度实现工厂内规模生产、集成调试、标准配送，现场机械化施工，减少现场"湿作业"，减少现场安装、接线、调试工作，提高工程建设安全、质量、效率。

（3）通用设计方案覆盖面广。通用设计方案覆盖各种类型储能电站，满足绝大多数储能电站工程建设需要，最大限度实现了统一。

6.1 模块化典型设计的适用范围

本章所述设计范围是变电站围墙以内，设计标高零米以上，未包括受外部条件影响的项目，如系统通信、保护通道、进站通道、竖向布置、站外给排水、地基处理等。

假定电化学储能电站的站址条件如下：

（1）海拔：＜1000m。

（2）环境温度：−25～40℃。

（3）最热月平均最高温度：35℃。

（4）覆冰厚度：10mm。

（5）设计风速：30m/s（50 年一遇 10m 高 10min 平均最大风速）。

（6）设计基本地震加速度：0.10g。

（7）年平均雷暴日：＜50 日，近 3 年雷电检测系统记录平均落雷密度＜3.5 次/（km^2·年）。

（8）声环境：变电站噪声排放需满足国家法规和相关标准要求。具体工程根据实际情况考虑。

（9）地基：地基承载力特征值取 f_{ak}=150kPa，地下水无影响，场地同一标高。

（10）采暖：按非采暖区设计。

（11）污秽等级：按Ⅳ级污秽考虑。

6.2 电化学储能电站技术方案组合

6.2.1 方案选用

工程设计选用时，根据工程条件在基本方案（如表6-1所示）中直接选择使用的方案，工程初期规模与本章所述通用设计不一致时，可通过调整子模块的方式选取。

当无可直接适用的基本方案时，应因地制宜，分析基本方案后，从中找出适用的基本模块，按照通用设计同类型基本方案的设计原则，通过基本模块和子模块的合理拼接和调整，形成所需要的设计方案。

6.2.2 基本模块的拼接

在电化学储能电站模块的拼接中，分为户外预制舱储能电池模块、换流、汇流或总升压站模块三种形式的模块组成，户外预制舱储能电池模块主要为背靠背夹防火墙布置的2个电池容量为2.2MWh的预制舱储能电池组合；换流及一级升压模块主要为PCS及升压变压器、环网柜（手车柜）部分；采用110kV和220kV接入系统时，设置总升压站模块。各种容量的储能电站按照三种基本模块进行调整拼接。

表6-1 技术方案组合表

序号	典型设计方案编号	建设规模	接线型式	总布置及配电装置
1	10-B-10	10.08MW/17.6MWh	每个10kV进线柜分别接入1个2800kVA变压器，每个变压器接入4个630kW PCS单元，每个PCS单元接入1.1MWh储能单元，每个户外电池舱内布置2组1.1MWh储能单元。设置4个进线柜，通过2回10kV线路并网	半户内，户外放置背靠背方式布置电池舱（共8个电池舱），综合楼（一层：PCS、变压器；二层：10kV配电装置、二次设备、站用变压器、SVG等）
	10-C-10			全户外，所有储能设备户外布置
2	20-B-10/20-B-35	20.16MW/35.2MWh	每个10kV进线柜分别接入1个2800kVA变压器，每个变压器接入4个630kW PCS单元，每个PCS单元接入1.1MWh储能单元，每个户外电池舱内布置2组1.1MWh储能单元。设置8个进线柜，通过3回10kV线路并网	半户内，户外放置背靠背方式布置电池舱（共16个电池舱）及10kV电容器室，综合楼（一层：PCS、变压器；二层：10kV/35kV配电装置、二次设备、站用变压器等）
			每个35kV进线柜分别接入2个2800kVA变压器，每个变压器接入4个630kW PCS单元，每个PCS单元接入1.1MWh储能单元，每个户外电池舱内布置2组1.1MWh储能单元。设置4个进线柜，通过1回35kV线路并网	
3	40-B-35/40-B-110	40.32MW/70.4MWh	每个35kV进线柜分别接入2个2800kVA变压器，每个变压器接入4个630kW PCS单元，每个PCS单元接入1.1MWh储能单元，每个户外电池舱内布置2组1.1MWh储能单元。设置8个进线柜，通过2回35kV线路并网	半户内，户外放置背靠背方式布置电池舱（共32个电池舱）及35kV电容器室，综合楼（一层：PCS、变压器；二层：35kV配电装置、二次设备、站用变压器等）

续表

序号	典型设计方案编号	建设规模	接线型式	总布置及配电装置
3	40－B－35/ 40－B－110	40.32MW/ 70.4MWh	每个 10kV 进线柜分别接入 1 个 2800kVA 变压器,每个变压器接入 4 个 630kW PCS 单元,每个 PCS 单元接入 1.1MWh 储能单元,每个户外电池舱内布置 2 组 1.1MWh 储能单元。设置 16 个进线柜,接入 110kV 升压站,110kV 出线共 2 回,采用单母分段接线	半户内,户外放置背靠背方式布置电池舱(共 32 个电池舱),PCS 及变压器室(一层:PCS、变压器)、升压站(110kV 主变压器、GIS、10kV 配电装置等)
4	100－B－110/ 100－B－220	100.8MW/ 176MWh	每个 10kV 进线柜分别接入 1 个 2800kVA 变压器,每个变压器接入 4 个 630kW PCS 单元,每个 PCS 单元接入 1.1MWh 储能单元,每个户外电池舱内布置 2 组 1.1MWh 储能单元。设置 40 个进线柜,接入 110kV 升压站,110kV 出线共 2 回,采用单母分段接线	半户内,户外放置背靠背方式布置电池舱(共 80 个电池舱),PCS 及变压器室(一层:PCS、变压器)、升压站(110kV 主变压器、GIS、10kV 配电装置、二次设备等)
			每个 10kV 进线柜分别接入 1 个 2800kVA 变压器,每个变压器接入 4 个 630kW PCS 单元,每个 PCS 单元接入 1.1MWh 储能单元,每个户外电池舱内布置 2 组 1.1MWh 储能单元。设置 40 个进线柜,接入 220kV 升压站,220kV 出线共 1 回,采用线路一变压器组接线	半户内,户外放置背靠背方式布置电池舱(共 80 个电池舱),PCS 及变压器室(一层:PCS、变压器)、升压站(220kV 主变压器、GIS、10kV 配电装置、二次设备等)

6.3 设计对象与模块化设计原则

电化学储能电站模块化典型设计对象为常用的 10.08MW/17.6MWh、20.16MW/35.2MWh、40.32MW/70.4MWh、100.8MW/176MWh 四种容量及对应的半户内布置形式。电化学储能电站按照无人值守设计。

采用模块化设计的原则,主要内容如下:

(1)电气一次、二次集成设备最大程度实现工厂内规模生产、调试、模块化配送,减少现场安装、接线、调试工作,提高建设质量和效率。

(2)配电装置布局应统筹考虑按二次设备模块化布置,便于安装、消防、扩建、运维、检修及试验工作。

(3)储能电站内的预制舱设备宜由供货商一体化设计、一体化配送。

(4)监控、保护、通信等站内公用二次设备宜按功能设置一体化监控模块、电源模块、通信模块等;户外布置时采用智能总控箱,户内宜采用智能控制柜。

(5)一次设备与二次设备之间宜采用预制电缆标准化连接;二次设备之间宜采用预制光缆标准化连接。

(6)储能电站采用模块化设计,可分阶段实施。

(7)建筑物采用混凝土框架结构。

(8)建筑物、构基础采用标准化尺寸,根据实际情况采用现浇及预制件。

6.4 系 统 部 分

6.4.1 接入系统方案

6.4.1.1 接入电压等级

电化学储能电站接入电压等级及方案应按照安全性、灵活性、经济性的原则，统筹考虑并网容量、电网接纳能力，做综合技术经济分析，形成接入系统报告，经评审论证后确定。

6.4.1.2 接入点选择原则

储能电站应优先以专线接入邻近公共电网，即储能电站接入点处设置专用的开关设备（间隔），采用诸如储能电站直接接入变电站、开关站、配电室母线或环网柜等方式。

6.4.2 无功补偿

通过 10kV 及以上电压等级接入公用电网的电化学储能电站应同时具备就地和远程无功功率控制和电压调节功能。

电化学储能系统在其变流器额定功率运行范围内应具备四象限功率控制功能，有功功率和无功功率应在如图 6-1 所示的阴影区域内动态可调。

储能电站要充分利用变流器的无功容量及其调节能力；当变流器的无功调节能力不能满足系统电压调节需要时，应在储能电站集中加装动态无功补偿装置。

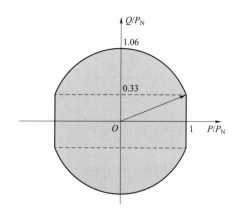

图 6-1　电化学储能系统四象限功率调节范围示意图
P_N—电化学储能系统的额定功率；
P 和 Q—当前运行的有功功率和无功功率

6.5 电 气 一 次

6.5.1 电气主接线

电气主接线应根据电站的电压等级、规划容量、线路和变压器连接元件总数、储能系统设备特点等条件确定，并应满足供电可靠、运行灵活、操作检修方便、投资节约和便于过渡或扩建等要求。

（1）10kV/35kV 侧集电汇流线路接线型式应根据系统和电站对主接线可靠性及运行方式的要求确定，可采用单母线、单母线分段等接线型式。

（2）储能电池单元，当采用户外背靠背夹防火墙形式布置时，每个预制舱内布置 2

组 0.63MW/1.1MWh 电池单元，共 2.2MWh，分别通过 2 个 630kW PCS 柜后接至升压分裂变压器的低压侧。

（3）每 4 台 630kW 的 PCS 接入一台 2800kVA 的双分裂变压器，每 1/2 台升压变压器接至 1 个 10kV/35kV 开关柜进行汇流。

（4）每段 10kV/35kV 上配置对应数量的开关柜，主要包括进线柜、无功补偿装置柜、母线设备柜、计量柜、站用变压器柜和出线柜。

（5）110kV、220kV 采用单母线分段接线或者线路—变压器组接线。

6.5.2　短路电流

考虑设备通用性和运维的便捷性，以及投资等因素，各电压等级短路电流水平按如下值设置。

（1）220kV 电压等级的设备短路电流水平为 50kA，短路电流控制水平按 50kA 考虑。

（2）110kV 电压等级的设备短路电流水平为 40kA，短路电流控制水平按 40kA 考虑。

（3）35kV 电压等级的设备短路电流水平为 31.5kA 或者 25kA（实际工程根据所处电网短路电流水平确定），短路电流控制水平按 25kA 考虑。

（4）10kV 电压等级的设备短路电流水平为 31.5kA，短路电流控制水平 25kA。

6.5.3　主要设备选择

电气设备性能应满足电站各种运行方式的要求。

（1）预制舱式储能电池：储能电池采用户外预制舱式布置，单组预制舱功率 1.26MW，容量 2.2MW，舱体长宽为 12 192mm×2800mm，电池单体充放电深度不小于 85%。

（2）交直流转化设备：根据《电化学储能系统储能变流器技术规范》（GB/T 34120—2017）第 4.2.2 储能变流器额定功率等级（kW）优先采用以下系列：30、50、100、200、250、500、630、750、1000、1500、2000。本工程 PCS 推荐采用 630kW 功率，每单台 630kW 的 PCS 和 2800kVA 的双分裂变压器室内整齐布置，并配有对应的高压环网柜。

（3）SVG：根据系统计算结果、PCS 自身无功电压调节能力等实际情况进行配置。

（4）站用变压器：户内布置时，采用干式变压器，具体容量根据储能电站规模确定。

（5）配电装置：以 10kV/35kV 中置柜实现配电功能，可采用户内空气绝缘或者 SF_6 气体绝缘开关柜，并联电容器和 SVG 无功回路宜选用 SF_6 断路器，或者相控式真空断路器。

（6）二次设备：二次设备室内布置。

（7）升压站设备：主变压器选型需符合通用设备选取要求，建议采用三相双绕组变压器，散热器和本体分体方式，户内布置，主变压器容量根据不同储能站建设规模合理选取。

6.5.4　电缆选择

电力电缆和控制电缆选择按照《电力工程电缆设计标准》（GB 50217—2018）进行选

择。建议采用阻燃电缆。

6.5.5 电气总平面布置

电气总平面布置应减少储能电站占地面积。电气设备布置应结合接线方式、设备型式及电站总体布置综合确定，目前优先推荐半户内布置形式。

户外部分电池采用预制舱储能电池布置。考虑到安全性要求，每 1.26MW/2.2MWh 预制舱储能电池背靠背布置，并在中间设置防火墙，形成一组电池组布置；设置综合楼共 2 层，交直流转换升压设备和变压器布置在户内一层，10kV/35kV 配电装置、二次设备、站用变压器、无功补偿等电气设备布置在户内二层。

当储能电站容量较大时，需建设 110kV/220kV 升压站，此时考虑将配电装置及二次设备等在升压站内进行优化布置。

6.5.6 站用电

站用电源配置应根据电站的定位、重要性、可靠性要求等条件确定。大型电化学储能电站，宜采用双回路供电；中、小型电化学储能电站可采用单回路供电。采用双回路供电时，宜互为备用。

对于户外布置形式，储能电站用电主要为电池预制舱、交直流转换舱、10kV 汇流舱提供辅助用电（照明、暖通、检修等），以及二次总控舱照明和动力系统供电。

对于半户内布置形式，储能电站用电主要为电池预制舱以及室内的二次设备、照明和动力系统供电。

电池储能系统分区域布置时，可按区域设置站用电系统并设置备用站用变压器，容量根据储能电站规模确定。

6.5.7 接地

经一级升压并网的储能电站，高压侧接地方式同系统侧；经两级升压并网的储能电站，10kV 侧采用经小电阻接地。建筑物防雷设计应符合 GB 50057—2010《建筑物防雷设计规范》的规定。接地设计应符合 GB/T 50065—2011《交流电气装置的接地设计规范》的规定。

6.5.8 照明

电气照明的设计应符合国家现行标准 GB 50034—2013《建筑照明设计标准》、GB 50582—2010《室外作业场地照明设计标准》和 DL/T 5390—2014《发电厂和变电站照明设计技术规定》的规定。

照明设备安全性应符合 GB 19517—2009《国家电气设备安全技术规范》的规定；灯具与高压带电体间的安全距离应满足现行行业标准 DL 5009.3—2013《电力建设安全工作规程 第 3 部分：变电站》的要求。

6.6　二　次　系　统

6.6.1　系统继电保护及安全自动装置

6.6.1.1　220kV 系统保护

220kV 线路宜配置光纤差动保护，双套配置。直接数字量采样、GOOSE 直接跳闸。

6.6.1.2　110kV 系统保护

110kV 线路宜配置光纤差动保护，采用保护测控集成装置，单套配置。直接数字量采样、GOOSE 直接跳闸。110kV 分段断路器按单套配置专用的、具备瞬时和延时跳闸功能的过电流保护，宜采用保护测控集成装置，直接数字量采样、GOOSE 直接跳闸。

6.6.1.3　母线保护

（1）220kV 采用单母线分段接线，配置单套母线保护。

（2）110kV 采用单母线分段接线，配置单套母线保护。

（3）35kV（20kV、10kV）采用单母线接线或单母线分段，配置单套母线保护。

6.6.1.4　35kV（20kV、10kV）系统保护

（1）电站与电力系统连接的联络线宜根据建设规模、接入系统情况及运行要求配置保护，宜采用光纤差动保护。

（2）每回联络线设置 1 套方向过流保护装置对 35kV（20kV、10kV）母线进行保护。

（3）35kV（20kV、10kV）线路、分段、站用变压器等配置单套保护测控集成装置。35kV（20kV、10kV）分段采用备用电源自动投入装置。

6.6.1.5　防孤岛保护

电化学储能电站需配置独立的防孤岛保护，应具备快速检测孤岛且断开与电网连接的能力。防孤岛保护应同时具备主动防孤岛效应保护和被动防孤岛效应保护。非计划孤岛情况下应在 2s 内与电网断开。防孤岛保护动作时间应与电网侧备自投、重合闸动作时间配合，应符合 NB/T 33015《电化学储能系统接入配电网技术规定》、Q/GDW 1564《储能系统接入配电网技术规定》中相关规定。

6.6.1.6　频率电压紧急控制装置

储能电站应配置频率电压紧急控制装置。

6.6.1.7　故障录波

（1）全站配置 1 套故障录波系统，故障录波装置通过网络方式接收报文，并将分析结果以报文形式上传至主调度端，能够记录故障前 10s 到故障后 60s 的情况。

（2）全站配置 1 面故障录波装置柜，故障录波范围包括升压变压器、220kV 系统、110kV 系统、35kV 系统、20kV 系统、10kV 系统。

6.6.1.8　保护及故障信息管理子站系统

保护及故障信息管理子站系统不配置独立装置，其功能由站控层后台实现，站控层后

台应实现保护及故障信息的直采直送。

6.6.2 调度自动化

6.6.2.1 调度关系及远动信息传输原则

电化学储能电站与调度关系及远动信息传输原则应参照相关企业标准。应用于省级电网的储能电站应接受省调和地调的调度和运行管理。厂站端需为对应的调控中心组织相应的传输通道。

远动信息的传输原则宜参照 Q/GDW10 111-03-004—2018《储能电站自动化监控信息传输技术规范》。

6.6.2.2 自动发电控制（AGC）

根据 Q/GDW10 111-003-012—2018《储能电站有功控制技术规范》，总容量 0.5 万 kW 及以上的公用储能电站应具备自动发电控制（AGC）功能。储能电站应能够接受并自动执行电力调度机构远方发送的有功功率及有功功率变化的控制指令，有功功率控制指令发生中断后储能电站应自动执行电力调度机构下达的充放电计划曲线。储能电站有功功率控制功能宜由计算机监控集成。

省级电力调度控制中心以能量管理系统（EMS）直接接收该储能电站监测系统的远动信息，并对该项目进行自动发电控制（AGC）。

6.6.2.3 自动电压控制（AVC）

储能电站应具备无功功率调节和电压控制能力，能够按照电力调度机构指令，自动调节其发出（或吸收）的无功功率，控制并网点电压在正常运行范围内，调节速度和控制精度应能够满足电力系统电压调节的要求。

各地级电力调度控制中心以 EMS 系统直接接收该电厂监测系统的远动信息，并对储能电站进行自动电压控制（AVC）。

6.6.2.4 电力监控系统安全防护

根据《电力监控系统安全防护总体方案》（国能安全〔2015〕36 号）及《发电厂监控系统安全防护方案》要求，电力监控系统安全防护的总体原则为"安全分区、网络专用、横向隔离、纵向认证"。

（1）电化学储能电站应按照各相关业务系统的重要程度和数据流程将二次系统分区如下：

1）控制区，包括监控系统、保护装置等。

2）非控制生产区，包括故障录波系统、电能计量系统等。

3）管理区，包括 MIS 系统、视频监控等。

（2）电化学储能电站应具备边界安全防护，含横向边界安全防护、纵向边界安全防护等。边界安全防护相关要求及配置如下：

1）横向边界防护。① 储能电站生产控制大区和调度管理Ⅲ/Ⅳ区边界安全防护，应当部署电力专用横向单向安全隔离装置。② 控制区（安全区Ⅰ）与非控制区（安全区Ⅱ

边界防护，应当能采用具有访问控制功能的网络设备、安全可靠的硬件防火墙或者相当功能的设备，实现逻辑隔离、报文过滤、访问控制等功能。

2）纵向边界防护。储能电站生产控制大区系统与调度端系统通过电力调度数据网进行远程通信时，应当采用认证、加密、访问控制等技术措施实现数据的远方安全传输以及纵向边界的安全防护。

综上所述，储能电站边界安全防护设备可按如下方式配置：① 生产控制大区与调度管理Ⅲ/Ⅳ区之间配置正、反向电力专用物理隔离装置各 1 套；② 生产控制大区安全区Ⅰ、Ⅱ区之间配置 2 台横向隔离防火墙；③ 生产控制大区Ⅰ区配置主备 2 台纵向加密认证装置；④ 生产控制大区Ⅱ区配置主备 2 台纵向加密认证装置。

（3）安全监测装置。在储能电站Ⅱ区应部署一套网络安全监测装置。

6.6.3　远动设备配置

电化学储能电站的远动通信设备应根据调度数据网情况进行配置，并优先采用专用装置、无硬盘型，采用专用操作系统。

电化学储能电站应配置一套全新的一体化监控系统，Ⅰ区远动通信网关机双套配置，站控层包括主机兼操作员站兼工程师站、数据服务器、远动网关机等，间隔层包括全站所有的 220、110、35、20、10kV 和升压变压器等部分的保护测控装置、全站所有 PCS 及 BMS。

6.6.3.1　远动信息采集

（1）常规远动信息由自动化系统分间隔的测控装置采集，通过数据处理及通信装置或远动装置向远方调控中心端传送。

（2）电能量信息由各间隔对应电能表采集，通过电能量终端服务器或其他方式向调度端传送。

（3）相量信息由同步相量测量装置（PMU）采集并向调度端传送。

（4）保护报文信息由保护装置等采集，通过数据处理及通信装置或保护故障信息系统（保护管理子站）向远方调控中心端传送。

6.6.3.2　远动信息传送

电化学储能电站远动通信设备应能实现与相关调控中心的数据通信，宜采用双平面电力调度数据网络方式。至远方调控中心主站系统的常规远动信息通信，应采用 DL/T 634.5104—2009《远动设备及系统　第 5 - 104 部分》或 DL/T 476—92《电力系统实时数据通信应用层协议》要求的方式；至远方调控中心主站系统的保护报文信息通信，宜采用 DL/T 667—1999《继电保护设备信息接口配套标准》标准协议。其他信息应参照相应国家标准或行业标准与相应主站系统进行通信。

调控中心需接收的信息范围包括常规远动信息、电能量信息、相量信息及保护报文信息等。远动信息内容应满足《储能电站自动化监控信息传输技术规范》（Q/GDW 10111 - 03 - 004—2018）、《电力系统调度自动化设计技术规程》（DL/T 5003—2017）、《智能变电站一体化监控系统建设技术规范》（Q/GDW 679—2011）、《变电站设备监控信息规范》(Q/GDW 11398—2015)和相关调度端、无人值班远方监控中心对变电站的监控要求。

6.6.3.3　电能量计量系统

（1）系统由 2 台电能量采集终端服务器和若干关口计量表组成。关口计量表至少具备 2 个 RS485 端口，分别接入两台电能量采集终端服务器。冗余配置的电能量采集终端服务器应通过 2 个独立路由与主站通信。

（2）非关口计量点宜单套配置，模拟量采样，满足相关规程要求。

（3）电化学储能电站接入电网前，应明确电量计量点。电化学储能电站采用专线接入公用电网，电量计量点设在公共连接点。

6.6.3.4　相量测量装置

公用储能电站应部署同步相量测量装置。

（1）同步相量测量装置应单套部署。

（2）同步相量测量装置应采用 B 码对时，优先采用光 B 码。

（3）应采集并网线路的电压、电流、有功、无功以及电站的频率等电气量。

6.6.4　系统及站内通信

储能电站必须具备与电网调度机构之间进行数据通信的能力。通信系统应遵循地区规划，按就近接入原则设计，通信设备的制式与接入网络或规划网络制式一致。以满足电网安全经济运行对电力通信业务的要求为前提，满足继电保护、安全自动装置、调度自动化及调度电话等业务对电力通信的要求。

（1）储能电站至直接调度的调度机构之间应有可靠的专用通信通道。

（2）储能电站宜采用光纤通信方式，具备 2 条独立接入通道。

（3）中、大型储能电站应配置 2 套传输设备，技术制式应与接入点一致，并符合配电网的整体要求。

（4）储能电站应根据需求配置 1 套综合数据网设备。综合数据网设备宜采用两条独立的上联链路与网络中就近的两个汇聚点互联。

（5）储能电站通信不设独立设备间，与二次设备共用设备间。

（6）储能电站通信电源由二次提供 2 路独立的 DC/DC−48V 电源进行供电，事故放电时间不应小于 1.0h。

（7）储能电站站内通信不设独立程控交换机。

6.6.5　储能电站自动化系统

6.6.5.1　监控范围及功能

自动化系统设备配置和功能要求按无人值守设计，采用开放式分层分布式网络结构，通信规约统一采用 DL/T 860《变电站通信网络和系统》。监控范围及功能满足 GB 51048—2014《电化学储能电站设计规范》、Q/GDW 678—2011《智能变电站一体化监控系统功能规范》、Q/GDW 679—2011《智能变电站一体化监控系统建设技术规范》的要求。

储能电站计算机监控系统监控范围包含电池、储能变流器 PCS、测控装置信息。电池信息包含电池单体、电池模块、电池簇；储能变流器 PCS 信息包含 PCS 运行状态、电压、电流、有功功率、无功功率等；测控装置包含母线电压、母线频率、上网有功、上网无功等信息。

电池管理系统（BMS）能够实现电池状态监视、运行控制、绝缘监测、均衡管理、保护报警及通信功能等，通过对电池的状态的实时监测，保证系统的正常稳定安全运行；监测电池的一致性，通过均衡对电池进行在线维护，保证电池成组的使用效率及寿命。

监控系统主机应采用 Linux 操作系统或同等的安全操作系统。

自动化系统实现对变电站可靠、合理、完善的监视、测量、控制、断路器合闸同期等功能，并具备遥测、遥信、遥调、遥控全部的远动功能和时钟同步功能，具有与调度通信中心交换信息的能力，具体功能宜包括信号采集、"五防"闭锁、顺序控制、远端维护、智能告警等功能。

6.6.5.2 系统网络

参照相关变电站自动化系统技术规范要求，系统结构应为网络拓扑的结构形式，储能电站向上作为远方控制中心的网络终端，同时又相对独立，站内自成系统，结构应分为站控层和间隔层两部分，层与层之间应相对独立。采用分层、分布、开放式网络系统实现各设备间的连接。

站控层包括监控主机、数据服务器、数据通信网关机等设备，提供站内运行的人机界面，实现管理控制间隔层设备等功能，形成全站监控、管理中心，并与远方控制中心通信。

间隔层由计算机网络连接的若干个监控子系统组成，包括就地监控装置、测控装置等设备，在站控层及网络失效的情况下，仍能独立完成本间隔设备的就地监控功能。

站控层网络与间隔层网络通过通信网络连接。

（1）站控层网络。站控层设备通过网络与站控层其他设备通信，与间隔层设备通信。站控层网络采用双重化星形以太网络。

（2）间隔层网络。间隔层设备通过网络与本间隔其他设备、与其他间隔层设备、与站控层设备通信。间隔层网络用环形以太网络，间隔层设备通过两个独立的以太网控制器接入双重化的站控层网络。

6.6.5.3 设备配置

（1）站控层设备。站控层负责储能电站的数据处理、集中监控和数据通信，双重化配置，包括监控主机、远动网关机、数据服务器、数据采集服务器、网络设备及打印机等，具备自动切换与人工切换功能。

1）监控主机兼操作员站：双重化配置。负责站内各类数据的采集、处理，实现站内设备的运行监视、信息综合分析。站内运行监控的主要人机界面，实现对全站一、二次设备、电池的实时监视和操作控制，具有事件记录及报警状态显示和查询、设备状态和参数查询、操作控制等功能。

2）Ⅰ区数据通信网关机：双重化配置，直接采集站内数据，通过专用通道向调度（调控）中心传送实时信息，同时接收调度（调控）中心的操作与控制命令。采用专用独立设备，无硬盘、无风扇设计。

3）Ⅱ区数据通信网关机：双重化配置，直接采集站内数据，通过专用通道向调度（调控）中心传送实时信息，同时接收调度（调控）中心的操作与控制命令。采用专用独立设备，无硬盘、无风扇设计。

4）数据服务器：双重化配置，用于储能电站全景数据（含电池）的集中存储，为站控层设备和应用提供数据访问服务。

5）自动发电控制/电压控制（AGC/AVC）装置：接入 10kV 及以上电压等级公用电网的电化学储能电站应具备自动发电控制（AGC）/自动电压控制（AVC）功能，双套配置独立的 AGC/AVC 装置。

（2）间隔层设备。间隔层包括继电保护、安全自动装置、测控装置、就地监控装置、故障录波装置及电池管理、电能计量装置、变流器等设备。

继电保护及安全自动装置配置详见系统保护及组件保护章节。

测控装置配置：220（110）kV 间隔宜采用独立测控装置，单套配置。主变压器各侧及本体测控装置宜单套独立配置。35kV（20、10kV）线路、站用变压器等采用保护、测控合一装置。装置的失电告警信号以硬接线方式接入测控装置。

故障录波装置具体配置详见保护相关章节。

计量装置具体配置详见电能量计量系统章节。

（3）网络设备。网络通信设备包括网络交换机、光/电转换器、接口设备和网络连接线、电缆、光缆及网络安全设备等。

1）站控层交换机。储能电站配置 2 台Ⅰ区站控层中心交换机、6 台Ⅰ区站控层交换机及 2 台Ⅱ区站控层中心交换机，每台交换机端口数量应满足应用需求。

2）间隔层交换机。间隔层交换机数量根据储能单元规模配置。

6.6.6　元件保护

6.6.6.1　220kV 主变压器保护

（1）220kV 主变压器电量保护按双重化配置，每套保护包含完整的主、后备保护功能。

（2）主变压器保护直接采样，直接跳各侧断路器。

（3）主变压器非电量保护单套配置，由本体智能终端集成。

6.6.6.2　110kV 主变压器保护

（1）110kV 主变压器电量保护按双重化配置，每套保护包含完整的主、后备保护功能。

（2）主变压器保护直接采样，直接跳各侧断路器。

（3）主变压器非电量保护单套配置，由本体智能终端集成。

6.6.6.3　35kV 及以下系统元件保护

35kV 及以下站用变压器、无功补偿保护宜按间隔单套配置，采用保护、测控集成装置，保护装置安装于开关柜内，采用常规互感器。保护应具备通信管理功能，与监控系统通信，接口采用以太网。

6.6.6.4　汇流升压变压器保护

升压变压器采用微机保护测控装置，配置电流速断保护、三段式过流保护、超温跳闸保护、过负荷保护、非电量保护及零序保护等，就地安装于进线开关柜。

6.6.6.5　储能电站直流侧保护

根据 GB 51048—2014《电化学储能电站设计规范》，储能电站直流侧可不配置单独的保护装置，直流侧的保护可由储能变流器（power conversion system，PCS）及电池管理系统（battery management system，BMS）来实现。直流侧保护配置应满足如下要求：

（1）电池本体保护配置。电池本体的保护主要由 BMS 实现。BMS 应全面监测电池的运行状态，包括单体/模块和电池系统电压、电流、温度和电池荷电量等，事故时发出告警信息。BMS 应可靠保护电池组，具备过压保护、欠压保护、过流保护、过温保护和直流绝缘监测等功能。BMS 应支持 IEC 104 或 IEC 61850 通信，配合 PCS 及站端计算机监控系统完成储能单元的监控及保护。

（2）直流连接单元保护配置。直流连接单元是指电池本体与 PCS 之间的连接部分，主要包括直流电缆和直流断路器（隔离开关），电池出口侧应装设断路器，PCS 直流侧可装设隔离开关。该段保护不独立设置，主要由电池本体的保护实现跳开电池出口侧断路器。

（3）PCS 保护配置。PCS 应具备保护功能如表 6-2 所示，确保各种故障情况下的系统和设备安全。

表 6-2　　　　　　　　　　　　PCS 保护配置

分类	保护配置
本体保护	功率模块过流、功率模块过温、功率模块驱动故障
直流侧保护	直流过压/欠压保护、直流过流保护、直流输入反接保护
交流侧保护	交流过压/欠压保护、交流过流保护、频率异常保护、交流进线相序错误保护、电网电压不平衡度保护、输出直流分量超标保护、输出直流谐波超标保护，防孤岛保护
其他保护	冷却系统故障保护、通信故障保护

PCS 应支持 DL/T 860《变电站通信网络和系统》、DL/T 634.5104《远动设备及系统　第 5-104 部分》等通信，并应能配合站端计算机监控系统及电池管理系统完成储能单元的监控及保护。PCS 还应具备低电压穿越和电网适应性功能。

6.6.7　就地监控

通过交换机组成就地监控双网，PCS、BMS 接入就地监控网中，汇流升压变压器信号通过测控装置接入就地监控网。就地监控网络与站控层网络通过通信网络连接。就地监控装置通过就地监控网络实现对 PCS、BMS 的就地监测和调试。

6.6.8 交直流一体化电源系统

6.6.8.1 系统组成

站用交直流一体化电源系统由站用交流电源、直流电源、交流不间断电源（UPS）、直流变换电源（DC/DC）及监控装置等组成。监控装置作为一体化电源系统的集中监控管理单元。

系统中各电源通信规约应相互兼容，能够实现数据、信息共享。系统的总监控装置应通过以太网通信接口采用 DL/T 860 规约与变电站后台设备连接，实现对一体化电源系统的监视及远程维护管理功能。

6.6.8.2 站用交流电源部分

采用三相四线制接线、380V/220V 中性点接地系统。每台站用变压器各带一段母线、同时带电分列运行，并设置联络开关。重要回路为双回路供电。

6.6.8.3 直流电源

（1）直流系统电压。操作电源额定电压采用 220V，通信电源额定电压 −48V。

（2）蓄电池型式、容量及组数。直流系统应装设 2 组阀控式密封铅酸蓄电池（或带浮充功能的磷酸铁锂电池）。2 组蓄电池布置在不同的蓄电池柜内。

蓄电池容量宜按 2h 事故放电时间计算；对地理位置偏远的储能电站，宜按 4h 事故放电时间计算。

（3）接线方式。直流系统采用单母线或单母线分段接线，设联络开关，每组蓄电池及其充电装置应分别接入不同母线段。正常运行时分段开关打开，两段母线切换时不中断供电，切换过程中允许两组蓄电池短时间并联运行。

每组蓄电池均应设专用的试验放电回路，试验放电设备宜经隔离和保护电器直接与蓄电池组出口回路并接。

（4）充电装置台数及型式。直流系统采用高频开关充电装置，宜配置 2 套，单套模块数 n_1（基本）$+n_2$（附加）。

（5）直流系统供电方式。直流系统采用辐射型供电方式。在负荷集中区可设置直流分屏（柜）。

6.6.8.4 交流不停电电源系统

全站设置一套公用的 UPS 电源系统，由 2 台 UPS 组成，设置一面 UPS 电源柜，UPS 的直流电源来自直流母线，交流电源则来自交流站用电系统，UPS 正常运行时由站用交流电源供电，当输入电源故障消失或整流器故障时，由变电站直流系统供电。UPS 电源采用单母线分段接线，同时带电分列运行。

6.6.8.5 直流变换电源装置

储能电站宜配置两套直流变换电源装置，采用高频开关模块型。直流变换电源装置直流输入标称电压为 220V，直流变换电源装置直流输出标称电压为 48V，配置 2 套 DC/DC 变换装置。直流变换电源（DC/DC）装置模块及输出回路与直流馈电柜一体化设计。

6.6.8.6　总监控装置

系统应配置 1 套总监控装置,作为直流电源及不间断电源系统的集中监控管理单元,应同时监控站用交流电源、直流电源、交流不间断电源(UPS)和直流变换电源(DC/DC)等设备。

6.6.9　时间同步系统

(1)根据《电力系统时间同步监测技术规范》(Q/GDW 11539—2016)要求,全站设置卫星对时系统一套,应具有为发电厂内的被授时设备提供高精度时间信号的能力,同时具备对被授时设备时间同步状态监测的功能。时钟源应采用以天基授时为主,天基授时应采用以北斗卫星导航系统(BDS)为主、全球定位系统(GPS)为辅的单向方式。时间同步监测应采用 NTP、GOOSE 方式实现对被授时设备的时间同步监测。因此,全站配置卫星对时系统一套(两台主时钟),且能接入电网公司时间同步监测平台。

(2)时间同步系统对时或同步范围包括监控系统站控层设备、保护装置、测控装置、故障录波装置及站内其他智能设备等。

(3)站控层设备对时采用 SNTP 方式。

(4)间隔层设备采用 IRIG-B、脉冲等对时方式。

(5)时间同步系统应具备 RJ45、ST、RS-232/485 等类型对时输出接口扩展功能,工程中输出接口类型、数量按需求配置。

6.6.10　辅助控制系统

全站配置 1 套智能辅助控制系统,实现图像监视及安全警卫、火灾报警、消防、照明、采暖通风、环境监测等系统的智能联动控制,实时接收各终端装置上传的各种模拟量、开关量及视频图像信号,分类存储各类信息并进行分析、计算、判断、统计和其他处理。智能辅助控制系统主要包括图像监视及安全警卫子系统、火灾自动报警及消防子系统、环境监测子系统等。

6.6.10.1　图像监视及安全警卫子系统

为保证储能电站安全运行,便于运行维护管理,在储能电站内设置一套图像监视及安全警卫系统。其功能按满足安全防范要求配置,不考虑对设备运行状态进行监视。图像监视及安全警卫系统设备包括视频服务器、多画面分割器、录像设备、摄像机、编码器及沿储能电站围墙四周设置的电子栅栏等。

预制舱式储能电池舱内每台配置 2 个红外测温高清球机用于储能电池的温度和视频图像综合监控。

6.6.10.2　火灾自动报警及消防子系统

储能电站内设置 1 套火灾自动报警及消防系统,火灾自动报警系统设备包括火灾报警控制器、探测器、控制模块、信号模块、手动报警按钮等。

火灾自动报警及消防子系统应取得当地消防部门认证。火灾探测区域按独立房(套)

间划分。火灾探测区域有开关站、变流升压室、预制舱式储能电池等主要建筑防火区，根据所探测区域的不同，配置不同类型和原理的探测器或探测器组合。火灾报警控制器设置在消防控制室内。当火灾发生时，火灾报警控制器可及时发出声光报警信号，显示发生火警的地点。同时火灾报警信号通过智能辅助控制系统后台上送。火灾报警系统由站内交流不间断电源系统提供专用回路供电。

6.6.10.3 环境监测子系统

配置环境数据处理单元 1 台，温度传感器、湿度传感器、SF$_6$传感器、风速传感器（可选）、水浸探头（可选）等根据环境测点的实际需求配置，数据处理单元布置于二次设备室，传感器安装于设备现场。

6.6.10.4 系统功能要求及联动控制

（1）主要系统功能。智能辅助系统主要考虑对全站主要电气设备、关键设备安装地点以及周围环境进行全天候的状态监视，以满足电力系统安全生产所需的监视设备关键部位的要求，同时，该平台满足储能电站安全警卫的要求。

智能辅助系统以网络通信（DL/T 860）为核心，完成站端视频、环境数据、安全警卫信息、人员出入信息、火灾报警信息的采集和监控，并将以上信息通过站内调度管理信息大区（Ⅲ/Ⅳ区）的路由器远传到监控中心或调度中心。

在视频监控子系统中应采用智能视频分析技术，从而完成对现场特定监视对象的状态分析，并可以把分析的结果（标准信息、图片或视频图像）上送到统一信息平台；通过划定警戒区域，配合安防装置，完成对各种非法入侵和越界行为的警戒和告警。

（2）联动控制。通过和其他辅助子系统的通信，应能实现用户自定义的设备联动，包括现场设备操作联动，火灾消防、门禁、环境监测、报警等相关设备联动，并可以根据储能电站现场需求，完成自动的闭环控制和告警，如自动启动/关闭空调、自动启动/关闭风机、自动启动/关闭排水系统等。

能与周界报警系统、火灾报警系统实现联动报警。对前端每个火灾报警、高压脉冲报警设备进行地址码解析，由解析后的地址与视频系统中的每个摄像机的预置位地址一一对应，以前端报警信号为触发条件，相应摄像机联动。

能与摄像机的辅助灯光系统进行联动。在夜间或照明不良情况下，当需要启动摄像头摄像时，带有辅助灯光的摄像机应能与摄像机的灯光联动，自动开启照明灯。

能与通风系统实现联动，完成自动闭环控制和告警。通过对室内环境温度、湿度的实时采集，自动启动/关闭通风系统，同时通风系统与火灾报警控制子系统联动，设烟感闭锁，当火灾报警时自动切断风机电源。条件具备时，还应能实现与站内空调、排水等系统的联动，如自动启动/关闭空调、自动启动/关闭排水系统等。

6.6.11 二次设备模块化设计

6.6.11.1 二次设备模块化设计原则

（1）模块划分原则。模块设置主要按照功能及间隔对象进行划分，尽量减少模块间二次接线工作量，二次设备主要设置以下几种模块，实际工程应根据预制舱及二次设备室的具体布置开展多模块组合设置。

1）站控层设备模块：包含监控系统站控层设备、调度数据网络设备、二次系统安全防护设备等。

2）公用设备模块：包含公用测控装置、时钟同步系统、电能量计量系统、故障录波装置、辅助控制系统等。

3）通信设备模块：包含光纤系统通信设备、站内通信设备等。

4）电源系统模块：包含站用交流电源、直流电源、交流不间断电源（UPS）、直流变换电源（DC/DC）、蓄电池等。

5）220kV 间隔设备模块：包含 220kV 线路保护装置、测控装置、电能表、220kV 公用测控装置与交换机等。

6）110kV 间隔设备模块：包含 110kV 线路保护测控集成装置、电能表、110kV 公用测控装置与交换机等。

7）35kV（20kV、10kV）间隔设备模块：包含 35kV（20kV、10kV）线路（分段、站用变压器）保护测控集成装置、方向过流保护装置、电能表、35kV（20kV、10kV）公用测控装置与交换机等。

8）主变压器间隔设备模块：包含主变压器保护装置、主变压器测控装置、电能表等。

（2）模块化二次设备型式。模块化二次设备基本型式主要有模块化的二次设备和预制舱式二次组合设备两种。

6.6.11.2　二次设备模块化设置原则

站控层设备模块、公用设备模块、通信设备模块、电源系统模块布置于建筑物二次设备室内，35kV（20、10kV）间隔设备模块就地安装于低压配电室内；220（110）kV 线路保护装置、测控装置、保护测控一体化装置就地布置于智能汇控柜中，其余间隔设备模块布置于二次设备室内。

（1）站控层设备组柜原则。

1）站控层设备组柜安装，显示器组柜布置，监控主站兼操作员站柜 1 面，包括 2 套监控主机设备。

2）远动通信柜 1 面，包括 Ⅰ 区远动网关机（兼图形网关机）2 台，Ⅱ 区远动网关机 2 台，防火墙 2 台。

3）调度数据网设备柜 1 面，包括 2 台路由器、4 台数据网交换机、4 台纵向加密装置。

4）调度管理信息柜 1 面，包括交换机 1 台，防火墙 1 台，网络安全监测装置 1 台，正向隔离装置 1 台，反向隔离装置 1 台。

5）站控层中心交换机可安装于公用测控柜。

（2）间隔层设备组柜原则。

1）220kV 线路变压器组间隔。220kV 线路保护测控柜：220kV 线路保护 A＋220kV 保护 B＋测控。

2）110kV 线路间隔。110kV 线路保护柜：110kV 线路 1 保护＋110kV 线路 2 保护。110kV 测控柜：测控装置×3。

3）110kV 母联间隔。110kV 母联保护测控柜：110kV 母联保护＋测控。

4）每台主变压器主、后备保护集成装置，双套配置，每套保护包含完整的主、后备保护功能，每套主变压器保护组 1 面柜［含主变压器 220（110）kV 过程层交换机］；每套主变压器测控组 1 面柜。

5）电能表柜。每面柜不超过 9 只电能表（电能量集采装置可组于此柜或单独组柜）。

6）35kV（20、10kV）保护、测控、计量集成装置分散就地布置于开关柜。

7）母线间隔。母线保护组 1 面柜。

（3）其他二次系统组柜原则。

1）故障录波装置：故障录波装置组柜 1 面。

2）时钟同步系统：时钟同步系统组柜 1 面。

3）智能辅助控制系统：智能辅助控制系统组柜 2 面。

4）电能计量系统：计费关口表组柜 1 面。

5）集中接线柜：在二次设备室或预制舱内宜设置集中接线柜。

6）预留屏柜：预制舱内宜预留 1～3 面屏柜；二次设备室内可按终期规模的 10%～15%预留。

6.6.11.3 柜体统一要求

根据配电装置型式选择不同型式的屏柜，断路器汇控柜宜与智能控制柜一体化设计。

（1）柜体要求。

1）二次设备室内柜体尺寸宜统一。屏柜宜采用 2260mm×600mm×600mm（高×宽×深，高度中包含 60mm 眉头），交流屏柜宜采用 2260mm×800mm×600mm（高×宽×深，高度中包含 60mm 眉头）。站控层服务器柜可采用 2260mm×600mm×900mm（高×宽×深，高度中包含 60mm 眉头）屏柜。

2）全站二次系统设备柜体颜色应统一。

（2）预制式智能控制柜要求。

1）柜的结构。柜结构为柜前后开门、垂直自立、柜门内嵌式的柜式结构。

2）柜体颜色，全站智能控制柜体颜色应统一。

3）柜体要求。① 宜采用双层不锈钢结构，内层密闭，夹层通风；当采用户外布置时，柜体的防护等级至少应达到 IP54；当采用户内布置时，柜体的防护等级至少应达到 IP40。② 宜具有散热和加热除湿装置，在温/湿度传感器达到预设条件时启动。③ 预制式智能控制柜内部的环境控制措施应满足二次设备的长年正常工作温度、电磁干扰、防水防尘等要求，不影响其运行寿命。

6.6.12　互感器二次参数要求

6.6.12.1　对电流互感器的要求

（1）电流互感器二次绕组的数量和准确级应满足继电保护、自动装置、电能计量和测量仪表的要求。

（2）电流互感器均按三相配置。

（3）故障录波器与保护共享一个二次绕组。

（4）电流互感器二次额定电流采用 5A 时，二次负荷不大于 20VA（计量绕组除外）；采用 1A 时，二次负荷不大于 5VA（计量绕组除外）。

（5）测量、计量共享电流互感器绕组准确级采用 0.2S 级。电流互感器二次绕组所接入负荷，应保证实际二次负荷在 25%～100%额定二次负荷范围内。

（6）电流互感器计量级精度需达到 0.2S 级，额定二次电流为 5A 的电流互感器额定二次电负荷不宜超过 15VA，额定二次电流为 1A 的电流互感器额定二次电负荷不宜超过 5VA。

6.6.12.2　对电压互感器的要求

（1）电压互感器二次绕组的数量、准确等级应满足电能计量、测量、保护和自动装置的要求。

（2）两套主保护的电压回路宜分别接入电压互感器的不同二次绕组，故障录波器可与保护共享一个二次绕组。

（3）母线电压互感器的计量次级的精度达到 0.2 级，TV 容量不大于 30VA。

（4）计量用电压互感器的准确级，最低要求选 0.2 级；保护、测量共享电压互感器的准确级为 0.5（3P）。

（5）电压互感器的二次绕组额定输出，应保证二次负荷在额定输出的 25%～100%范围，以保证电压互感器的准确度。

（6）计量用电压互感器二次回路允许的电压降应满足不同回路要求；保护用电压互感器二次回路允许的电压降应在互感器负荷最大时不大于额定二次电压的 3%。

6.6.13　光/电缆选择

（1）光缆选择。

1）跨房间光缆宜采用无金属、阻燃、加强芯光缆或铠装光缆。

2）多芯光缆芯数不宜超过 24 芯，每根光缆至少备用 2 芯。

（2）网线选择。继电器室内通信网线宜采用超五类屏蔽双绞线。

（3）电缆选择。电缆选择应符合 GB 50217《电力工程电缆设计标准》的规定。

（4）光缆/网线/电缆敷设。光缆/网线/电缆选择及敷设的设计应符合 GB 50217—2018《电力工程电缆设计标准》的规定。

6.6.14 二次设备的接地、防雷、抗干扰

二次设备防雷、接地和抗干扰应满足《交流电气装置的接地设计规范》（GB/T 50065—2011）、《火力发电厂、变电站二次接线设计技术规程》（DL/T 5136—2012）的规定。接地应满足以下要求：

（1）在二次设备室、敷设二次电缆的沟道、就地端子箱及保护用结合滤波器等处，使用截面积不小于 $100mm^2$ 的裸铜排敷设与变电站主接地网紧密连接的等电位接地网。

（2）在二次设备室内，沿屏（柜）布置方向敷设截面积不小于 $100mm^2$ 的专用接地铜排，并首末端连接后构成室内等电位接地网。室内等电位接地网必须用至少 4 根以上、截面积不小于 $50mm^2$ 的铜排（缆）与变电站的主接地网可靠接地。

（3）沿二次电缆的沟道敷设截面积不少于 $100mm^2$ 的裸铜排（缆），构建室外的等电位接地网。开关场的就地端子箱内应设置截面积不少于 $100mm^2$ 的裸铜排，并使用截面积不少于 $100mm^2$ 的铜缆与电缆沟道内的等电位接地网连接。

预制舱的接地及抗干扰还应满足以下要求：

（1）预制舱应采用屏蔽措施，满足二次设备抗干扰要求。对于钢柱结构房，可采用 $40mm \times 4mm$ 的扁钢焊成 $2m \times 2m$ 的方格网，并连成六面体，与周边接地网相连，网格可与钢构房的钢结构统筹考虑。

（2）在预制舱静电地板下层，按屏柜布置的方向敷设 $100mm^2$ 的专用铜排，将该专用铜排首末端连接，形成预制舱内二次等电位接地网。屏柜内部接地铜排采用 $100mm^2$ 的铜带（缆）与二次等电位接地网连接。舱内二次等电位接地网采用 4 根以上截面积不小于 $50mm^2$ 的铜带（缆）与舱外主地网一点连接。连接点处需设置明显的二次接地标识。

（3）预制舱内暗敷接地干线，Ⅰ型预制舱宜在离活动地板 300mm 处设置 2 个临时接地端子，Ⅱ型、Ⅲ型预制舱宜在离活动地板 300mm 处设置 3 个临时接地端子。舱内接地干线与舱外主地网宜采用多点连接，不少于 4 处。

6.7 土 建 部 分

6.7.1 站址基本条件

电化学储能电站的海拔应不大于 1000m，设计基本地震加速度 0.15g，场地类别按Ⅱ类考虑；设计基准期为 50 年，设计风速 v_0 不大于 30m/s，天然地基承载力特征值 $f_{ak}=150kPa$，假设场地为同一标高，无地下水影响。

6.7.2 总平面及竖向布置

6.7.2.1 站址征地

电化学储能电站站址征地图应注明坐标及高程系统，应标注指北针，并提供测量控制

点坐标及高程。在地形图上绘出储能电站围墙及进站道路的中心线、征地轮廓线及规划控制红线等。

6.7.2.2　总平面布置图

（1）储能电站的总平面布置应根据生产工艺、运输、防火、防爆环境保护和施工等方面的要求，按最终规模对站区的建、构筑物、管线及道路进行统筹安排。

（2）图中应表示进站道路、站外排水沟、挡土墙、护坡等，综合布置各种主要管沟，并标明其相对关系和尺寸。

（3）图中应标明站内各建筑物、围墙、道路等建构筑物的控制点坐标，并在说明中标明建筑坐标与测量坐标间相互的换算关系。

（4）图中应标注指北针，并应标出指北针与建筑坐标的夹角。

（5）图中应标明各道路的宽度及转弯半径。

（6）场地处理。储能配电装置场地宜采用碎石地坪不设检修小道，操作地坪按电气专业要求设置。湿陷性黄土地区应设置灰土封闭层。雨水充沛的地区，可简易绿化，但不应设置管网等绿化设施，控制绿化造价。

规划部门对绿化有明确要求时，可进行简易绿化，但应综合考虑养护管理，选择经济合理的本地区植物，不应选用高级乔灌木、草皮或花木。

6.7.2.3　竖向布置

（1）竖向布置的形式应综合考虑站区地形、场地及道路允许坡度、站区排水方式、土石方平衡等条件来确定，场地的地面坡度不宜小于 0.5%。

（2）图中应标出站区各建（构）筑物、道路、配电装置场地、围墙内侧及站区出入口处的设计标高，建筑物设计标高以室内地坪为±0.000。标明场地、道路及排水沟排水坡度及方向。

6.7.2.4　土（石）方平衡

根据总平面布置及竖向布置要求，采用横断面法、方格网法、分块计算法或经鉴定的计算软件计算土（石）方工程量，绘制场区土方图，编制土方平衡表。对土方回填或开挖的技术要求作必要说明。

6.7.3　站内外道路

6.7.3.1　站内外道路平面布置

（1）站内外道路的型式。进站道路宜采用公路型道路，站内道路宜采用公路型道路，湿陷性黄土地区、膨胀土地区宜采用城市型道路；路面可采用混凝土路面或沥青混凝土路面。采用公路型道路时，路面宜高于场地设计标高 150mm。

（2）站内道路宜采用环形道路。储能电站大门宜面向站内电气主设备运输道路。

储能电站大门及道路的设置应满足电气设备、大型装配式预制件、预制舱式二次组合设备等整体运输的要求。

消防道路宽度为 4m、转弯半径不小于 9m；检修道路宽度为 3m、转弯半径 7m。站内消防道路边缘距离建筑物（长/短边）外墙距离不宜小于 5m。道路外边缘距离围墙轴线距离为 1.5m。

（3）其他。进站道路与桥涵或沟渠等交汇处应标明其坐标并绘制断面详图。站内道路平面布置应标明站内地下管沟，并标示穿越道路管沟的位置。

6.7.3.2　进站道路

（1）进站道路按《厂矿道路设计规范》（GBJ 22—1987）规定的四级厂矿道路设计，宜采用公路型混凝土道路，路面混凝土强度不小于 C25，施工可采用专用机械一次浇筑完成或两次浇筑完成。

（2）进站道路最大限制纵坡应能满足大件设备运输车辆的爬坡要求，不宜大于 6%。

6.7.3.3　站内道路

（1）站内道路宜采用公路型混凝土道路，路面混凝土强度不小于 C25，施工可采用专用机械一次浇注完成或两次浇注完成。

（2）站内道路纵坡不宜大于 6%，山区储能电站或受条件限制的地段可加大至 8%，但应考虑相应的防滑措施。

6.7.4　建筑

6.7.4.1　建筑物布置

（1）建筑应严格按工业建筑标准设计，风格统一、造型协调、方便生产运行，并做好建筑"四节一环保"（四节指节能、节地、节水、节材）工作，建筑材料选用因地制宜选择节能、环保、经济、合理的材料。

（2）储能电站内建筑物名称和房间名称应统一。

（3）半户内设一幢配电装置楼；户外储能站所有的设备放置在户外。

（4）建筑物按无人值守运行设计。

半户内储能电站生产用房设有户外设有储能电池集装箱、消防水池、消防泵房等，户内设有一幢配电装置楼，包括 PCS 以及升压变压器、备品备件室等电气设备房间。

全户外储能电站设有储能电池集装箱、消防水池、消防泵房等，总控制预制舱，一体化电源预制舱，10kV 配电装置预制舱，SVG。

（5）建筑设计的模数应结合工艺布置要求协调，宜按《厂房建筑模数协调标准》（GB 50006—2010）执行。

6.7.4.2　墙体

（1）建筑物外墙板及其接缝设计应满足结构、热工、防水、防火及建筑装饰等要求，内墙板设计应满足结构、隔声及防火要求。

（2）内墙板采用防火石膏板或轻质复合墙板。

（3）建筑物的防火墙宜采用纤维水泥板、防火石膏板复合墙体。

6.7.4.3　屋面

（1）屋面宜设计为结构找坡，平屋面采用结构找坡不得小于 5%，建筑找坡不得小于

3%，天沟、檐沟纵向找坡不得小于 1%，寒冷地区建筑物屋面宜采用坡屋面，坡屋面坡度应符合设计规范要求。

（2）屋面采用有组织防水，防水等级采用 I 级。

6.7.4.4　室内外装饰装修

（1）外墙、内墙涂料装饰。采用非金属外墙板时，建筑外装饰色彩与周围景观相协调，内墙和顶棚涂料采用乳胶漆涂料。

（2）储能电站楼、地面做法应按照现行国家标准图集或地方标准图集选用，无标准选用时，可按国家电网有限公司输变电工程标准工艺选用。

（3）PCS 及升压变压器室、备品备件室等电气设备房间宜采用环氧树脂漆地坪、自流平地坪、地砖或细石混凝土地坪等；室外台阶采用防滑地砖。

6.7.4.5　门窗

（1）门窗应设计成矩形，不应采用异型窗。

（2）门窗宜设计成以 3m 为基本模数的标准洞口，尽量减少门窗尺寸，一般房间外窗宽度不宜超过 1.5m，高度不宜超过 1.5m。

（3）采用木门、钢门、铝合金门、防火门，建筑物一层门窗采取防盗措施。

（4）外窗宜采用断桥铝合金门窗或塑钢窗，窗玻璃宜采用中空玻璃。蓄电池室、卫生间的窗户采用磨砂玻璃。

（5）建筑外门窗抗风压性能分级不得低于 4 级，气密性能分级不得低于 3 级，水密性能分级不得低于 3 级，保温性能分级为 7 级，隔音性能分级为 4 级，外门窗采光性能等级不低于 3 级。

6.7.4.6　楼梯、坡道、台阶及散水

（1）楼梯采用装配式钢结构楼梯。楼梯尺寸设计应经济合理。楼梯间轴线宽度宜为 3m，踏步高度不宜小于 0.15m，步宽不宜大于 0.3m。踏步应防滑。室内台阶踏步数不应小于 2 级。当高差不足 2 级时，应按坡道要求设置。

（2）楼梯梯段改变方向时，扶手转向端处的平台最小宽度不应小于梯段宽度，并不得小于 1.2m。

（3）室内楼梯扶手高度不宜小于 900mm，靠楼梯井一侧水平扶手长度超过 500mm 时，其高度不应小于 1.05mm。

（4）楼梯栏杆扶手宜采用硬杂木加工木扶手，不宜采用不锈钢等高档装饰材料。

（5）踏步、坡道、台阶采用细石混凝土或水泥砂浆材料。

（6）细石混凝土散水宽度为 0.6m，湿陷性黄土地区不得小于 1.05m，散水与建筑物外墙间应留置沉降缝，缝宽 20~25mm，纵向 6m 左右设分隔缝一道。

6.7.4.7　建筑节能

（1）控制建筑物窗墙比，窗墙比应满足国家规范要求。

（2）建筑外窗选用中空玻璃，改善门窗的隔热性能。

（3）墙面、屋面宜采用保温隔热层设计。

6.7.5 结构

6.7.5.1 设计参数

电化学储能电站应按如下参数进行结构设计：

（1）建筑结构安全等级按二级，结构重要性系数为 1.0；结构设计使用年限 50 年。

（2）建筑结构形式采用钢筋混凝土框架结构。

（3）抗震设计主要参数：站址区抗震设防烈度 7 度，建筑抗本地震加速度值取 0.10g，按 7 度抗震措施进行设防。

（4）设计环境等级条件：室内为一类、室外为二 a 类。

6.7.5.2 设计荷载

电化学储能电站设计荷载应满足如下要求：

（1）恒载：根据 GB 50009《建筑结构荷载规范》的材料容重，按该荷载对结构有利和不利情况分别进行计算。

（2）活载：屋面（不上人）按 0.7kN/m²。

（3）建筑等工艺设备房间荷载按设备厂方提供的工艺设计荷载考虑。

（4）50 年一遇基本风压值 0.45kN/m²。

（5）B 类地面粗糙度。

（6）50 年一遇基本雪压值 0.50kN/m²。

6.7.6 装配式构筑物

6.7.6.1 围墙

（1）围墙形式可采用大砌块实体围墙。砌体材料因地制宜，采用环保材料（如混凝土空心砌块），高度不低于 2.3m，砌块推荐尺寸为 600mm（长）×300mm（宽）×200mm（高）或 600mm（长）×200mm（宽）×200mm（高），围墙中及转角处设置构造柱，构造柱间距不宜大于 3m，采用标准钢模浇制。当造价较为经济时，可采用装配式围墙，如城市规划有特殊要求的储能电站可采用通透式围墙。

（2）饰面及压顶。围墙饰面采用水泥砂浆或干粘石抹面，围墙压顶应采用预制压顶。

（3）围墙变形缝。围墙变形缝宜留在墙垛处，缝宽 20～30mm，并与墙基础伸缩缝上下贯通，变形缝间距 10～20m。

6.7.6.2 大门

电化学储能电站大门宜采用电动实体推拉门，宽度为 5.0m，门高不宜小于 2.0m。

6.7.6.3 电池间防火墙

（1）电池间防火墙宜采用框架+大砌块、框架+预制墙板、组合钢模板清水钢筋混凝土等形式，墙体需满足耐火极限不小于 3h 的要求。

（2）电池间防火墙的耐火等级为一级，墙应高出电池顶 1m，墙长不应小于电池两侧各 1m，结构采用平法布置表示梁、柱的配筋。

（3）防火墙墙体材料应采用环保材料，宜就地取材，墙体材料可采用混凝土空心砌块，砌块尺寸推荐为 600mm×300mm×300mm 水泥砂浆抹面。

6.7.6.4　电缆沟

（1）配电装置区不设置电缆支沟，可采用电缆埋管或电缆排管，电缆沟宽度宜采用 800、1100、1400mm。

（2）电缆支沟可采用电缆槽盒，主电缆沟宜采用砌体、现浇混凝土或钢筋混凝土沟体，砌体沟体顶部宜设置预制压顶，沟深不大于 1000mm 时，沟体宜采用砌体，沟体不小于 1000mm 或离路边 1000mm 时，沟体宜采用现浇混凝土，在湿陷性黄土地区及寒冷地区，采用混凝土电缆沟，电缆沟沟壁应高出场地地坪 100mm，当造价较为经济时，可采用装配式电缆沟。

（3）电缆沟盖板采用包角钢混凝土盖板或有机复合盖板，风沙地区盖板应带槽口盖板，盖板每边宜超出沟壁（压顶）外沿 50mm，电缆沟支架宜采用电缆沟支架宜采用角钢支架，潮湿环境下，宜采用复合支架。

6.7.7　采暖、通风与空气调节

（1）储能电站配电装置楼宜设置机械通风，通风量应按照满足排除室内设备散热量、事故后通风换气次数要求的较大值来确定。

（2）储能电站配电装置楼的二次设备室及其他工艺、设备要求的房间宜设置空调。空调房间的室内温度、湿度应满足工艺要求，工艺无特殊要求时，夏季室内设计温度 26～28℃，冬季设计温度 18～20℃，相对湿度不宜高于 70%。

（3）通风空调系统与消防报警系统应能联动闭锁，同时具备自动启停、现场控制和远方控制的功能。

6.8　给 排 水 部 分

6.8.1　给水

6.8.1.1　生活给水

水源应根据供水条件综合比较确定，优先选用自来水。

6.8.1.2　消防给水

变电站消防给水量应按火灾时一次最大消防用水量，即室内和室外消防用水量之和计算。

6.8.2　排水

（1）场地排水应根据站区地形、地区降雨量、土质类别、站区竖向及道路综合布置，变电站内排水系统宜采用分流制。

（2）站区雨水采用有组织排放。生活污水采用化粪池处理，定期清掏外运处理。站区

排水确有困难时，可采用地下或半地下式排水泵站。

（3）液流电池储液罐应布置在酸液流槽内。当设有酸液事故储存池时，酸液流槽容积宜按最大一组电池组正负极两罐酸液容量 20%设计；当未设有酸液事故储存池时，酸液流槽容积宜按最大一组电池组正负极两罐酸液容量 100%设计。酸液事故储存池容积宜按最大一组电池组正负极两罐酸液容量 100%设计。

6.9 消 防 部 分

6.9.1 设计原则

消防设计必须贯彻"预防为主，防消结合"的方针，立足自防自救。锂电池火灾危险性为甲类，采取"持续、大量的消防水"作为锂电池主要防火灭火方式。

6.9.2 消防给水及灭火设施

储能电站火灾发生次数按照一次计。全站设置独立的消防给水系统，设置消防水池、消防水泵房等建（构）筑物。

6.9.2.1 室内外消火栓给水系统

（1）建筑物满足耐火等级不低于二级，体积不超过 3000m³，且火灾危险性为戊类时，可不设消防给水。

（2）建筑物满足下列条件时可不设室内消火栓。

1）耐火等级为一、二级且可燃物较少的丁、戊类建筑物。

2）耐火等级为三、四级且建筑物体积不超过 3000m³ 的丁类厂房和建筑体积不超过 5000m³ 的戊类厂房。

3）室内没有生产、生活给水管道，室外消防用水取自贮水池且建筑体积不超过 5000m³ 的建筑物。

储能电站中建筑物满足不了（1）、（2）中的条件时，则建筑物配置室内、室外消火栓给水系统。

6.9.2.2 站区移动式冷却水系统

预制舱储能电池舱外设置移动式冷却水设施。火灾发生时，利用室外消火栓对着火舱及相邻舱喷水冷却。消防排水通过电池舱外排水明沟、雨水口排至站区雨水管网。

6.9.2.3 灭火设施

除电池预制舱外，其他预制舱内及建筑物内均配置手提式干粉灭火器。

6.10 电化学储能电站模块化设计优点及技术方案比较

对电化学储能电站，采用模块化设计的优点主要包括：

（1）安全可靠。采用三级防护系统，最大程度保证储能电站安全性。对各级防护的说明如下。

一级防护：BMS、EMS 系统实时监控电池状态和储能电站系统状态，对发生故障部分进行及时故障退出，防止事态扩大。

二级防护：合理设计防火分区。分别设置大、中、小三层防火单元：预制舱储能电池背靠背布置的两个电池舱单元，作为防火小单元；升压变压器和 PCS 同建筑布置，作为防火中单元；防火中单元间靠道路距离划分形成防火大单元。

三级防护：预制舱储能电池内设置七氟丙烷灭火装置，预制舱储能电池外设置水消防系统，共同作为储能电站灭火的最后一道防线。

（2）节约用地。

1）预制舱储能电池背靠背、中间夹防火墙的布置方式，可以有效减少防火间距。

2）单体电池舱容量由原来的 1MW/2MWh 提升至 1.26MW/2.2MWh，充分利用了电池舱内空间。

3）选用大容量 PCS，且 PCS 两两并联至一台升压变压器，大大减少场地内变压器数量。

4）升压变压器和 PCS 在空间内成排对称布置，有效减少占地面积。

（3）节省能耗。

1）小容量储能电站采用一级升压系统，减小多级升压的电能损耗。

2）站用变压器集中设置在母线上，实现共享备用变压器功能。

3）PCS、升压变容量合理匹配，减少容量冗余。

4）储能电站内均采用低损耗设备，如 PCS、升压变压器、站用变压器等。

（4）运维方便。

1）预制舱储能电池宽度提升至 2800mm，通道宽度预留 1m 以上，保证了运维空间。

2）二次配置就地监控系统，可实现对电池、PCS 等设备的灵活监控和数据上传读取。

3）半户内布置方案中，屋内均设置休息室，可供检修运维人员值班休息。

4）PCS、主变压器均布置于户内，可保证运维检修不受天气影响。

5）升压变压器低压侧设置环网柜（手车柜），提升运维安全性。

对几种典型模块化设计方案的比较如表 6-3 所示。

表 6-3　　　　　　　　　　典 型 设 计 方 案 比 较

序号	典型设计方案编号	建设规模	接线型式	总布置及配电装置	围墙内占地面积（m²）	功率密度（×10³MW/m²）
1	10-B-10	10.08MW/17.6MWh	10kV 接入	半户内，户外预制舱储能电池背靠背布置，并设置综合楼	1558	6.47
	10-C-10			全户外，所有设备户外布置	1820	5.54
2	20-B-10/20-B-35	20.16MW/35.2MWh	10kV 接入	户内，户外预制舱储能电池背靠背布置，并设置综合楼	3022.5	6.67
			35kV 接入		3308.4	6.10

序号	典型设计方案编号	建设规模	接线型式	总布置及配电装置	围墙内占地面积（m²）	功率密度（×10³MW/m²）
3	40-B-35/ 40-B-110	40.32MW/ 70.4MWh	35kV 接入	户内，户外预制舱储能电池背靠背布置，并设置综合楼	5668.4	7.11
			升压至110kV 接入	半户内，户外预制舱储能电池背靠背布置，并设置 PCS 及变压器室、110kV 升压站	7488	5.38
4	100-B-110/ 100-B-220	100.8MW/ 176MWh	升压至110kV 接入	半户内，户外预制舱储能电池背靠背布置，并设置 PCS 及变压器室、110kV 升压站	18 312	5.56
			升压至220kV 接入	半户内，户外预制舱储能电池背靠背布置，并设置 PCS 及变压器室、220kV 升压站	18 312	5.56

第 7 章

规模化储能的调度控制技术

电力系统中负荷需求本身存在波动性，随着近年来新能源发电的迅猛发展，新能源出力的波动性和不确定性，导致系统净负荷需求不确定性将显著增加，对调峰和调频容量的需求也随之增加。随着储能技术的发展与应用，对多个储能电站进行集中调度可形成规模化汇聚效应，可以显著提升电网的灵活性，降低负荷和新能源的不确定性的影响，提高电网运行经济性和稳定性。

本章主要探讨规模化储能参与调峰、调频以及分区发用电平衡的控制策略。对储能参与大电网调峰问题，给出了其日前优化调度策略和考虑不确定因素的优化调度方法。对储能参与大电网调频问题，分析了储能参与调频的原理和调频控制策略，重点阐述了储能参与二次调频（自动发电控制）问题。最后，结合我国电网控制中心二次调频系统的实际控制模式与策略，给出了对储能电站的控制模式以及储能参与分区控制的实施方案。

7.1 电网侧储能日前优化调度策略

7.1.1 电网侧储能调度日前优化方法

电网侧储能调度能够掌握更多的信息，因此可以实施更加复杂的控制策略。然而电网侧储能调度也不能获取关于未来的全部准确信息，因此更合理的假设是电网侧储能调度根据对于下一日的预测值进行日前决策。它的日前充电和放电计划是基于对于负荷需求和可再生能源发电预测。电网侧储能调度根据对于负荷需求和可再生能源发电预测值运行日前优化模型，从而获得下一日的储能电站充电和放电策略。

（1）日前优化方法目标函数。为了模拟对于负荷需求和可再生能源发电预测的不准确性，定义 $\hat{p}_t^{D\Sigma}$ 以及 $\hat{p}_t^{C,DG\Sigma}$ 为负荷需求和可再生能源发电的预测值，并假设其偏离实际值 $p_t^{D\Sigma}$ 和 $p_t^{C,DG\Sigma}$ 的误差服从正态分布。

电网侧储能调度日前优化模型的关注点为每天的储能设施的日前成本。上述储能电站每天的日前运行成本为

$$\hat{C}_{\mathrm{m}}^{\mathrm{O,Day-ahead}} = \sum_{t \in \boldsymbol{T}_{\mathrm{m}}} \Delta t \left[\lambda_t \left(\sum_{k \in \boldsymbol{K}} P_{k,t}^{\mathrm{C}} - \sum_{k \in \boldsymbol{K}} P_{k,t}^{\mathrm{D}} + \hat{p}_t^{\mathrm{D}\Sigma} - \hat{p}_t^{\mathrm{C,DG}\Sigma} \right)^{+} \right.$$
$$\left. + \theta_t \left(\sum_{k \in \boldsymbol{K}} P_{k,t}^{\mathrm{C}} - \sum_{k \in \boldsymbol{K}} P_{k,t}^{\mathrm{D}} + \hat{p}_t^{\mathrm{D}\Sigma} - \hat{p}_t^{\mathrm{C,DG}\Sigma} \right)^{-} \right] \tag{7-1}$$

式中：$\hat{C}_{\mathrm{m}}^{\mathrm{O,Day-ahead}}$ 是储能电站第 m 天的日前运行成本；$\boldsymbol{T}_{\mathrm{m}}$ 是第 m 天所有时段的集合；$\boldsymbol{K}$ 是电网侧储能调度所投资的储能设备的集合；$P_{k,t}^{\mathrm{C}}$ 和 $P_{k,t}^{\mathrm{D}}$ 分别是日前优化方法中电网侧储能调度的第 k 个储能电站在 t 时段的充电和放电功率；λ_t 和 θ_t 分别是 t 时段电价和反送电电价。

在日前优化模型中，电网侧储能调度做日前优化，其优化目标是储能电站日前运行成本最小化，即

$$\min_{P_{k,t}^{\mathrm{C}}, P_{k,t}^{\mathrm{D}}, E_{k,t}} \hat{C}_{\mathrm{m}}^{\mathrm{O,Day-ahead}} \tag{7-2}$$

（2）日前优化方法约束条件。储能日前优化方法的优化模型要满足储能电站的相关约束条件，具体如下：

1）储能电站充电放电约束。储能电站的充电功率不能超过其功率容量

$$0 \leqslant P_{k,t}^{\mathrm{C}} \leqslant P_k^{\mathrm{Cap}} \tag{7-3}$$

储能电站的放电功率不能超过其功率容量

$$0 \leqslant P_{k,t}^{\mathrm{D}} \leqslant P_k^{\mathrm{Cap}} \tag{7-4}$$

2）储能电站初始电量约束。储能电站的初始电量与初始荷电状态和储能容量有如下关系

$$E_{k,0} = SOC_{k,0} E_k^{\mathrm{Cap}} \tag{7-5}$$

式中：$E_{k,0}$ 为储能电站 k 的初始电量；$SOC_{k,0}$ 是储能电站 k 的初始荷电状态。

3）储能电站最小电量约束。储能电站的最小电量与所设定的最小荷电状态和储能容量有如下关系

$$E_k^{\min} = SOC_k^{\min} E_k^{\mathrm{Cap}} \tag{7-6}$$

式中：$E_k^{\min}$ 为储能电站 k 的最小电量；$SOC_k^{\min}$ 是储能电站 k 所设定的最小荷电状态。

4）储能实际电量约束。在运行中，储能电站的电量不能低于最小电量，也不能高于储能容量，因此有如下关系

$$E_k^{\min} \leqslant E_{k,t} \leqslant E_k^{\mathrm{Cap}} \tag{7-7}$$

式中：$E_{k,t}$ 为储能电站 k 在 t 时段末的电量。

5）相邻时段储能电量约束。

$$E_{k,t} = (1 - S_k) E_{k,t-1} + \Delta t \left(\eta_k^{\mathrm{C}} P_{k,t}^{\mathrm{C}} - \frac{P_{k,t}^{\mathrm{D}}}{\eta_k^{\mathrm{D}}} \right) \tag{7-8}$$

式中：S_k 为储能电站 k 的自放电率；η_k^C 为储能电站 k 的充电效率；η_k^D 为放电效率。

（3）日前优化方法单日模型。综上所述，电网侧储能调度日前优化方法单日模型如式（7-9）所示。通过电网侧储能日前优化单日模型（7-9）所得到第 m 天的 $P_{k,t}^C$ 和 $P_{k,t}^D$ 即为在实际运行时该日各个时段的控制策略。电网侧储能的日前优化模型可以很方便地转化成一个线性规划问题，从而使用线性规划求解器求解。

$$
\min_{\hat{P}_{k,t}^C, \hat{P}_{k,t}^D, \hat{E}_{k,t}} \hat{C}_m^{O,Day-ahead} = \sum_{t \in T_m} \Delta t \left[\lambda_t \left(\sum_{k \in K} P_{k,t}^C - \sum_{k \in K} P_{k,t}^D + \hat{p}_t^{D\Sigma} - \hat{p}_t^{C,DG\Sigma} \right)^+ \right.
$$
$$
\left. + \theta_t \left(\sum_{k \in K} P_{k,t}^C - \sum_{k \in K} P_{k,t}^D + \hat{p}_t^{D\Sigma} - \hat{p}_t^{C,DG\Sigma} \right)^- \right]
$$

$$
\text{s.t.} \begin{cases}
0 \leqslant P_{k,t}^C \leqslant P_k^{Cap} \\
0 \leqslant P_{k,t}^D \leqslant P_k^{Cap} \\
E_{k,0} = SOC_{k,0} E_k^{Cap} \\
E_k^{min} = SOC_k^{min} E_k^{Cap} \\
E_k^{min} \leqslant E_{k,t} \leqslant E_k^{Cap} \\
E_{k,t} = (1 - S_k) E_{k,t-1} + \Delta t \left(\eta_k^C P_{k,t}^C - \dfrac{P_{k,t}^D}{\eta_k^D} \right)
\end{cases}
\tag{7-9}
$$

（4）日前优化方法运行成本计算。模型所求得的目标函数值是每天的日前成本 $\hat{C}_m^{O,Day-ahead}$，而非电网侧储能运行时所产生的实际成本。采用日前优化决策运行方法所得到的每日实际运行成本 $C_m^{O,Day-ahead}$ 可以表示为

$$
C_m^{O,Day-ahead} = \sum_{t \in T_m} \Delta t \left[\lambda_t \left(\sum_{k \in K} P_{k,t}^C - \sum_{k \in K} P_{k,t}^D + p_t^{D\Sigma} - p_t^{C,DG\Sigma} \right)^+ \right.
$$
$$
\left. + \theta_t \left(\sum_{k \in K} P_{k,t}^C - \sum_{k \in K} P_{k,t}^D + p_t^{D\Sigma} - p_t^{C,DG\Sigma} \right)^- \right]
\tag{7-10}
$$

式（7-10）表明实际运行中每日的成本需要事后根据负荷需求和可再生能源发电的实际值进行结算。

在计算电网侧储能电站的总运行成本时，需要把通过日前优化方法所得到的每天的运行成本求和，即

$$
C^O = \sum_{m \in M} C_m^{O,Day-ahead}
\tag{7-11}
$$

式中：M 是全年所有运行日的集合。

（5）日前优化方法流程。电网侧储能日前优化方法流程如图 7-1 所示，具体步骤如下：

1）设定待决策日索引变量 $m = 1$。

2）预测该日的负荷需求 $\hat{p}_\tau^{D\Sigma}$ 和可再生能源的发电功率 $\hat{p}_\tau^{C,DG\Sigma}$。

3）运行该日的日前优化模型式（7-9）。

4）获取该日的日前优化模型所决策出的全天各时段的储能电站控制策略，即充电功率 $P_{k,t}^C$ 和放电功率 $P_{k,t}^D$，以及储能电站电量状态 $E_{k,t}$。

5）判断是否已经遍历了所有待决策日。若是，则进行下一步；若否，则 $m = m+1$，并跳转步骤 2）。

6）根据式（7-11）计算日前优化方法的储能电站运行成本。

7）输出结果。

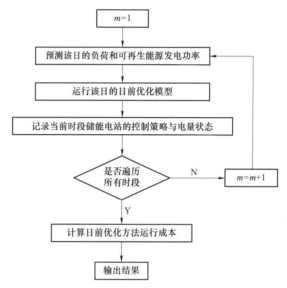

图 7-1　电网侧储能日前优化方法流程

7.1.2　规模化储能的滚动优化策略

在上节所介绍的电网侧储能日前优化方法中,电网侧储能调度只利用了少量对于未来预测的信息。在实际运行中，电网侧储能调度需要面对各种不确定性的情况，比如负荷需求和可再生能源发电的不确定性。然而，上述方法对于储能运行时所存在的不确定性应对能力还有不足。鉴于此，本节介绍电网侧储能的滚动优化策略，在对于未来负荷需求的滚动预测的基础上可以更加充分地利用未来信息，在模型中更好地处理负荷运行的不确定性，从而达到更加合理与实用的决策效果。

本节所介绍的电网侧储能滚动优化策略，是基于模型预测控制（Model Predictive Control，MPC）理论。MPC 理论于 20 世纪 70 年代问世，主要针对有优化需求的控制问题，在复杂工业控制中有成功的应用。模型预测控制方法的运行原理如图 7-2 所示。图 7-2 中蓝色竖线填充的方格的输入数据是实际的系统数据，用于决定实际的运行策略；绿色横线填充的方格的输入数据是对于系统的预测值,用于参与优化并辅助决策同一行的蓝色竖线填充的方格的输出数据,绿色横线填充的方格的输出数据并不作为系统实际控制参数使用；记录在每个 t 时段结束时系统的状态，并作为下一次优化的初始数据，这一过程如箭头所示。电网侧储能调度结合对于未来 n 个时间段的可再生能源发电的预测、负荷需求以及储能电站当前 t 时段的状态，优化出 t 至 $t+n$ 时间段储能电站的充电和放电策略。但实际上只采用所优化出的 t 时间段的策略操控储能电站并对电网做出反应。在接下来的每一时间段，再次重复上述过程，滚动优化出每个时间段的控制策略。

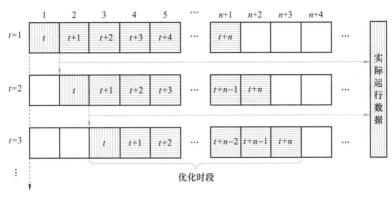

图 7-2　模型预测控制方法运行原理

（1）目标函数。电网侧储能调度的各种储能电站的充电功率主要可以分解成两部分，一部分是从电网充电的功率，另一部分是从多余的可再生能源发电功率，即

$$\sum_{k \in \boldsymbol{K}} P_{k,t}^{\mathrm{C}} = \sum_{k \in \boldsymbol{K}} P_{k,t}^{\mathrm{C,G}} + \sum_{k \in \boldsymbol{K}} P_{k,t}^{\mathrm{C,DG}} \qquad (7-12)$$

因此，以功率从电网流向电网侧储能电站和负荷为正方向，电网侧储能电站与电网的功率交换可以表达为

$$\begin{aligned} P_{t}^{\mathrm{G}} &= \sum_{k \in \boldsymbol{K}} P_{k,t}^{\mathrm{C,G}} - \sum_{k \in \boldsymbol{K}} P_{k,t}^{\mathrm{D}} + p_{t}^{\mathrm{D\Sigma}} - \left(p_{t}^{\mathrm{C,DG\Sigma}} - \sum_{k \in \boldsymbol{K}} P_{k,t}^{\mathrm{C,DG}} \right) \\ &= \sum_{k \in \boldsymbol{K}} P_{k,t}^{\mathrm{C}} - \sum_{k \in \boldsymbol{K}} P_{k,t}^{\mathrm{D}} + p_{t}^{\mathrm{D\Sigma}} - p_{t}^{\mathrm{C,DG\Sigma}} \end{aligned} \qquad (7-13)$$

式中：P_{t}^{G} 为电网侧储能电站从电网获得的功率。

电网侧储能调度的模型预测控制决策模型的关注点为当前时段 t 与所预测出的随后一天的全部时段的整体储能电站运行成本。上述储能电站运行成本可以表达为

$$C_{t}^{\mathrm{O}} = C_{t}^{\mathrm{O,1}} + C_{t}^{\mathrm{O,2}} \qquad (7-14)$$

式中：$C_{t}^{\mathrm{O,1}}$ 为当前时段的运行成本；$C_{t}^{\mathrm{O,2}}$ 为当前时段之后一天的运行成本。具体而言，当前时段的运行成本可以表示为

$$\begin{aligned} C_{t}^{\mathrm{O,1}} &= \Delta t \left[\lambda_{t} (P_{t}^{\mathrm{G}})^{+} + \theta_{t} (P_{t}^{\mathrm{G}})^{-} \right] \\ &= \Delta t \left[\lambda_{t} \left(\sum_{k \in \boldsymbol{K}} P_{k,t}^{\mathrm{C}} - \sum_{k \in \boldsymbol{K}} P_{k,t}^{\mathrm{D}} + p_{t}^{\mathrm{D\Sigma}} - p_{t}^{\mathrm{C,DG\Sigma}} \right)^{+} \right. \\ &\quad \left. + \theta_{t} \left(\sum_{k \in \boldsymbol{K}} P_{k,t}^{\mathrm{C}} - \sum_{k \in \boldsymbol{K}} P_{k,t}^{\mathrm{D}} + p_{t}^{\mathrm{D\Sigma}} - p_{t}^{\mathrm{C,DG\Sigma}} \right)^{-} \right] \end{aligned} \qquad (7-15)$$

当前时段之后一天的运行成本可以表示为

$$C_{t}^{O,2} = \sum_{\tau \in T_t} \Delta t \left[\lambda_{\tau} (\hat{P}_{\tau}^G)^+ + \theta_{t_s} (\hat{P}_{\tau}^G)^- \right]$$

$$= \sum_{\tau \in T_t} \Delta t \left[\lambda_{\tau} \left(\sum_{k \in K} P_{k,\tau}^C - \sum_{k \in K} P_{k,\tau}^D + \hat{p}_{\tau}^{D\Sigma} - \hat{p}_{\tau}^{C,DG\Sigma} \right)^+ \right.$$

$$\left. + \theta_{\tau} \left(\sum_{k \in K} P_{k,\tau}^C - \sum_{k \in K} P_{k,\tau}^D + \hat{p}_{\tau}^{D\Sigma} - \hat{p}_{\tau}^{C,DG\Sigma} \right)^- \right] \qquad (7-16)$$

式中：$\hat{P}_{\tau}^G$、$\hat{p}_{\tau}^{D\Sigma}$ 和 $\hat{p}_{\tau}^{C,DG\Sigma}$ 分别表示电网侧储能调度在采用基于模型预测控制理论的决策方法时对未来 P_{τ}^G、$p_{\tau}^{D\Sigma}$ 和 $p_{\tau}^{C,DG\Sigma}$ 的预测值；T_t 是时段 t 之后的一天内的所有时段的集合；τ 是集合 T_t 中的元素。即

$$\tau \in T_t = \{t+1, t+2, \cdots, t+n^{Day}\} \qquad (7-17)$$

式中：n^{Day} 表示一天的时段总数。

基于模型预测控制理论的电网侧储能决策方法在时段 t 的优化模型的目标函数为当前时段与所预测的未来一天的总成本最小化，可以表示为

$$\min_{P_{k,t}^C, P_{k,t}^D, E_{k,t}, P_{k,\tau}^C, P_{k,\tau}^D, E_{k,\tau}} C_t^O \qquad (7-18)$$

（2）约束条件。基于模型预测控制理论的电网侧储能决策方法在每时段的优化模型要满足储能电站的相关约束条件，具体如下：

1）储能电站充电放电约束。储能电站的充电功率不能超过其功率容量

$$0 \leqslant P_{k,t}^C \leqslant P_k^{Cap} \qquad (7-19)$$

$$0 \leqslant P_{k,\tau}^C \leqslant P_k^{Cap} \qquad (7-20)$$

储能电站的放电功率不能超过其功率容量

$$0 \leqslant P_{k,t}^D \leqslant P_k^{Cap} \qquad (7-21)$$

$$0 \leqslant P_{k,\tau}^D \leqslant P_k^{Cap} \qquad (7-22)$$

2）储能电站初始电量约束。储能电站的初始电量与初始荷电状态和储能能量容量有如下关系

$$E_{k,0} = SOC_{k,0} E_k^{Cap} \qquad (7-23)$$

3）储能电站最小电量约束。储能电站的最小电量与所设定的最小荷电状态和储能能量容量有如下关系

$$E_k^{Min} = SOC_k^{Min} E_k^{Cap} \qquad (7-24)$$

4）储能实际电量约束。在运行中，储能设备的电量不能低于最小电量，也不能高于储能能量容量，因此有如下关系

$$E_k^{Min} \leqslant E_{k,t} \leqslant E_k^{Cap} \qquad (7-25)$$

$$E_k^{Min} \leqslant E_{k,\tau} \leqslant E_k^{Cap} \qquad (7-26)$$

5）相邻时段储能电量约束。

相邻时段储能电量的关系一方面需要考虑当前 t 时段和所预测的第 1 个时段，即 $\tau = t+1$ 时段的储能电站电量递推关系，另外，也要考虑所预测的相邻时段之间，即 τ 和 $\tau+1$ 之间的递推关系

$$E_{k,\tau} = (1-S_k)E_{k,t} + \Delta t\left(\eta_k^C P_{k,\tau}^C - \frac{P_{k,\tau}^D}{\eta_k^D}\right) \quad (\tau-1=t) \tag{7-27}$$

$$E_{k,\tau} = (1-S_k)E_{k,\tau-1} + \Delta t\left(\eta_k^C P_{k,\tau}^C - \frac{P_{k,\tau}^D}{\eta_k^D}\right) \quad (\tau-1\in T_t) \tag{7-28}$$

此外，为了限定 t 时段的充放电策略不违反储能装置电量的实际物理规律，还需满足如下约束

$$E_{k,t} = (1-S_k)E_{k,t-1} + \Delta t\left(\eta_k^C P_{k,t}^C - \frac{P_{k,t}^D}{\eta_k^D}\right) \tag{7-29}$$

（3）单时段模型。综上所述，基于模型预测控制理论的储能决策方法在 t 时段的模型可以表示如下

$$\min_{P_{k,t}^C, P_{k,t}^D, E_{k,t}, P_{k,\tau}^C, P_{k,\tau}^D, E_{k,\tau}} C_t^O = \Delta t\left[\lambda_t\left(\sum_{k\in K}P_{k,t}^C - \sum_{k\in K}P_{k,t}^D + p_t^{D\Sigma} - p_t^{C,DG\Sigma}\right)^+\right.$$
$$+ \theta_t\left(\sum_{k\in K}P_{k,t}^C - \sum_{k\in K}P_{k,t}^D + p_t^{D\Sigma} - p_t^{C,DG\Sigma}\right)^-\right]$$
$$+ \sum_{\tau\in T_t}\Delta t\left[\lambda_\tau\left(\sum_{k\in K}P_{k,\tau}^C - \sum_{k\in K}P_{k,\tau}^D + \hat{p}_\tau^{D\Sigma} - \hat{p}_\tau^{C,DG\Sigma}\right)^+\right.$$
$$+ \theta_\tau\left(\sum_{k\in K}P_{k,\tau}^C - \sum_{k\in K}P_{k,\tau}^D + \hat{p}_\tau^{D\Sigma} - \hat{p}_\tau^{C,DG\Sigma}\right)^-\right]$$

$$\text{s.t.}\begin{cases}0 \leqslant P_{k,t}^C, P_{k,\tau}^C, P_{k,t}^D, P_{k,\tau}^D \leqslant P_k^{Cap}\\ E_{k,0} = SOC_{k,0}E_k^{Cap}\\ E_k^{Min} = SOC_k^{Min}E_k^{Cap}\\ E_k^{Min} \leqslant E_{k,t}, E_{k,\tau} \leqslant E_k^{Cap}\\ E_{k,\tau} = (1-S_k)E_{k,t} + \Delta t\left(\eta_k^C P_{k,\tau}^C - \frac{P_{k,\tau}^D}{\eta_k^D}\right) \quad (\tau-1=t)\\ E_{k,\tau} = (1-S_k)E_{k,\tau-1} + \Delta t\left(\eta_k^C P_{k,\tau}^C - \frac{P_{k,\tau}^D}{\eta_k^D}\right) \quad (\tau-1\in T_t)\\ E_{k,t} = (1-S_k)E_{k,t-1} + \Delta t\left(\eta_k^C P_{k,t}^C - \frac{P_{k,t}^D}{\eta_k^D}\right)\end{cases} \tag{7-30}$$

根据模型预测控制的相关理论，模型预测控制的优化计算结果中只取当前时段的控制

策略，而忽略后续时段的控制策略。具体而言，模型式（7-30）中所求得的决策变量中只选取 t 时段的充电功率 $P_{k,t}^{\mathrm{C}}$ 和放电功率 $P_{k,t}^{\mathrm{D}}$ 作为在该时段通过基于模型预测控制理论的储能决策方法所决策出的有效参数，而 $P_{k,\tau}^{\mathrm{C}}$、 $P_{k,\tau}^{\mathrm{D}}$ 等参数不用于后续的计算。

电网侧储能调度基于其所能掌握的信息通过对所面临的每个时段进行滚动的优化，而得到实时的储能电站控制策略。在每个时段的决策完毕之后，还需要根据式（7-29）所示的相邻时段的储能电站电量递推关系更新 t 时段末储能电站的电量，然后方可计算 $t+1$ 时段的控制策略。

（4）运行成本计算。通过基于模型预测控制理论的电网侧储能决策方法单时段模型优化得到的 C_t^{O} 并非实际运行中电网侧储能调度在 t 时段的运行成本，而是包含了 t 时段的运行成本和该时段之后一天的预测成本。因此在计算电网侧储能成本的时候，不能计及预测成本，而只应计及全部 t 时段的运行成本，即

$$
\begin{aligned}
C^{\mathrm{O}} &= \sum_{t \in \boldsymbol{T}} C_t^{\mathrm{O},1} \\
&= \sum_{t \in \boldsymbol{T}} \Delta t \left[\lambda_t \left(\sum_{k \in \boldsymbol{K}} P_{k,t}^{\mathrm{C}} - \sum_{k \in \boldsymbol{K}} P_{k,t}^{\mathrm{D}} + p_t^{\mathrm{D}\Sigma} - p_t^{\mathrm{C,DG}\Sigma} \right)^{+} \right. \\
&\quad \left. + \theta_t \left(\sum_{k \in \boldsymbol{K}} P_{k,t}^{\mathrm{C}} - \sum_{k \in \boldsymbol{K}} P_{k,t}^{\mathrm{D}} + p_t^{\mathrm{D}\Sigma} - p_t^{\mathrm{C,DG}\Sigma} \right)^{-} \right]
\end{aligned}
\tag{7-31}
$$

（5）运行决策流程。基于模型预测控制理论的电网侧储能决策方法流程如图 7-3 所示，具体步骤如下：

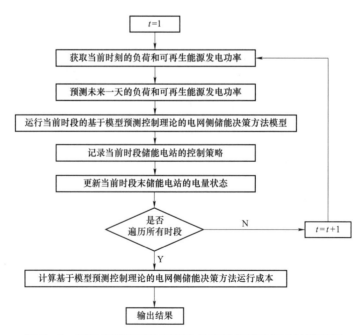

图 7-3　基于模型预测控制理论的电站储能决策方法流程图

1）设定时段索引变量 $t=1$。

2）获取当前时段负荷 $p_t^{D\Sigma}$ 和可再生能源发电 $p_t^{C,DG\Sigma}$。

3）预测未来一天的负荷需求 $\hat{p}_\tau^{D\Sigma}$ 和可再生能源发电预测 $\hat{p}_\tau^{C,DG\Sigma}$。

4）运行当前时段的基于模型预测控制理论的电网侧储能决策方法优化模型式（7-30）。

5）记录基于模型预测控制理论的电网侧储能决策方法优化模型所决策出的当前时段的储能电站控制策略，即充电功率 $P_{k,t}^C$ 和放电功率 $P_{k,t}^D$。

6）更新当前时段末的储能电站电量状态 $E_{k,t}$。

7）判断是否已经遍历了所有时段。若是，则进行下一步；若否，则 $t=t+1$，并跳转步骤 2）。

8）根据式（7-31）计算基于模型预测控制理论的电网侧储能决策方法的储能电站运行成本。

9）输出结果。

7.1.3 基于多场景模拟的电网侧储能调度决策

本节所介绍的基于多场景模拟的电网侧储能决策方法与基于模型预测控制理论的电网侧储能决策方法具有一定的相似性，两者都运用了模型预测控制的思想对每个时段的控制策略进行滚动求解。两者的不同点在于基于多场景模拟的电网侧储能决策方法在基于模型预测控制理论的电网侧储能决策方法的基础上引入了随机优化的思想，力求通过在优化中考虑多场景的方式增强该方法应对未来运行中的不确定性的能力。

（1）目标函数。与基于模型预测控制理论的电网侧储能决策方法模型一样，基于多场景模拟的电网侧储能决策方法模型的关注点也是当前时段 t 与所预测出的随后一天的全部时段的整体储能电站运行成本 C_t^O。该模型中的 C_t^O 也可以通过式（7-14）计算得到。而且当前时段的运行成本 $C_t^{O,1}$ 的计算公式与基于模型预测控制理论的电网侧储能决策方法模型在形式上是一致的，即 $C_t^{O,1}$ 也可以通过式（7-15）计算。然而两种运行决策方法在模型上的差异主要体现在当前时段之后一天的运行成本 $C_t^{O,2}$ 的计算上。基于多场景模拟的电网侧储能决策方法模型中当前时段 t 之后一天的运行成本可以表示为

$$C_t^{O,2} = \sum_{\omega \in \boldsymbol{\Omega}_t} \rho_{t,\omega} C_{t,\omega}^{O,2} \tag{7-32}$$

式中：集合 $\boldsymbol{\Omega}_t$ 采用多场景模拟方法决策 t 时段控制策略时所使用的全部场景的集合；ω 为该集合中的元素，即一种外部条件场景；$\rho_{t,\omega}$ 为 t 时段 ω 所对应的场景发生的概率；$C_{t,\omega}^{O,2}$ 为 t 时段 ω 所对应的场景的运行成本。该运行成本可以表示为

$$C_{t,\omega}^{O,2} = \sum_{\tau \in \boldsymbol{T}_t} \Delta t \left[\lambda_{\tau,\omega} \left(\sum_{k \in \boldsymbol{K}} P_{k,\tau,\omega}^C - \sum_{k \in \boldsymbol{K}} P_{k,\tau,\omega}^D + \hat{p}_{\tau,\omega}^{D\Sigma} - \hat{p}_{\tau,\omega}^{C,DG\Sigma} \right)^+ \right.$$
$$\left. + \theta_{\tau,\omega} \left(\sum_{k \in \boldsymbol{K}} P_{k,\tau,\omega}^C - \sum_{k \in \boldsymbol{K}} P_{k,\tau,\omega}^D + \hat{p}_{\tau,\omega}^{D\Sigma} - \hat{p}_{\tau,\omega}^{C,DG\Sigma} \right)^- \right] \tag{7-33}$$

式中：$\lambda_{\tau,\omega}$ 是在场景 ω 下 τ 时段的电价；$\theta_{\tau,\omega}$ 是反送电电价；$P^{C}_{k,\tau,\omega}$ 是场景 ω 下 τ 时段储能电站 k 的充电功率；$P^{D}_{k,\tau,\omega}$ 是放电功率；$\hat{p}^{D\Sigma}_{\tau,\omega}$ 是场景 ω 下 τ 时段负荷的预测值；$\hat{p}^{C,DG\Sigma}_{\tau,\omega}$ 是可再生能源发电的预测值。

基于多场景模拟的电网侧储能决策方法在时段 t 的优化模型的目标函数为当前时段与所预测的未来一天的总成本最小化，可以表示为

$$\min_{P^{C}_{k,t},P^{D}_{k,t},E_{k,t},P^{C}_{k,\tau,\omega},P^{D}_{k,\tau,\omega},E_{k,\tau,\omega}} C^{O}_{t} \tag{7-34}$$

（2）约束条件。基于多场景模拟的电网侧储能决策方法在每时段的优化模型要满足储能电站的相关约束条件。基于多场景模拟的电网侧储能决策方法与基于模型预测控制理论的电网侧储能决策方法的约束条件大体类似，但又有一些细微不同，具体如下：

1）储能电站充电放电约束

$$0 \leqslant P^{C}_{k,t} \leqslant P^{Cap}_{k} \tag{7-35}$$

$$0 \leqslant P^{C}_{k,\tau,\omega} \leqslant P^{Cap}_{k} \tag{7-36}$$

$$0 \leqslant P^{D}_{k,t} \leqslant P^{Cap}_{k} \tag{7-37}$$

$$0 \leqslant P^{D}_{k,\tau,\omega} \leqslant P^{Cap}_{k} \tag{7-38}$$

2）储能电站初始电量约束

$$E_{k,0} = SOC_{k,0} E^{Cap}_{k} \tag{7-39}$$

3）储能电站最小电量约束

$$E^{Min}_{k} = SOC^{Min}_{k} E^{Cap}_{k} \tag{7-40}$$

4）储能实际电量约束

$$E^{Min}_{k} \leqslant E_{k,t} \leqslant E^{Cap}_{k} \tag{7-41}$$

$$E^{Min}_{k} \leqslant E_{k,\tau,\omega} \leqslant E^{Cap}_{k} \tag{7-42}$$

5）相邻时段储能电量约束

$$E_{k,\tau} = (1-S_{k})E_{k,t} + \Delta t \left(\eta^{C}_{k}P^{C}_{k,\tau} - \frac{P^{D}_{k,\tau}}{\eta^{D}_{k}} \right) \quad (\tau-1=t) \tag{7-43}$$

$$E_{k,\tau} = (1-S_{k})E_{k,\tau-1} + \Delta t \left(\eta^{C}_{k}P^{C}_{k,\tau} - \frac{P^{D}_{k,\tau}}{\eta^{D}_{k}} \right) \quad (\tau-1 \in T_{t}) \tag{7-44}$$

$$E_{k,t} = (1-S_{k})E_{k,t-1} + \Delta t \left(\eta^{C}_{k}P^{C}_{k,t} - \frac{P^{D}_{k,t}}{\eta^{D}_{k}} \right) \tag{7-45}$$

（3）单时段模型。综上所述，基于多场景模拟的电网侧储能决策方法在 t 时段的模型可以表示为式（7-46）。与基于模型预测控制理论的电网侧储能决策方法类似，式（7-46）中所求得的决策变量中只选取 t 时段的充电功率 $P^{C}_{k,t}$ 和放电功率 $P^{D}_{k,t}$ 作为在该时段通过基于多场景模拟的电网侧储能决策方法所决策出的有效参数，而 $P^{C}_{k,\tau,\omega}$、$P^{D}_{k,\tau,\omega}$ 等参数不用于

后续的计算。同样的，基于多场景模拟的电网侧储能决策方法也是对电网侧储能调度所面临的每个时段进行滚动的优化，而得到实时的储能电站控制策略。在每个时段决策完毕之后，还需要根据式（7-45）所示的相邻时段的储能装置电量递推关系更新 t 时段末储能电站的电量，然后方可计算 $t+1$ 时段的控制策略。

$$\min_{P_{k,t}^{C},P_{k,t}^{D},E_{k,t},P_{k,\tau,\omega}^{C},P_{k,\tau,\omega}^{D},E_{k,\tau,\omega}} C_t^{O}$$

$$= \Delta t \left[\lambda_t \left(\sum_{k \in K} P_{k,t}^{C} - \sum_{k \in K} P_{k,t}^{D} + p_t^{D\Sigma} - p_t^{C,DG\Sigma} \right)^{+} \right.$$

$$+ \theta_t \left(\sum_{k \in K} P_{k,t}^{C} - \sum_{k \in K} P_{k,t}^{D} + p_t^{D\Sigma} - p_t^{C,DG\Sigma} \right)^{-} \right]$$

$$+ \sum_{\omega \in \Omega_t} \pi_{t,\omega} \left\{ \sum_{\tau \in T_t} \Delta t \left[\lambda_\tau \left(\sum_{k \in K} P_{k,\tau}^{C} - \sum_{k \in K} P_{k,\tau}^{D} + \hat{p}_\tau^{D\Sigma} - \hat{p}_\tau^{C,DG\Sigma} \right)^{+} \right. \right.$$

$$\left. \left. + \theta_\tau \left(\sum_{k \in K} P_{k,\tau}^{C} - \sum_{k \in K} P_{k,\tau}^{D} + \hat{p}_\tau^{D\Sigma} - \hat{p}_\tau^{C,DG\Sigma} \right)^{-} \right] \right\}$$

$$\text{s.t.} \begin{cases} 0 \leqslant P_{k,t}^{C}, P_{k,\tau,\omega}^{C}, P_{k,t}^{D}, P_{k,\tau,\omega}^{D} \leqslant P_k^{Cap} \\ E_{k,0} = SOC_{k,0} E_k^{Cap} \\ E_k^{Min} = SOC_k^{Min} E_k^{Cap} \\ E_k^{Min} \leqslant E_{k,t}, E_{k,\tau,\omega} \leqslant E_k^{Cap} \\ E_{k,\tau,\omega} = (1-S_k)E_{k,t} + \Delta t \left(\eta_k^{C} P_{k,\tau,\omega}^{C} - \dfrac{P_{k,\tau,\omega}^{D}}{\eta_k^{D}} \right) \ (\tau-1=t) \\ E_{k,\tau,\omega} = (1-S_k)E_{k,\tau-1,\omega} + \Delta t \left(\eta_k^{C} P_{k,\tau,\omega}^{C} - \dfrac{P_{k,\tau,\omega}^{D}}{\eta_k^{D}} \right) \ (\tau-1 \in T_t) \\ E_{k,t} = (1-S_k)E_{k,t-1} + \Delta t \left(\eta_k^{C} P_{k,t}^{C} - \dfrac{P_{k,t,\omega}^{D}}{\eta_k^{D}} \right) \end{cases} \tag{7-46}$$

（4）运行成本计算。基于多场景模拟的电网侧储能决策方法的成本计算公式与基于模型预测控制理论的电网侧储能决策方法的运行成本计算公式一致，不计及各个场景的运行成本，只计及全部 t 时段的运行成本，即为式（7-31）。

（5）运行决策流程。基于多场景模拟的电网侧储能决策方法流程如图 7-4 所示，具体步骤如下：

1）设定时段索引变量 $t=1$。

2）获取当前时段负荷 $p_t^{D\Sigma}$ 和可再生能源发电 $p_t^{C,DG\Sigma}$。

3）预测并生成决策所需的多个场景，形成集合 Ω_t。

4）运行当前时段的基于多场景模拟的电网侧储能决策方法模型式（7-46）。

5）记录基于多场景模拟的电网侧储能决策方法模型所决策出的当前时段的储能装置

控制策略，即充电功率 $P_{k,t}^{C}$ 和放电功率 $P_{k,t}^{D}$。

6）更新当前时段末的储能装置电量状态 $E_{k,t}$。

7）判断是否已经遍历了所有时段。若是，则进行下一步；若否，则 $t=t+1$，并跳转步骤 2）。

8）根据式（7-31）计算基于多场景模拟的电网侧储能决策方法的储能电站运行成本。

9）输出结果。

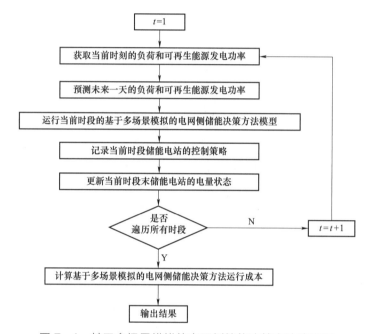

图 7-4　基于多场景模拟的电网侧储能决策方法流程图

对比基于模型预测控制理论的电网侧储能决策方法和基于多场景模拟的电网侧储能决策方法，可知若基于多场景模拟的电网侧储能决策方法的多场景模拟合中只含有 1 个场景，则此时基于多场景模拟的电网侧储能决策方法就变成了基于模型预测控制理论的电网侧储能决策方法。因此，基于模型预测控制理论的电网侧储能决策方法可以认为是基于多场景模拟的电网侧储能决策方法在场景数为 1 的情况时的特例。

7.2　电网侧储能参与系统调频的控制策略

7.2.1　储能参与电网调频的工作原理

调频是维护电网安全运行的关键技术，为保证电力系统安全稳定运行，要求调频机组能快速、精确地响应调度指令。大型火电调频机组持续运行导致发电机组负荷率下降和环境污染等问题。储能技术参与调频服务的最大优势是其具有快速和精确的响应能力，单位功率的调节效率较高。储能技术非常适合解决短时电力供应和需求之间的不平衡问题，为电网提供调频服务，其调频响应速度远快于常规火电机组。根据美国电力市场的调频电源比较分析，储能调频效果是水电机组的 1.7 倍，是燃气机组的 2.5 倍，是燃煤机组的 20 倍以上。具有快速调节能力的储能技术能够更有效地提供调频服务，同时储能的控制精度性能也远远优于常规火电机组。

储能参与电网调频的基本工作原理如图 7-5 所示。在一次调频环节中，储能控制器应从 PCS 侧获得频率采集信息 f 并将之与频率额定值 f_{ref} 做差得到当前频率偏差 Δf，并通过下垂控制模块模拟同步发电机的下垂特性计算得到一次调频指令 P_{PFR}；在二次调频环节中，应有电网调度将优化调度得到的基点信号 P_{base} 和 AGC 指令 P_{AGC} 相加后，得到二次调频指令 P_{SFR} 发送至储能控制器；储能控制器将一次调频指令和二次调频指令相加后得到当前控制指令 P_{cmd} 并发送至 PCS 进行调节。

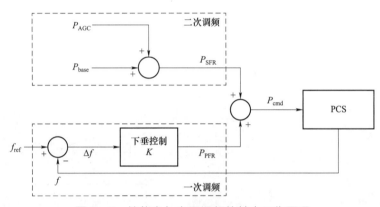

图 7-5　储能参与电网调频的基本工作原理

由以上工作原理可知，储能参与一次调频的功能在储能本地侧实现，要求 PCS 具备频率采集能力。储能参与二次调频的功能需由调度中心和储能配合实现，因此需要依托调度中心现有的有功控制系统进一步开发电网侧储能有功控制系统（详见第 8 章）。

7.2.2　储能参与一次调频的控制策略

为了使储能在一次调频中与同步发电机具有相似的调节功能，并充分发挥其优异的响应能力，其一次调频性能参数（包括频差死区、限幅、下垂系数等）应可设置并进行优化。

对于频差死区，一般可要求储能与同步发电机具有相同的频差死区，即 0.033Hz；但为了充分发挥储能的优良调节特性，在实际应用中可对储能设置较小的频差死区，以便在同步发电机的一次调频启动前即启动储能的一次调频功能，起到降低频率偏差的作用。

对于限幅，一般可设置为小于储能额定功率的特定值；但为了保护电池避免深充深放，可根据储能 SOC 动态调整其限幅，使得储能在 SOC 处于 0.5 附近值时充分参与一次调频，而在 SOC 接近上下限值时减少一次调频贡献。

对于下垂系数，一般也可要求储能与同步发电机具有相同的参数设置；同样出于保护电池、避免深充深放的考虑，可根据储能 SOC 实时值动态设置下垂系数。

下面介绍一种典型的储能参与一次调频控制策略。该方法具有一定代表性，其基本思想是，当储能 SOC 处于设定值附近时，储能全力参与一次调频，当储能 SOC 接近其上/下边界时，储能仍全力参与使得其 SOC 远离该边界的一次调频动作，但对于使得其 SOC 进一步靠近该边界的一次调频动作仅部分参与。该类方法及其变体已被广泛研究并在实际系统中应用。

该控制策略的流程如图 7-6 所示，其中部分参数的设置如图 7-7 所示，其控制逻辑如下：

（1）当频率偏差不大于死区时，储能不参与一次调频。

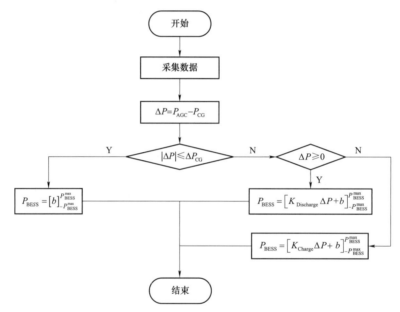

图 7-6 储能一次调频控制策略流程图

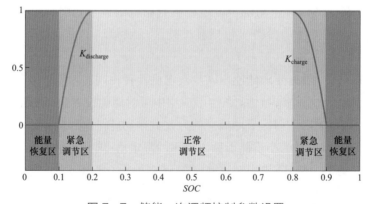

图 7-7 储能一次调频控制参数设置

（2）当频率偏差大于死区时，储能采用下垂方式参与一次调频，其中下垂系数除恒定值 K_0 外，还受到动态变化的系数 $K_{\text{Charge}} / K_{\text{Discharge}}$ 影响：在 SOC 处于正常调节区时，K_{Charge}、$K_{\text{Discharge}}$ 均设置为 1；在 SOC 处于紧急调节区时，电池储能对于不利于 SOC 恢复的一次调频指令进行部分响应，对利于 SOC 恢复的一次调频指令进行全响应，以在保证一定一次调频性能的同时进行 SOC 恢复；在 SOC 处于能量恢复区时，电池储能仅响应利于 SOC 恢复的一次调频指令，不响应不利于 SOC 恢复的一次调频指令。

7.2.3　储能参与二次调频的控制策略

储能系统具有爬坡能力强、响应速度快、调节精度高等特点，参与调频服务时可以快速响应调频指令，跟随负荷与可再生能源出力的变化。由于储能资源在参与调频时跟踪的是波动速度快、均值接近零的信号，因而对电量的要求并不高。这些特点使得储能系统在 AGC 应用中具有天然的性能优势，在调频辅助服务市场中具有一定竞争力，在近几年来得到了广泛关注。

为说明储能系统在二次调频中的作用，并对控制策略设计进行指导，以下首先分析电力系统二次调频需求的特性。对电网二次调频需求进行离散傅里叶变换，对其频域特性进行分析。对于 N 点序列 $\{x[n]\}$，它的离散傅里叶变换为

$$X[k] = \sum_{n=0}^{N-1} e^{-i\frac{2\pi}{N}nk} x[n], \qquad k = 0, 1, \cdots, N-1 \qquad (7-47)$$

假设电网调度机构记录数据的间隔为 Δs，则根据采样定理，DFT 获得频谱的最高频率为 $1/(2\Delta)$ Hz。图 7-8 示意了某小时的频谱分析结果。传统机组响应 AGC 指令的时间约为数十秒，而储能资源响应的时间在秒级（甚至更短）。通过离散傅里叶变换，可将调频需求的变化分解为分钟级的低频分量和秒级的高频分量。储能资源能够响应秒级变化的调频需求，而传统机组则无能为力。

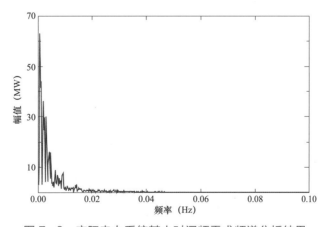

图 7-8　实际电力系统某小时调频需求频谱分析结果

以 1min 为高低频率的分界点、1/300Hz（周期 5min）为低频的截止频率，对实际系

统调频需求的高频和低频分量幅值进行分析。图 7-9 示意了在 24 个代表日中高频分量占调频需求的比重介于 23%~36%。进一步，对全天每小时调频需求高频分量所占比重进行统计，结果如图 7-10 所示。可以看出，高频分量占比在 30%~40%，在凌晨 1 时和中午 12~13 时的比重相对较高。值得注意的是，以小时为单位进行分析得到的高频分量比重平均值高于以天为单位得到的结果。

由以上分析可以看出，按天分析高频分量的占比，虽然有一定的波动，但总体变化不是很大。而以小时为周期进行分析，高频分量占比的变化范围收窄，这对于合理确定快速资源参与 AGC 的容量具有重要的指导作用。

（1）调频需求中，高频分量占有一定的比重，引入储能资源可以改善调频效果。

（2）储能资源占有适当的比重即可，不必用储能资源完全取代目前的调频机组。

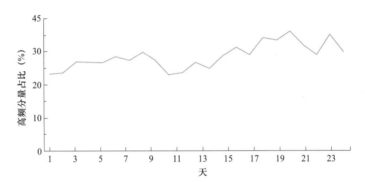

图 7-9　在 24 个代表日中高频分量占调频需求的比重

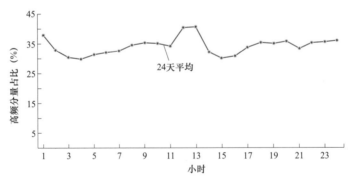

图 7-10　24 个代表日各小时中高频分量占调频需求的比重

为了在充分利用储能系统优异性能的同时避免其因电量越限而退出 AGC 运行，储能系统参与 AGC 的控制策略通常包括以下两个目标。

（1）通过与传统机组间的协调控制，实现调节指令的最优响应。

（2）将储能系统电量维持在中值附近，以保证其可用率。

为了实现上述目标，目前常见的储能参与二次调频控制策略一般包括两个步骤，第一步为将 AGC 系统得到的调频指令 $\pi[k]$ 划分为两个部分，分别对应传统机组 $\pi_g[k]$ 和储能资源 $\pi_s[k]$，第二步为将储能资源对应的调频指令分别分配给多个储能系统。传统意义上，调频指令的分配通常根据调频资源的爬坡速率/调节容量进行比例分配,但由于储能的调节特性与传统机组存在巨大差异,因此比例分配的方法并不一定适用(准确地说,是不一定能充分发挥储能的优异调节特性)。

针对上述第一步,将调频指令分别划分给传统机组和储能资源的问题,有以下典型的控制策略。

策略 A: 按照传统机组调节容量 $\overline{p}_{\mathrm{g}}$ 和储能系统调节容量 $\overline{p}_{\mathrm{s}}$ 的比例分配调节量,即

$$\pi_{\mathrm{g}}[k] = \frac{\overline{p}_{\mathrm{g}}}{\overline{p}_{\mathrm{r}}} \pi[k] \tag{7-48}$$

$$\pi_{\mathrm{s}}[k] = \frac{\overline{p}_{\mathrm{s}}}{\overline{p}_{\mathrm{r}}} \pi[k] \tag{7-49}$$

这一分配策略并不考虑调频资源的实际调节能力,两种调频资源实际能够承担的调节量 $\pi_{\mathrm{g}}[k]$、$\pi_{\mathrm{s}}[k]$ 受其物理特性限制。这可能导致调频资源的部分调节能力被浪费。假设一个系统中有 $\overline{p}_{\mathrm{g}} = 90\mathrm{MW}$ 的传统机组调节容量与 $\overline{p}_{\mathrm{g}} = 10\mathrm{MW}$ 的储能资源调频容量,传统机组在每个 AGC 周期中最多可以调节 2MW。设传统机组与储能资源的当前调节功率均为 0,当系统需要 $\pi[k] = 10\mathrm{MW}$ 的调节功率时,在此分配策略下,传统机组与储能资源将被分别要求提供 $\pi_{\mathrm{g}}[k] = 9\mathrm{MW}$ 与 $\pi_{\mathrm{s}}[k] = 1\mathrm{MW}$ 的调节功率。储能资源可以顺利达到这一要求,但传统机组受制于其爬坡率,最多只能提供 2MW 的调节功率。因此,系统需要 10MW 调节功率但只获得了 3MW;尽管储能资源有更多的调节能力(9MW),也只能袖手旁观。

策略 B: 将调节功率首先分配给储能资源

$$\pi_{\mathrm{s}}[k] = \pi[k] \tag{7-50}$$

希望储能资源承担尽可能多的调节功率,但其实际能够提供的调节功率 $p_{\mathrm{s}}[k]$ 受调节容量 $\overline{p}_{\mathrm{s}}$ 限制,将其未能承担的调节功率分配给传统机组

$$\pi_{\mathrm{g}}[k] = \pi[k] - p_{\mathrm{s}}[k] \tag{7-51}$$

注意由于不能保证 $\pi_{\mathrm{s}}[k] = p_{\mathrm{s}}[k]$,因此 $\pi[k] = \pi_{\mathrm{g}}[k] + \pi_{\mathrm{s}}[k]$ 的关系不复存在,但是可以保证传统机组的调节功率 $p_{\mathrm{g}}[k]$ 与储能资源的调节功率总和不会超过系统的调节功率需求 $\pi[k]$,即

$$p_{\mathrm{g}}[k] + p_{\mathrm{s}}[k] \leqslant \pi[k] \quad (\pi[k] > 0) \tag{7-52}$$

$$p_{\mathrm{g}}[k] + p_{\mathrm{s}}[k] \geqslant \pi[k] \quad (\pi[k] < 0) \tag{7-53}$$

由于储能资源的爬坡率与传统机组相比可以视为无限大,策略 B 也可以认为是按照调频资源的爬坡率比例进行分配。

策略 C: 与策略 B 的思路类似,但是将调节功率首先分配给传统机组

$$\pi_{\mathrm{g}}[k] = \pi[k] \tag{7-54}$$

未能由传统机组承担的调节量交由储能资源承担

$$\pi_{\mathrm{s}}[k] = \pi[k] - p_{\mathrm{g}}[k] \tag{7-55}$$

策略 B、策略 C 与策略 A 的区别是考虑了调频资源对调节功率的实际承担能力。二者各将一种调频资源作为主要调频资源，使其优先承担调节功率，主要调频资源因其物理特性未能承担的调节功率交由次要调频资源承担。

策略 D：将调节功率 $\pi[k]$ 通过一阶无限冲击响应（IIR）滤波器（即指数平滑滤波器），低频分量分配给传统机组

$$\pi_{\mathrm{g}}[k] = \beta\pi[k] + (1-\beta)\pi_{\mathrm{g}}[k-1] \tag{7-56}$$

高频分量分配给储能资源

$$\pi_{\mathrm{s}}[k] = \pi[k] - \pi_{\mathrm{g}}[k] \tag{7-57}$$

式中：β 是滤波因子。

滤波器的传递函数为

$$H(z) = \frac{\beta}{1-(1-\beta)z^{-1}} \tag{7-58}$$

幅频特性为

$$|H(\mathrm{j}\omega)| = \left|\frac{\beta}{\sqrt{1-2(1-\beta)\cos\omega+(1-\beta)^2}}\right| \tag{7-59}$$

截止频率为 f_{c}（截止时间为 T_{c}）时有

$$\omega_{\mathrm{c}} = 2\pi\frac{f_{\mathrm{c}}}{f_{\mathrm{s}}} = 2\pi\frac{T_{\mathrm{s}}}{T_{\mathrm{c}}} \tag{7-60}$$

$$|H(\mathrm{j}\omega_{\mathrm{c}})| = \frac{\lambda}{\sqrt{1-2(1-\beta)\cos\omega_{\mathrm{c}}+(1-\beta)^2}} = \frac{1}{\sqrt{2}} \tag{7-61}$$

解得

$$\beta = \cos\omega_{\mathrm{c}} - 1 + \sqrt{\cos^2\omega_{\mathrm{c}} - 4\cos\omega_{\mathrm{c}} + 3} \tag{7-62}$$

该控制策略的示意图如图 7-11 所示。尽管对调节功率进行了分频，但策略 D 与策略 A 一样，并不考虑调频资源的实际调节能力，因此也可能存在调节能力浪费的问题。

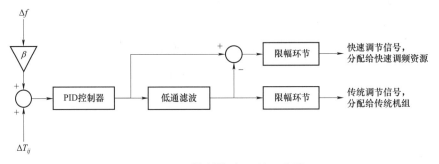

图 7-11 控制策略 D 的示意图

上述后三种策略均在研究和文献中出现和被采用，也各具优缺点：策略 B 试图最大化地利用储能参与二次调频，但由于储能资源承担了较多的调节任务，在电量有限的情况

下，更容易出现电量越限的情况，导致调频服务的可用率降低，进而影响调频性能；策略 C 尝试由储能补充传统机组无法承担的调频指令，在保证调频指令全部得到执行的同时减少储能承担的任务量，但该策略的调节效果非常依赖于对传统机组调节能力的准确估计，而这在实际中是难以做到的；策略 D 旨在根据储能和传统机组的不同物理特性分配调节指令，但其一方面可能导致调频资源的浪费；另一方面，由于高频和低频信号可能存在不同相的情况，这一情况出现时储能和传统机组将反向调节，明显不利于频率恢复。

　　针对多个储能系统间的调频指令分配问题，较多应用和研究要求所有储能系统应同时进行充电或放电，并进一步采取比例分配或优先级的方法分配调频指令。但在实际应用中，由于储能系统的初始状态、最大充放电时间、参与的服务类型存在较大差异，要求其同时充放电并不合理，也不利于储能的稳定运行，因此在实际应用中应放弃该假设。然而，一旦允许不同储能系统执行不同的充放电操作，该指令分配问题将变得较为复杂，储能系统的不同运行状态、充放电效率以及分配的目标函数设置都将显著增加分配问题的多样性和复杂度。通过滚动优化的方式为不同储能系统分配调频指令是目前的主流思路，但如何解决考虑充放电效率的非凸优化问题和保证实时应用阶段的可扩展性、高效性仍待进一步探索。

7.2.4　CPS 标准下储能参与二次调频的功率分配

　　（1）区域调节功率计算。在 NERC 提出的 CPS 标准中，要求在某一时间段内

$$AVG_{period}[ACE_{AVE-min} \times \Delta F_{AVE-min} / (10 \times B)] \leqslant \varepsilon_1^2 \qquad (7-63)$$

式中：$AVG_{period}[]$ 为对括号中的值求平均值；$ACE_{AVE-min}$ 为 1minACE 的平均值；$\Delta F_{AVE-min}$ 为 1min 频率偏差的平均值；ε_1 为常数。

　　从式（7-47）可知，CPS 标准要求同时考虑 ACE 和 ΔF，因此，理想的 AGC 控制策略也必然需要考虑这两个因素。追求使 $ACE_{AVE-min}$ 和 $\Delta F_{AVE-min}$ 保持相反的符号，也即 CPS1≥200%，是 CPS 控制策略的关键所在。理论上讲，如果能够快速调节本控制区 ACE，始终满足 $ACE = -C \times \Delta F$，C 为正常数，则必然有 $ACE_{AVE-min}$ 和 $\Delta F_{AVE-min}$ 保持相反的符号。

　　为此，在区域调节需求（Area Regulation Requirement，ARR）（用 P_R 表示）（规定正方向为增加 AGC 机组出力）中增加一项与频率偏差 ΔF 成正比的分量 P_{CPS}，即

$$\begin{cases} P_R = P_P + P_I + P_{CPS} \\ P_P = -G_P E_{ACE} \\ P_I = -G_I I_{ACE} \\ P_{CPS} = -10 \times G_{CPS} \Delta F \end{cases} \qquad (7-64)$$

其中，P_P 为 ARR 中的比例分量，P_I 为 ARR 中的积分分量，这两个分量与 A 控制策略中相同。P_{CPS} 为 ARR 中的 CPS 分量，也称 CPS 调节功率，是特地为 CPS 控制策略而引入的。G_P 为比例增益系数，在 A 控制策略下取值略大于 1，以保证 ACE 过零，在 CPS 控制策略下可直接取 1；E_{ACE} 为滤波后的 ACE 值；G_I 为积分增益系数；I_{ACE} 为当前考核时段（如 10min）累计的 ACE 积分值，单位为 MWh；G_{CPS} 为频率增益系数，单位为 MW/0.1Hz；

ΔF 为滤波后的频率偏差，单位为 Hz。

实际上，始终追求 $ACE = -C\Delta F$ 是不现实的，也是没有必要的。为此，将直线 $ACE = -C\Delta F$ 扩大为如图 7-12 所示的阴影区域。

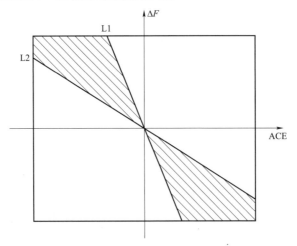

图 7-12　CPS 标准下的理想运行区域（无积分分量）

图中的 L1 线称为最小支援力度线，表示在一定的频率偏差 ΔF 下，控制区对系统频率恢复提供的最小功率支援；L2 线称为最大支援力度线，表示在一定的频率偏差 ΔF 下，控制区对系统频率恢复提供的最大功率支援，阴影部分为理想运行区域。

直线 L1：　　　　　　　　　$ACE = -10 \times K_1 \times \Delta F$
直线 L2：　　　　　　　　　$ACE = -10 \times K_2 \times \Delta F$

参数 K_1 和 K_2 的单位为 MW/0.1Hz，取值非常重要，也有着明确的物理意义，反映了当系统频率偏差达到 0.1Hz 时，控制区应对系统频率恢复提供的最大功率支援（参数 K_1）和最小功率支援（参数 K_2）。

ARR 中的 CPS 分量 P_{CPS} 用于对电网频率恢复提供功率支援，取值与当前运行点在 $ACE - \Delta F$ 平面上的分布有关（如图 7-13 所示），分下面四种情况来讨论。

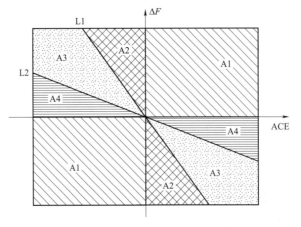

图 7-13　CPS 调节功率的计算

情况 1：ACE 与 ΔF 同号（如图 7-13 中的 A1 区域），说明此时的 ACE 不利于频率恢复，此时的 CPS 分量 P_{CPS} 使 AGC 产生过调，导致 ACE 反号，数值达到 L1 线上，即

$$P_{CPS} = -10 \times K_1 \times \Delta F$$

这种情况下，引入区域调节需求 ARR 的加速因子。

情况 2：ACE 与 ΔF 反号，但对系统频率恢复的支援力度不足（如图 7-13 中的 A2 区域），此时的 CPS 分量 P_{CPS} 使 ACE 符号不变，数值增加到 L1 线上，即

$$P_{CPS} = -10 \times K_1 \times \Delta F$$

情况 3：ACE 与 ΔF 反号，且对系统频率恢复的支援力度适中（如图 7-13 中的 A3 区域），此时的 CPS 分量 P_{CPS} 与比例分量 P_P 抵消，使 ACE 保持不变，即

$$P_{CPS} = -P_P$$

情况 4：ACE 与 ΔF 反号，且对系统频率恢复的支援力度过大（如图 7-13 中的 A4 区域），此时的 CPS 分量 P_{CPS} 使 AGC 产生欠调，保持 ACE 符号不变，数值减少到 L2 线上，即

$$P_{CPS} = -10 \times K_2 \times \Delta F$$

ARR 中的积分分量表示为

$$P_I = -G_I \times I_{ACE}$$

积分分量用于控制 ACE 平均值在给定的考核时段（如 10min）内不超过规定的范围 L_{10}，以保证 CPS2 指标。ACE 积分值 I_{ACE} 在每个考核时段开始时重新累计，当 $|I_{ACE}|$ 超过给定的下限 I_{min} 时，按上式引入调节功率中的积分分量 P_I。为了防止引入过大的积分分量，使 ACE 发生严重偏离，将 $|I_{ACE}|$ 限制在给定的上限 I_{max} 上，即当 $|I_{ACE}|$ 大于 I_{max} 时，在上式中用 $\pm I_{max}$ 替换 I_{ACE}。参数 G_I、I_{min} 和 I_{max} 存在相互配合关系，视 CPS2 的控制目标 L_{10} 而定。

如不需采用 CPS 控制策略，则 P_R 总量中将不计及 CPS 分量 P_{CPS}。还可根据需要在 P_R 总量中增加超前控制分量。

（2）计及储能的多控制组间调节功率分配策略。多组储能（多个储能电站）系统同时参与电网二次调频时，各组储能资源的分配策略应考虑储能站 SOC 的差异。若储能站间的 SOC 差异较大，将直接影响储能资源提供的最大充放电能力，可采用基于 SOC 的比例或优先级分配策略。由于储能功率可以双向调整，储能电站在参与 AGC 控制的过程中，可以通过调整当前充电或放电功率的大小，或充电转放电、放电转充电等方式实现 SOC 的均衡。

调整原则如下：

1）控制区增加出力时，按照充电转静止、静止转放电、放电功率调整的顺序依次调整。

2）控制区减出力调节时，按照放电转静止、静止转充电、充电功率调整的顺序依次调整。

根据区域调节需求在扣除储能的状态转换的调节容量后，各储能站间的分配策略包括：

1）比例策略。基于储能站当前的 SOC 确定分配系数。增出力时，分配系数取 SOC 可上调空间；减出力时，分配系数取 SOC 可下调空间。

2）优先级策略。储能电站按照 SOC 大小进行排序。增出力时，SOC 大的优先增加放电功率；减出力时，SOC 小的优先增加充电功率。

针对电网侧储能可考虑时段电价因素，通过"储能站时段控制表"，控制各储能站的充放电闭锁，在储能组参与调节功率分配时：

1）峰电价时段，充电闭锁。
2）谷电价时段，放电闭锁。
3）平电价时段，可充可放。

7.3 调度主站端的储能电站控制模式

7.3.1 控制区域划分与机组控制模式

AGC 根据区域控制偏差（ACE）计算区域调节需求 P_R（而非区域控制偏差 ACE）的大小和给定的静态门槛值将控制区域划分为：

（1）死区（DEADBAND）。
（2）正常调节区（NORMAL）。
（3）次紧急调节区（ASSISTANT EMERGENCY）也称紧急辅助调节区。
（4）紧急调节区（EMERGENCY）。

在 A1、A2 控制标准中，ACE 是 AGC 控制的唯一目标，因而可直接按 ACE 绝对值的大小来划分 AGC 控制区域，按 P_R 和 ACE 划分 AGC 控制区域结果也是一致的。CPS 控制策略要考虑 ACE 和频率偏差 ΔF 两个因素，而这两个因素都体现在区域总调节功率 P_R 中，应按 P_R 绝对值的大小来划分 AGC 控制区域。其门槛值分别用 P_D、P_A、P_E 表示，如图 7-14 所示。除 P_R 在死区外，均下发控制命令，控制目标是 P_R 为零。

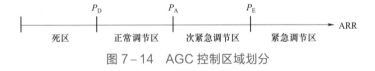

图 7-14 AGC 控制区域划分

划分控制区域有如下几个目的：
（1）在不同的控制区域将有不同的机组承担调节功率分量。
（2）在不同的控制区域将有不同的 AGC 控制策略。

AGC 采用一阶低通滤波来过滤 ACE 的高频随机分量。但滤波只能减少 ACE 高频噪声的影响，不能消除。因此，引入调节功率动态死区的概念。

门槛值 P_D 称为调节功率静态死区，用于控制的调节功率死区是动态变化的。通常情况下，调节功率围绕静态死区 P_D 的波动是经常发生的，造成 AGC 频繁下发一些不必要的控制命令。引入调节功率动态死区后，只有当调节功率 P_R 的绝对值大于动态死区时，才下发 AGC 控制命令。动态死区的变化规律是：

1）当调节功率处于静态死区时，动态死区位于紧急调节区下限门槛 P_E。

2）当调节功率越过静态死区，动态死区以给定的时间常数 T（一般为 8～16s）向静态死区门槛 P_D 变化，最终停留在 P_D 上。合适时间常数 T 的取值是非常重要的，它表示了当 P_R 突然增加时，多少时间后动态死区从 P_E 降到 P_D。

3）一旦调节功率回到静态死区，不管动态死区位于何处，都立即回到 P_E。

图 7–15 说明了动态死区过滤器的输入输出关系。P_R 在零附近的频繁波动代表着 P_R 的典型变化，但过滤器的输出维持在零，无控制命令发出。这一处理方法更有效地消除了量测量高频噪声的影响。

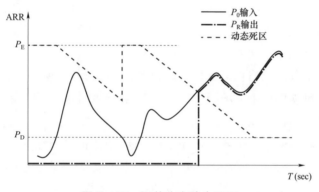

图 7–15　调节功率动态死区

机组的基本功率相当于计划功率，安排适当与否对 AGC 影响较大。在 AGC 中，有五种方法获得机组的基本功率，如图 7–16 所示。

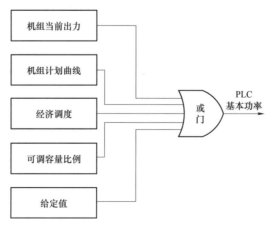

图 7–16　PLC 基本功率模式

机组的基本功率模式包含 8 种，可分成两组：固定基本功率和浮动基本功率。固定基本功率包括 5 种，即 BASE、SCHE、YCBS、LDFC、TIEC，它们的基本功率不随系统总负荷的变化而变化；浮动基本功率包括 3 种，即 AUTO、CECO、PROP，它们的基本功率随系统总负荷的变化而变化。所有参与 AGC 控制的机组，不能都处在固定基本功率模式下，否则系统总负荷的变化将无机组承担。

区域总调节功率是面向各电厂控制器 PLC 分配的，从而可以让不同的 PLC 承担不同的调节作用。

AGC 将 PLC 承担调节功率模式分为：

1）**O**（不调节 Off–regulated），即 PLC 在任何情况下都不承担调节功率。

2）**R**（调节 Regulated），即 PLC 在任何需要的情况下，可承担调节功率。

3）**A**（辅助 Assistant），即当控制区域处于次紧急调节区域或紧急调节区域时，PLC 才可承担调节功率。

4）**E**（紧急 Emergency），即当控制区域处于紧急调节区域时，PLC 才可承担调节功率。

所有参与 AGC 控制的机组，必须至少有一台机组的调节功率模式设置为 R，否则在 AGC 正常调节区域将无机组承担 ACE 调节分量。

机组的调节功率分配策略包括支持比例分担和优先级排序两种。

比例分担策略可支持以下分配因子：① 人工给定的分配因子；② 机组的调节速率。上述两个分配因子的加权平均。

优先级排序策略可支持以下各类排序指标：① 机组的调节速率；② 机组的上（下）可调容量比例；③ 机组的上网电价；④ 机组/电厂出力偏离计划值的比例；⑤ 机组/电厂当日实发电量与计划电量的比例。上述各项指标的加权平均。

可将控制区内的机组按照调节特性分为若干个控制组，不同的控制组之间可按照比例分担或优先级排序策略进行调节功率的分配。组内的分配方法也可采用比例分担和优先级排序两种策略。组间和组内的分配策略参数可人工设置。

当 PLC 处在远方遥调状态下，可以设置各种自动控制模式。PLC 的自动控制模式由基本功率模式和调节功率模式组合而成，较常用的有 AUTOR、SCHEO、SCHER、SCHEE、BASEO 等。其中：① AUTOR 机组的基本功率取当前的实际出力，无条件承担调节量，这是一种最常用的模式。② SCHEO 机组的基本功率由计划曲线确定，不承担调节量，这意味着机组只按照计划曲线运行。③ SCHER 机组的基本功率由计划曲线确定，无条件承担调节量。④ SCHEE 机组的基本功率由计划曲线确定，在紧急区域承担调节量。⑤ BASEO 机组的基本功率取调度员当时的给定值，不承担调节量，用于将机组出力设置到调度员指定的值。⑥ BASER 机组的基本功率取调度员当时的给定值，无条件承担调节量。⑦ BASEE 机组的基本功率取调度员当时的给定值，在紧急区域承担调节量。

7.3.2 储能电站控制模式

AGC 机组或电站的控制模式由基本功率模式和调节功率模式构成，基本功率叠加调节功率作为目标出力。控制模式决定了机组或电站的控制行为，其中，基本功率可以来源于计划值、人工设定基点、实际出力等；调节功率根据预定义的 ACE 动作区间参与该区间边界内的不平衡功率的分配调节。因此，目标出力在基本功率基础上调节功率带宽内调整，机组实际出力呈现以基本功率为趋势、调节功率为带宽的有功调整曲线。基本功率将直接决定机组的扰动调整容量。

储能电站不同于常规机组，其控制模式应满足储能电站的电能量释放、蓄能、计划跟踪以及参与 ACE 调整等多种调度控制要求。

（1）充电模式（CHRG）。控制目标：在充电时段结束前充满电量，并在紧急情况下尽量避免充电行为恶化区域有功平衡情况。

控制策略：在充电时段开始后，若区域调节需求为正，且处于次紧急区或紧急区，执行 0 功率指令（不充不放），其余情况下均以最大充电功率允许值（或预设充电功率）进行充电。同时，实时预测未来电池充电进度，若发现剩余时间全力充电可能还不足以充满电池，则在剩余时间内全力按照最大充电功率进行充电，包括负向紧急区和次紧急区。

（2）放电模式（DISC）。控制目标：在放电时段结束前释放电量，并在紧急情况下尽量避免放电行为恶化区域有功平衡。

控制策略：在放电时段开始后，若区域调节需求为负，且处于次紧急区或紧急区，执行 0 功率指令（不充不放），其余情况下均以最大放电功率允许值（或预设放电功率）进行放电。同时，实时预测未来电池放电进度，若发现剩余时间全力放电可能还不足以放完电量，则在剩余时间内全力按照最大放电功率进行放电，包括正向紧急区和次紧急区。

（3）基点模式（BASEO）。控制目标：参与分区发用电平衡能力不足的紧急功率控制。

控制策略：储能 BASEO 模式控制行为与常规机组 BASEO 模式一致，主要用于调度人工给定控制目标。通过增加储能电站所属电网分区和集群定义，也可用于分区发用电平衡不足时，调度人员设置分区储能总体控制目标，AGC 自动将目标分解下发。

（4）浮动基点模式（BASER/BASE）。控制目标：储能系统参与 ACE 调整，并尽量使其运行在 SOC 目标区域。

控制策略：根据 SOC 实时值，使用 SOC 运行上限、SOC 理想上限、SOC 理想下限、SOC 运行下限这 4 个参数将储能系统划分 5 个运行区：超上限运行区、高位运行区、理想运行区、低位运行区、超下限运行区，在不同的运行区自动匹配不同的基点功率和调节范围，如图 7-17 所示。

放电允许功率和充电允许功率，可以由调度员手动设置。实际运行中会根据充放电闭锁状态、最大充电和最大放电功率，进行校验。校验规则如下：

1）放电闭锁，放电允许功率为 0。

2）非放电闭锁，放电允许功率与最大放电功率比较，放电允许功率取较小值。

3）充电闭锁，充电允许功率为 0。

4）非充电闭锁，充电允许功率与最大充电功率比较，充电允许功率取绝对值较小值。

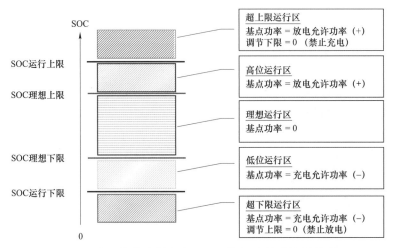

图 7-17 储能电站考虑 SOC 的浮动基点控制模式

7.4 储能参与分区发用电平衡的控制策略

7.4.1 电网分区发用电平衡和断面控制

储能系统在用电低谷存储电能、用电高峰释放电能满足负荷需求，可有效平衡供需波动，是缓解用电峰谷矛盾的有效途径。以一个实际的电网分区负荷特性为例，其早晚两峰特征明显，且平段负荷水平也较高，均需要储能发挥顶峰作用。电网侧储能以"多充多放"的运行模式接受调度指令，如图 7-18 所示，用户侧储能以本地设置的"两充两放"模式参与早、晚两峰调节。

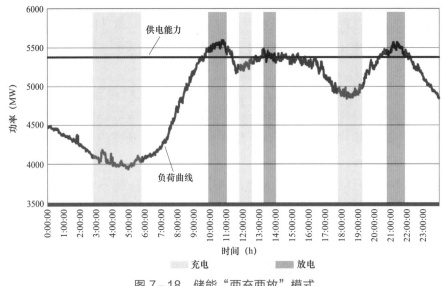

图 7-18 储能"两充两放"模式

储能参与发用电平衡通过调度计划实施,目前各省调日前和实时计划已经考虑了火电机组和燃机的优化协调控制,根据需要完善储能参与优化计算的优化模型和算法,通过储能电站模型管理、储能电站计划数据管理、储能电站运行约束管理、储能电站运营数据查询等功能模块,从外部系统接入储能电站申报的日前、日内运营数据。

考虑储能协调优化的日前发电计划优化编制功能。日前计划方面建立以储能调用成本最小为优化目标、综合考虑储能电站运行,以及新能源消纳、系统平衡、机组运行和电网安全等约束条件的"储能—新能源—常规机组"协调优化的日前发电计划优化模型和算法,实现储能电站、新能源、燃气机组和燃煤机组日前发电计划的协调优化,提升电网新能源消纳能力、调峰能力和安全稳定运行水平。

日内实时计划方面考虑储能协调优化的日内滚动发电计划优化编制功能,综合考虑储能电站运行、系统平衡、机组运行和电网安全等约束条件,通过储能电站、新能源、燃气机组和燃煤机组日内发电计划的协调优化,提升电网新能源消纳能力、调峰能力和安全稳定运行水平。

针对省内重要输电断面安全控制,目前采用基于安全分析的 AGC 闭环控制,目标是通过 AGC 调节发电机有功出力,消除断面越限,使其恢复到正常状态运行;对重载断面,通过 AGC 对机组进行禁上、禁下的预防控制,使其潮流不再增加,防止重载断面的进一步恶化。因此,在安全约束调度的核心是潮流调整的优化计算、灵敏度计算,以及 AGC 闭环控制,同时根据实际电网运行中存在的问题增加工程化处理。

安全约束调度通过优化潮流计算实现稳定断面越限的校正控制,在功能设计上考虑安全约束调度在线周期计算,保证实时监视电网潮流断面越限情况,对于电网处于紧急或警戒状态时能及时提供有效的校正控制措施,且与 AGC 闭环控制模块一起解除电网紧张状态。因此对于安全约束调度模块的设计基于以下几个方面的考虑:

(1)安全约束调度在线计算必须具备优化计算的可靠性,必须具备可靠的实际电网运行实用化条件,满足电网计算条件。

(2)校正控制命令必须是最有效地消除或减缓稳定断面的越限。若实现与 AGC 闭环控制时,校正控制在一定程度上会影响 AGC 的正常控制,因此任何对消除或减缓越限不起作用或者作用不大的控制命令都是不希望的。

(3)AGC 校正控制是连续的增量调节过程,保证安全约束调度有可行解并能有效地减缓稳定断面的越限是问题的关键。如果在每个安全约束调度执行周期内都能有效地逼近限值,最终必然消除越限。

(4)校正控制除了考虑机组出力对稳定断面的灵敏度外,还要考虑机组的调节容量、调节速度等因素。

在总体功能设计上,安全约束调度主要包含基态潮流计算、灵敏度计算、反向等量配对计算、优化潮流计算、AGC 控制。

计及储能的安全约束调度控制流程图如图 7-19 所示。

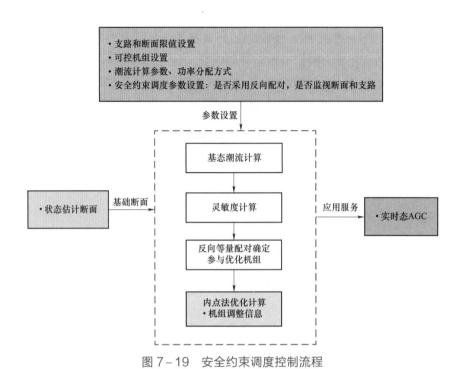

图 7-19 安全约束调度控制流程

安全约束调度使用一种改进的反向等量配对方法,将所有可控机组按照灵敏度大小由大到小排序,而不是按以往的灵敏度算法将所有机组按照灵敏度的绝对值大小降序排列,每次选取灵敏度最大的机组与灵敏度最小的机组进行配对。

反向等量配对法的调整原则是保证系统功率平衡及调整量最小。含义是为每一加出力的机组都找到一个与之配对的减出力的机组,反之亦然;每一配对机组加减出力的值相等。

具体的调整计算过程如下。

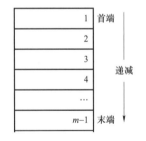

图 7-20 机组排序图

设某支路 l 过负荷,有功可控机组数目为 m,所有可控机组集合为 G。将集合 G 中的机组按照对支路 l 灵敏度数值由大到小的顺序排列,如图 7-20 所示,大的一端称为首端,小的一端称为末端。

将首端机组 1 与末端机组 m 配对。首端机组减出力,灵敏度为 S_{l1};末端机组加出力,灵敏度为 S_{lm}。等量的减机组 1 的出力,加机组 m 的出力,相当于将机组 m 看成平衡机,此时机组 1 对支路的灵敏度为

$$S'_{l1} = S_{l1} - S_{lm} \tag{7-65}$$

因为 $S_{l1} > S_{lm}$,所以 $S'_{l1} > 0$,且 S'_{l1} 的数值与平衡机的选择无关。

若支路的过载量为 ΔP_l,为消除过载所需调整量应为

$$\Delta P'_1 = -\frac{\Delta P_l}{S'_{l1}} = \frac{\Delta P_l}{S_{l1} - S_{lm}} = \Delta P'_m \tag{7-66}$$

实际上,调整量应是下述三者的最小量:首端机组出力的可减量,末端机组出力的可加量,为消除过载所需的调整量。得到

$$\Delta P_1 = \min\left\{\frac{\Delta P_1}{S_{11} - S_{1m}}, \Delta P_1^{\max}, \Delta P_m^{\max}\right\} = \Delta P_m \qquad (7-67)$$

求出 ΔP_1、ΔP_m 后，修正首端机组 1 的可减量、末端机组 m 的可加量及支路越限量。经过一次配对调整，若支路的越限尚未消除，则机组 1、m 中必有一个达到限值者不能再调，则将其从图 7-20 排序中移除。若机组 1 达下限不能再减，则移除，原排序中机组 2 成为新的首端机组；若机组 m 达上限不能再加，则移除，原排序中机组 $m-1$ 成为新的末端机组。如此继续将新的首端机组与末端机组配对，直到消除越限。

由调整计算看出，S_{11}' 的数值与参考节点（平衡机）的选取是无关的，它反映了等量调节配对机组时对支路的实际影响。潮流断面用同样的方法处理。

7.4.2 储能参与分区控制的计算流程

根据负荷高峰期分区断面的控制要求，对分区内的储能站充放电功率进行集中控制。考虑分区内储能站如何参与灵敏度分析计算、建模、安全约束调度目标计算等工作，以及通过正相关或负相关定义分区的平均灵敏度。

为保证分区内各储能电站的控制行为一致，分区断面控制目标分配过程中，采用基于 SOC 比例或优先级分配策略，实时滚动计算分配，以确保各储能站 SOC 的一致性。

其计算流程为：

（1）统计分区内不可控储能电站的有功功率。

（2）将给定的分区控制目标减去不可控储能电站功率总和，即为分区内可控储能电站的总调节容量。

（3）根据分区总调节容量，对各可控储能电站排序，若总调节容量为正，则按照有功功率由小到大顺序排序；若总调节容量为负，则按照有功功率由大到小的顺序排序。

（4）根据排序，对与分区总调节容量反向的储能电站依次调用。

若分区总调节容量大于 0，即放电，储能电站有功功率小于 0，即处于充电状态，则该储能电站的控制目标为

$$P_{\text{des}} = \begin{cases} \min(0, P_{\text{reg}} - P_{\text{gen}}) & (P_{\text{reg}} - P_{\text{gen}}) \geqslant 0 \\ P_{\text{reg}} - P_{\text{gen}} & (P_{\text{reg}} - P_{\text{gen}}) < 0 \end{cases} \qquad (7-68)$$

式中：P_{des} 为储能电站的控制目标；P_{reg} 为分区总调节容量；P_{gen} 为储能电站有功功率。

若分区总调节容量小于 0，即充电，储能电站有功功率大于 0，即处于放电状态，则该储能电站的控制目标为

$$P_{\text{des}} = \begin{cases} \max(0, P_{\text{reg}} - P_{\text{gen}}) & (P_{\text{reg}} - P_{\text{gen}}) \leqslant 0 \\ P_{\text{reg}} - P_{\text{gen}} & (P_{\text{reg}} - P_{\text{gen}}) > 0 \end{cases} \qquad (7-69)$$

（5）分区总调节容量依次减去已调用的储能电站容量，即用 $P_{\text{reg}} - P_{\text{des}}$ 更新分区总调节容量，再返回（4）迭代，直到功率分配结束或没有与分区总调节容量反向的储能电站可供调用为止。

（6）若分区总调节容量仍有剩余，则对所有可控的储能电站进行控制目标的再次计算；各可控储能电站的分配系数为：

若分区总调节容量大于 0

$$k_i = \frac{SOC_{now} - SOC_{min}}{SOC_{max} - SOC_{min}} \qquad (7-70)$$

若分区总调节容量小于 0

$$k_i = \frac{SOC_{max} - SOC_{now}}{SOC_{max} - SOC_{min}} \qquad (7-71)$$

式中：k_i 为储能电站的分配系数；SOC_{max} 为储能电站的 SOC 上限；SOC_{now} 为储能电站的 SOC 实测值；SOC_{min} 为储能电站的 SOC 下限。

（7）若选择优先级分配方式，则对分配系数按照由大到小排序，若分区总调节容量大于 0，各储能电站的按照最大放电功率依次调用；若分区总调节容量大于 0，各储能电站的按照最大充电功率依次调用，直至调用结束。

（8）若选择比例分配方式，则计算分配系数所占比重，计算各储能电站的分配功率，并对分配功率与最大充电功率、最大放电功率进行校验。

（9）按照固定周期滚动计算并更新各储能电站的控制目标。

（10）对各储能电站的基点功率自动更新为控制目标，储能电站控制模式自动转为基点模式（BASEO）。

其流程图如图 7-21 所示。

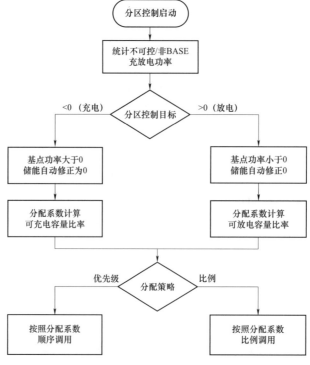

图 7-21　储能参与分区控制的分配数据流程

7.5　储能参与时段电量跟踪的控制策略

储能时段电量控制根据时段电价进行储能蓄能的合理充放控制,达到储能电站经济效益最大化,间接参与电网调峰控制。为符合储能一天"一充一放""两充两放""多充多放"的基本要求、电网侧储能参与电网调频的不同控制要求,通过配置"储能时段控制表",对各储能站的充放电状态、SOC 目标进行配置,如表 7-1 和图 7-22 所示。

表 7-1　　　　　　　　　　　　　储 能 站 时 段 控 制 表

电站类型	时段*	充放状态	SOC 目标(%)	目标预留时间(min)	充放基点**(MW)
锂电池储能	0~8	只充不放	90	30	-5
锂电池储能	8~12	不可控	10	20	0
锂电池储能	12~17	只充不放	90	30	-5
锂电池储能	17~21	不可控	10	20	0
锂电池储能	21~24	可充可放	50	30	0

*　表中时段与储能所在区域分时电价的时段相对应。

**　充放基点功率与储能系统的功率和容量相关。

储能站时段控制表配置了储能的"充放电状态""SOC 目标""目标预留时间"。储能站若选择了相应的充放电策略,则按照该充放电预设的"充放电状态约束""SOC 控制目标""目标预留时间"和"充放电基点"进行控制。其中,"SOC 控制目标"可设置为不启用,若设置为不启用,则该时段不对"SOC 控制目标""充放电基点"进行自动调整。其中:

(1)"充放电状态约束"。用于控制储能的充放电闭锁状态,实际运行中与储能站端上送的充放电闭锁进行综合判断。提供"不可控""只充不放""不充只放""可充可放""不充不放"五种状态。

(2)"SOC 控制目标(%)"。用于控制储能的 SOC 剩余电量目标,在该时段结束之前,将储能的剩余电量控制在该目标值附近。

(3)"目标预留时间(min)"。在定义时段结束之前的"目标预留时间"时段内,应满足"SOC 控制目标"的要求。在该时段内,应确保储能的 SOC 实测值在"SOC 控制目标"附近。

SOC 控制目标采用基点功率滚动跟踪的方式实现。具体实现方式与储能的控制模式相结合。该模式下,"SOC 控制目标"自动修正储能电站的基点功率。

基点功率的计算公式

$$P_{b,i} = P_{i,cap} \frac{SOC_i - SOC_{i,des}}{\eta_i t_{res}} \qquad (7-72)$$

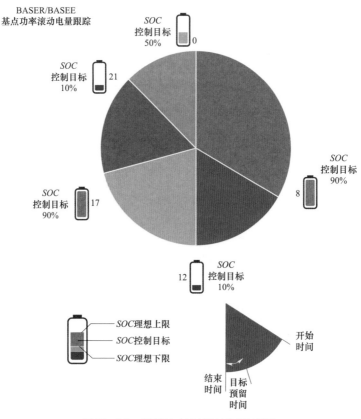

图 7-22　储能电站时段控制示意图

式中：$P_{b,i}$ 储能电站 i 为基点功率；SOC_i 为储能电站 i 的 SOC 实际值（0～1）；$SOC_{i,des}$ 为储能电站 i 的 SOC 目标；$P_{i,cap}$ 为储能电站的装机容量（MWh）；η_i 为储能电站 i 的能量转化效率（0～1）；t_{res} 为储能电站 i 当前时段的剩余时间（min）。

参 考 文 献

[1]　刘维烈. 电力系统调频与自动发电控制［M］. 北京：中国电力出版社，2006.

[2]　高宗和. 自动发电控制算法的几点改进［J］. 电力系统自动化，2001，25（22）：49-51.

[3]　高宗和，滕贤亮，张小白. 互联电网 CPS 标准下的自动发电控制策略［J］. 电力系统自动化，2005，29（19）：40-44.

[4]　黄际元，李欣然，黄继军，等. 不同类型储能电源参与电网调频的效果比较研究［J］. 电工电能新技术，2015，34（3）：49-53+71.

[5]　陈大宇，张粒子，王澍，等. 储能在美国调频市场中的发展及启示［J］. 电力系统自动化，2013，37（1）：9-13.

[6]　胡泽春，谢旭，张放，等. 含储能资源参与的自动发电控制策略研究［J］. 中国电机工程学报，2014，34（29）：5080-5087.

［7］　Zhang F，Hu Z，Xie X，et al. Assessment of the effectiveness of energy storage resources in the frequency regulation of a single－area power system[J]. IEEE Transactions on Power Systems，2017，32（5）：3373－3380.

［8］　李建林，王上行，袁晓冬，等．江苏电网侧电池储能电站建设运行的启示［J］．电力系统自动化，2018，42（21）：1－9＋103＋10－11.

第 8 章

规模化储能的调度控制系统

大量的分布式储能电站并入电网后,通过对众多的分布式储能开展主动控制和有序管理,可以实现分布式储能在电网中的规模化聚合,不但能够显著发挥储能在局部电网的多功能应用,同时可为电网提供容量可观的调节资源。

电网调度控制中心侧的调度控制结合对储能的调峰、调频、备用和需求响应的定位,满足储能电站接入后的监视、运行和控制要求,可实现储能的经济化运行、断面潮流安全控制、有功协调控制、分区无功电压优化的调度集中控制、分布式聚合控制。本章主要介绍部署在调度控制中心侧的储能控制系统。

调度主站侧储能调度控制结合电网侧储能的调峰、调频、备用和需求响应的定位,满足储能电站接入后的监视、运行和控制要求。本章主要介绍部署在电网调度控制中心侧的储能系统有功控制软件和无功控制软件。软件系统可实时计算各储能电站的有功和无功出力设定值,并分别下发至接入 AGC 和 AVC 控制的储能电站,储能电站监控系统合理分配有功和无功值给站内可调度的 PCS 执行。本章最后简要介绍了部署在储能电站侧的监控系统架构及其与其他系统数据的交互网络关系。

8.1 调度主站系统架构

8.1.1 系统功能架构

调度主站侧储能控制软件(以下简称"储能控制软件")应部署在电网调度控制系统上,利用统一的模型、数据、CASE、网络通信、人机界面、系统管理等服务,实现含储能在内的有功、无功功率监视及控制。

当前的电网调度控制系统一般包括四个方面的内容。

(1)实时监控与预警类应用实现对电力系统稳态运行状态的监视、控制、分析和评估,实现电力系统动态运行状态的监视、分析和预警,以及稳态、动态、二次设备等实时信息的综合利用,为保证特高压大电网安全稳定经济运行提供更加全面和完善的监视、分析、控制手段和工具。

(2)调度计划类应用能够综合考虑电力系统的经济特性与电网安全,为调度计划的需求预测、计划编制、评估分析、电能计量、考核补偿、结算管理和申报发布等全过程提供全面技术支持。

（3）安全校核类应用主要是为检修计划、发电计划和电网运行操作提供校核手段，是对各种预想运行方式和实时运行方式下的电网进行安全分析。

（4）调度管理类应用主要为调度机构日常调度生产管理作支撑，主要包括生产运行、专业管理、综合分析与评估、信息展示与发布、内部综合管理五个方面的应用，通过调度管理类应用实现调度生产管理的专业化、规范化和流程化。

储能控制软件应与实时监控与预警类应用中常规 AGC、AVC 和新能源控制软件一同构成完整的主站侧有功无功控制功能，与其他类应用的关系如图 8-1 所示。

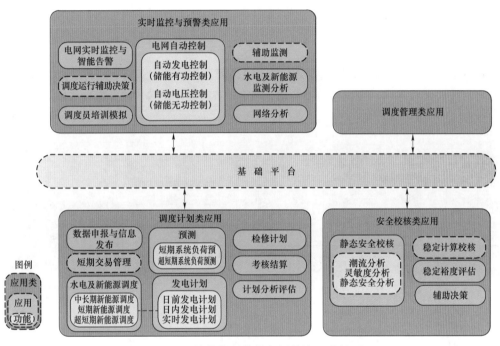

图 8-1　储能控制软件与其他应用类关系

储能控制软件根据调度控制系统的建设要求，可以集成常规 AGC 或新能源 AGC 功能，作为储能控制子模块增加储能相关的建模、控制模式、分配策略和测试功能，也可以作为独立功能部署，对所辖储能电站进行集中控制。

储能控制软件应同时具备信息收集和控制执行的功能：获取实时监视与智能告警应用的电网稳态运行数据和设备告警信息，网络分析的电网实时运行方式数据，限额管理应用的电压限额等数据，以及调度计划类应用的储能电站发电计划和省间或区域间交换计划；储能控制相关的控制指令通过实时监视下发至储能电站监控系统，并将指令和运行信息发送至运行分析评价用于储能电站的考核与性能评估。储能控制软件的组成及数据逻辑关系如图 8-2 所示。

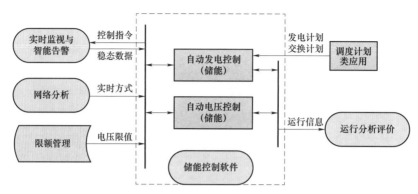

图8-2 储能控制软件功能组成及数据逻辑关系

8.1.2 系统硬件架构

调度主站侧储能监控系统硬件设备主要包括前置服务器、SCADA 服务器、AGC/AVC 服务器、数据库服务器、数据接口服务器、网络设备和工作站等。硬件架构如图8-3所示。

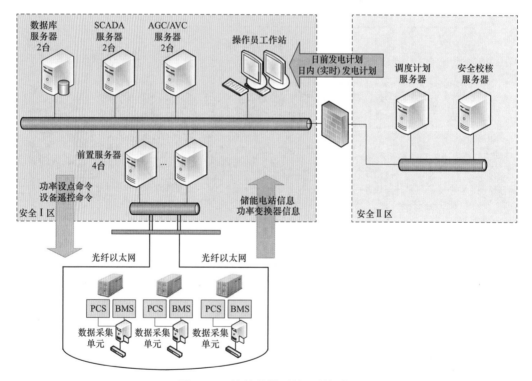

图8-3 储能监控系统硬件架构

储能监控系统的硬件设备可以依靠智能电网调度控制系统的设备,按照设备的运行状态,在确保系统可靠运行的基础上,合理安排系统所需应用的分布。主要的要求包括:

(1)实时数据的采集利用数据采集服务器,接收来自储能电站的实时运行数据,完成数据采集、处理以及前置通信等功能。

（2）数据监视利用 SCADA 服务器实现系统的稳态和动态数据实时监视、事件和报警处理、遥控和遥调、预警和分析、实时数据库管理等功能。

（3）储能控制利用 AGC/AVC 服务器实现控制建模、实时数据处理、区域控制、无功优化计算、储能电站有功和无功控制等功能。

（4）信息的存储、统计和查询功能的数据主要读取系统的数据库服务器来完成。

（5）储能监控系统需要在操作员工作站上实现对储能电站的监视和控制操作，并在报表工作站上提供符合用户需求的统计分析报表。

8.2　储能系统的有功控制软件

8.2.1　控制架构

储能有功功率控制一般由调度主站、调度数据网通道和储能电站计算机监控系统组成。调度主站侧储能 AGC 功能运行于电网调度中心的控制系统，实时计算各储能电站的有功出力设定值，并下发至接入 AGC 控制的储能电站。储能电站由数据通信网关机与调度机构通信，上传 AGC 控制相关的实时信息，接收调度主站下发的有功控制指令。储能电站监控系统根据控制模式和储能电站运行情况，合理分配输出功率值并发送至 PCS 执行。储能有功控制架构如图 8-4 所示。

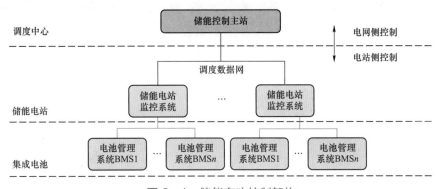

图 8-4　储能有功控制架构

调度控制主站是整个控制系统的核心，其通信、配置以及功能如下：

（1）通信方面。调度控制主站与外部系统（如调度计划系统等）可通过以太网连接实现通信，通过标准化接口建设实现数据传输的无缝连接，既可以接受外部的预测信息、调度指令等，又可为外部系统提供相应的数据支撑。

（2）配置方面。开发的所有功能软件模块最终都应集成在现有的自动化系统平台之中，实现对储能电站的有功控制。

（3）功能方面。储能有功控制系统应周期性地获取储能电站的相关信息，包括实际出力、最大放电功率、最大充电功率、SOC 量测、充放电闭锁信号等，对储能电站采取相应的控制策略。主站控制系统应具备开环和闭环两种工作模式，开环模式不下发控制指令，只具备监视和统计功能，只有在闭环模式下才下发控制指令到储能电站。

8.2.2 控制建模

储能有功控制对象为储能电站监控系统，建模可参考常规 AGC 机组的建模方法，按照"控制区-电厂控制器-储能电站"的发电模型建模，如图 8-5 所示。控制区是具有电气边界的封闭电气系统，也可以是由多台机组出线组成的独立电源割集；电厂控制器对应机组或场站的调功装置，即储能电站的监控系统，独立的控制指令接收单元；储能电站为储能电站的并网点，可根据储能电站监控系统建设需要，将多个并网点分别建模或统一建模；控制分区为储能电站的附加属性，由多个储能电站按照确定规则组合而成。

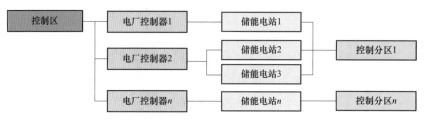

图 8-5 储能有功控制模型

以江苏省为例，调节功率分配采用分组分配策略，江苏省内的储能电站全部属于"江苏控制区"，与江苏省内的火电、燃机同属一个控制区。增加"电网侧储能组"，与目前"火电组""燃机组"并列，共同参与控制区 ACE 调整。"储能组"通过设置"组调节模式"（正常或紧急模式）、"正紧急门槛"和"负紧急门槛"，组间的升降优先级等参数，确定该组何时参与调整。储能站通过设置所属分组，参与所属分组的控制目标分配。储能站、储能组和控制区的对应关系如图 8-6 所示。

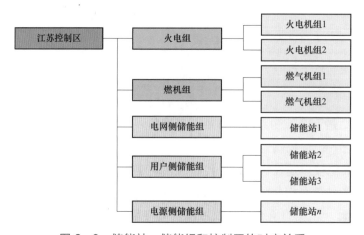

图 8-6 储能站、储能组和控制区的对应关系

储能站的"分区断面控制"与"分组控制"独立,"分区断面控制"仅控制分区下储能站的基点功率,"分组控制"是在功率分配时,按照分组原则确定储能站的调节功率。储能站的目标功率来源于基点功率和调节功率,其构成成分来源如图 8-7 所示。

图 8-7 储能电站的目标功率来源

考虑到储能装置并非真正电源(不具备发电能力,仅对能量进行存储与转换),但具有充电与放电工况等特殊发电特性,因此需要对储能的特殊属性进行处理:

(1)储能量测数据处理。储能充电时,是从电网注入电能,其功率量测为负值。储能功率量测支持对负数量测的接入。

(2)调节上/下限处理。储能具有充/放电两种运行工况,其调节范围与常规机组不同,包含非正向区间。对储能调节上/下限的设置及校验增加对负数的支持,同时避免误判造成闭锁或误控。调节上限使用的接入量测为最大放电功率允许值,调节下限使用的接入量测为最大充电功率允许值。

(3)SOC 量测。当前储能电站的剩余电量水平(百分比)。

(4)SOC 上限/下限。当前储能电站允许的 SOC 上限和 SOC 下限。若 SOC 当前值低于下限,对储能电站执行放电闭锁;若 SOC 当前值高于上限,对储能电站执行放电闭锁。

(5)开停机判断。储能电站功率可正可负,仅支持使用开停机信号进行开停机判断。

(6)控制指令的处理。AGC 控制指令受调节范围、调节步长等约束,对其正负并无特殊要求,但为保证负数指令的顺利下发,遥调数据类型采用"短浮点数",若为"归一化值",需要在下行设点信息表中对截距与斜率均做好维护工作。

针对储能控制对象,应在常规机组 AGC 模型基础上,增加如表 8-1 所示属性。

表 8-1   储能电站控制模型扩充信息表

新增属性	说明
发电类型	增加对储能的支持
储能 SOC 测点	储能系统需实时上送 SOC 信息
储能 SOC 实际值	储能 SOC 当前值
储能 SOC 上限测点	储能系统需实时上送 SOC 上限信息
储能 SOC 上限实际值	储能 SOC 下限实时值
储能 SOC 下限测点	储能系统需实时上送 SOC 下限信息
储能 SOC 下限实际值	储能 SOC 当前值
最大充电功率允许值测点	储能系统需实时上送最大充电功率允许值

新增属性	说明
最大充电功率允许值	最大充电功率允许值
最大放电功率允许值测点	储能系统需实时上送最大放电功率允许值
最大放电功率允许值	最大放电功率允许值
最大充电功率可用时间测点	储能系统需实时上送最大充电功率可用时间
最大充电功率可用时间	最大充电功率允许值
最大放电功率可用时间测点	储能系统需实时上送最大放电功率可用时间
最大放电功率可用时间	最大放电功率可用时间
充电闭锁信号测点	储能系统需实时上送充电闭锁信号值
充电闭锁信号值	充电闭锁信号值
放电闭锁信号测点	储能系统需实时上送放电闭锁信号值
放电闭锁信号值	放电闭锁信号值
充电完成信号测点	储能系统需实时上送充电完成信号值
充电完成信号值	充电完成信号值
放电完成信号测点	储能系统需实时上送放电完成信号值
放电完成信号值	放电完成信号值

对于储能系统，场站端应提供如表8-2所示实时信息。

表8-2　　　　　　　　　　储能系统需上送的实时量测

测点名称	单位	遥测/遥信
有功目标反馈值	kW	遥测
SOC 量测	%	遥测
SOC 上限	%	遥测
SOC 下限	%	遥测
最大充电功率允许值	kW	遥测
最大放电功率允许值	kW	遥测
有功功率实际值	kW	遥测
充电完成		遥信
放电完成		遥信
是否允许控制信号		遥信
AGC 控制远方就地信号		遥信
充电闭锁		遥信
放电闭锁		遥信
调度请求远方投入/退出保持信号		遥信

8.2.3　系统功能

图 8-8 展示了在控制区（省级调度中心）的"储能功率控制"界面，该界面主要包括分区断面信息、储能电站列表、运行曲线和时段电量。

分区断面控制为储能电站的集群控制，主要用于调峰和断面控制，储能电站可以选择是否参与分区控制、所属的分区等参数。

当储能电站的"分区"修改为"是"，"所属分区"修改为"访晋分区"，则该储能电站可在"访晋分区"有控制需求时，参与分区控制。

分区断面控制包括控制参数和统计信息两个部分。如图 8-9 所示。左侧为分区的 SOC 实测值，为属于当前分区的储能电站的剩余总电量和总容量的比例。

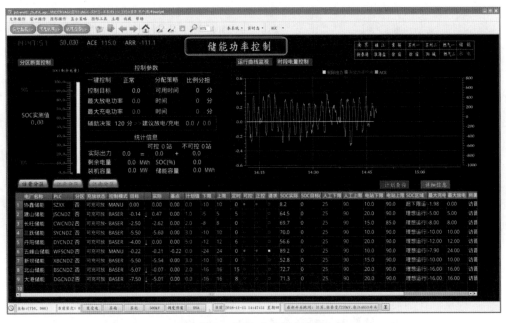

图 8-8　储能功率控制界面

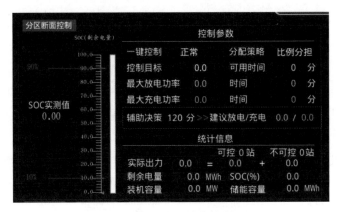

图 8-9　电网分区储能控制界面

（1）控制参数包括：

1）一键控制：提供"正常""一键充电""一键放电"，可手动修改。

其中，"正常"为不参与一键控制；"一键放电"当前分区的储能电站修改为"DISC"控制模式，以最大放电功率放电；"一键充电"当前分区的储能电站修改为"CHRG"控制模式，以最大充电功率充电。

2）分配策略：提供"比例分担"和"优先级"两种分配策略，可手动修改。"比例分担"按照 SOC 比例分配"控制目标"设定功率；"优先级"按照 SOC 排序，按照调节步长分配"控制目标"设定功率。

3）控制目标：为分区的充、放电控制目标，正值表示放电，负值表示充电，该值由调度员手动设置和修改，请参考"最大放电功率"和"最大充电功率"进行设置。

"控制目标"与"一键控制"只能取其一，"一键控制"为紧急控制，"控制目标"指定目标的控制，"一键控制"为"正常"时，"控制目标"不等于 0，才能生效。当"控制目标"设定后，所有可控储能电站将自动转为 BASEO，参与分区的紧急控制。基点功率由分区控制目标分配得到。"控制目标"设定为 0，则各储能电站退出分区控制，恢复到缺省模式。

4）可用时间：分区按照"控制目标"进行充放电时，能够提供的最大可用时间，由后台根据各储能电站的上送信息滚动优化计算。

5）最大充电功率：可控的储能电站的最大充电功率累加。

6）最大放电功率：可控的储能电站的最大放电功率累加。

7）辅助决策：由调度员输入当前分区储能运行状态下预计放电时间"××分钟"，后台滚动计算得出 "建议放电/充电"功率。

（2）统计信息包括：

1）实际出力：包含可控和不可控储能电站的实际出力。

2）可控、不可控电站数：电站分类统计个数。

3）剩余电量：可控储能电站的剩余总电量，根据 SOC 计算各储能电站电量，然后累加得到。

4）SOC（%）：由可控储能电站的剩余总电量、储能容量计算得到。

5）装机容量：可控储能电站的总装机容量（MW）。

6）储能容量：可控储能电站的总装机容量（MWh）。

储能电站采用 SCHER 模式，在跟踪发电计划的基础上参与 ACE 调整。当计划值有效时，相关控制模式可直接在界面设置，调度直接将储能电站的控制模式修改为"SCHER"即可。

储能电站采用 BASER 模式，在跟踪基点功率的基础上参与 ACE 调整（见图 8-10）。基点功率由来源于预定义的时段 SOC 控制目标，由后台滚动计算得到。运行过程中，SOC 目标值会根据"控制时段表"自动更新，会看到基点滚动更新；若无时段定义，则 SOC 目标为 0，基点自动为 0。

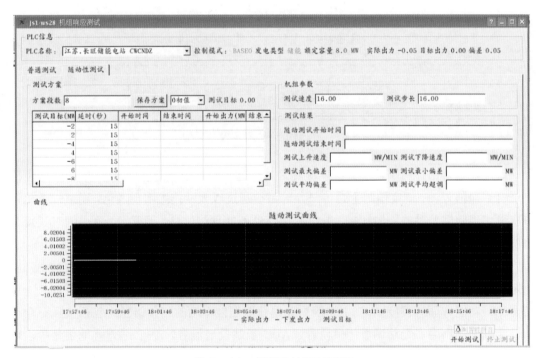

	电厂名称	PLC	分区	充放状态	控制模式	目标	实际	基点	计划值	下限	上限	定时	可控	正控	需求	SOC实际	SOC目标	人工下限	人工上限	电站下限	电站上限	SOC区域	最大充电	最大放电	所属
1	协鑫储能	SZXX	否	可充可放	MANU	0.00		0.00	0.0	-10	10	0	*			8.2	0	25	90	10.0	90.0	超下限运	-1.98	0.00	访问
2	建山储能	JSCNDZ	否	可充可放	BASER	-0.14	0.47	0.00	1.0	-5	5	5				64.5	0	25	90	20.0	90.0	理想运行	-5.00	5.00	访问
3	长旺储能	CWCNDZ	否	可充可放	BASER	-2.50	-2.62	0.00	2.0	-8	8	0				69.7	0	25	90	15.0	85.0	理想运行	-8.00	8.00	访问
4	三跃储能	SYCNDZ	否	可充可放	BASER	-5.50	-5.60	0.00	3.0	-10	10	0				70.0	0	25	90	20.0	90.0	理想运行	-10.00	10.00	访问
5	丹阳储能	DYCNDZ	否	可充可放	BASER	-4.00	0.00	0.00	5.0	-12	12	6				56.6	0	25	90	20.0	90.0	理想运行	-12.00	12.00	访问
6	五峰山储能	WFSCND	否	可充可放	MANU	-0.22	-0.21	-0.22	0.0	-24	24	0	*	*	■	89.2	0	25	90	20.0	90.0	理想运行	-7.90	24.00	访问
7	新坝储能	XBCNDZ	否	可充可放	BASER	-5.50	-5.54	0.00	3.0	-10	10	0				52.8	0	25	90	15.0	90.0	理想运行	-10.00	10.00	访问
8	北山储能	BSCNDZ	否	可充可放	BASER	-5.07	-0.07	0.00	2.0	-16	16	15				72.7	0	25	90	20.0	90.0	理想运行	-16.00	16.00	访问
9	大港储能	DGCNDZ	否	可充可放	BASER	-7.50	-5.01	0.00	3.0	-16	16	0				71.3	0	25	90	20.0	90.0	理想运行	-16.00	16.00	访问

图 8-10　储能电站控制列表

提供了测试工具对储能的充放电控制和指令跟踪性能进行测试,测试过程记录和测试数据自动存储在历史库,可以通过历史数据查询工具,查询到相关历史数据。

可通过"AGC 主画面""机组性能测试"画面点击"测试工具"会自动弹出该工具界面;也可以通过控制台,手动输入 unittest 调出该工具。储能电站测试界面如图 8-11 所示。

图 8-11　储能电站测试界面

从"PLC 名称"列表中选择要测试的厂站;若 PLC 为储能电站,会自动在随动性测试标签页,匹配"0 初值"和"Pn 初值"的测试方案,根据需要从中选择。

测试方案包含 8 段的充放电控制目标,可以对其中的延时和控制目标进行在线修改。

点击"开始测试"储能电站将自动按照预设的方案跟踪控制指令,并在测试结束后统计相关测试结果。

179

8.3 储能系统的无功控制软件研发

8.3.1 控制架构

储能无功电压控制一般由调度 AVC 主站、调度数据网通道和储能电站计算机监控系统组成，调度主站 AVC 实时计算各储能电站的无功/电压设定值，并下发至接入 AVC 控制的储能电站。储能电站由数据通信网关机与调度机构通信，上传 AVC 控制相关的实时信息，接收调度主站下发的无功电压控制指令。储能电站监控系统应具备 AVC 功能，根据控制模式和储能电站运行情况,采用协调分配控制策略计算储能机组的无功功率分配值并发送至 PCS 执行。储能无功电压控制架构如图 8-12 所示。

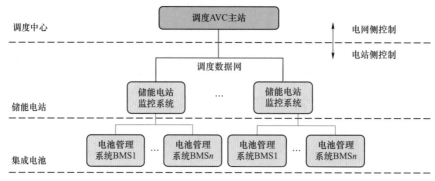

图 8-12 储能无功电压控制架构

调度控制主站是整个控制系统的核心，其通信、配置以及功能如下：

（1）通信方面。调度控制主站可与外部系统通过以太网连接实现通信，通过标准化接口建设实现数据传输的无缝连接，既可以接受外部的预测信息、调度指令等，同时又可为外部系统提供相应的数据支撑。

（2）配置方面。开发的所有功能软件模块最终应集成在现有的调度 AVC 主站中，实现对储能电站的无功电压控制。

（3）功能方面。调度 AVC 主站应周期地获取储能电站的相关信息，包括实际有功出力、实际无功出力、无功调节闭锁信号、AVC 子站投退信号、AVC 远方就地信号等，对储能电站采取相应的控制策略。调度 AVC 主站控制系统具备开环和闭环两种工作模式，开环模式不下发控制指令，只具备监视和统计功能，只有在闭环模式下才下发控制指令到储能电站。

8.3.2 控制建模

储能无功电压控制对象为储能电站 AVC 子站，调度 AVC 主站对储能电站 AVC 子站下发高压侧母线电压目标值或无功目标值，建模可参考常规 AVC 电厂的建模方法，按照

"电厂控制器—控制母线—储能电站等值机"的网络模型建模，电厂控制器对应储能电站的 AVC 子站。储能电站内部拓扑接线示意图如图 8-13 所示。

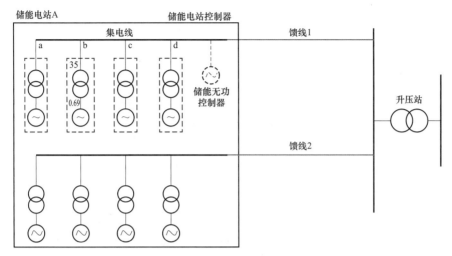

图 8-13　储能电站内部拓扑接线示意图

调度 AVC 主站需要在储能电站主变压器低压侧建立虚拟等值机。建立虚拟等值机模型有以下几种方式，可根据需要选择合适的建模方式。

（1）储能电站主变压器低压侧建立一台虚拟等值发电机，将该主变压器下的储能变流器、SVG/SVC 动态无功补偿装置等值成一台虚拟发电机。并该主变压器下储能变流器和 SVG/SVC 动态无功补偿设备的有功、无功、可增/可减无功等信息汇总到虚拟等值发电机。

（2）储能电站主变压器低压侧建立一台虚拟等值发电机，将该主变压器下的储能变流器等值成一台虚拟发电机。并将该主变压器下储能变流器的有功、无功、可增/可减无功等信息汇总到虚拟等值发电机。再将该主变压器下的 SVG/SVC 动态无功补偿装置建成等值发电机模型，单独上送 SVG/SVC 的遥测、遥信信息。

（3）储能电站主变压器低压侧按照汇集线建立虚拟等值发电机，每条储能汇集线建立成一台等值发电机，并将该汇集线下储能变流器的有功、无功、可增/可减无功等信息汇总到虚拟等值发电机。再将该主变压器下的 SVG/SVC 动态无功补偿装置建成等值发电机模型，单独上送 SVG/SVC 的遥测、遥信信息。

考虑到储能装置既可发容性无功也可发感性无功，因此需要对储能系统标识特殊属性并做特殊处理。

（1）储能量测数据处理。储能装置发出容性无功时，定义无功功率量测为正值，储能装置发出感性无功时，定义无功功率量测为负值。

（2）无功调节上/下限处理。综合考虑储能装置运行工况，满足储能装置安全运行的条件下，储能装置的最大允许无功功率值。无功调节上限使用的接入量测为最大允许容性无功功率值，无功调节下限使用的接入量测为最大允许感性无功功率值。

（3）开停机判断。对于储能系统，由于其有功出力可正可负，停用采取开停机门槛判断其开停机状态的方法，仅支持使用开停机信号进行开停机判断。

（4）控制指令的处理。AVC 控制指令受调节范围、调节步长等约束，对其正负并无特殊要求，但为保证负数指令的顺利下发，建议遥调数据类型采用"短浮点数"，若为"归一化值"，需要在下行设点信息表中对截距与斜率均做好维护工作。

8.3.3　控制模式

调度 AVC 主站侧应实现变电站、电厂、新能源场站和储能电站协调控制，一方面确保电网电压满足电压安全运行要求；另一方面，确保储能电站有足够的动态无功资源来应对扰动。

目前，基于电网无功分层分区平衡特点和复杂控制系统的分级递阶控制原理，国内外电网自动电压控制（AVC）系统一般采用分级协调电压控制体系，在电网分区基础上实现目标、空间、时间三维分解协调的无功电压实时闭环控制，具体包括：

（1）第一级电压控制即厂站控制，由 AVC 子站来实现，通过协调控制本厂站内的无功电压设备，满足第二级电压控制给出的厂站控制指令。

（2）第二级电压控制具备分区控制决策功能，通过协调控制本分区内的无功电压设备，给出各厂站的控制指令。其目标是将中枢母线电压和重要联络线无功控制在设定值上，保证分区内母线电压合格和足够的无功储备。控制周期可由用户设置，一般为 1～5min。

（3）第三级电压控制具备全网在线无功优化功能，通过优化给出各分区中枢母线电压和重要联络线无功的设定值，输出给第二级电压控制使用。其目标是在安全前提下降低全网网损。无功优化可周期启动，周期可从 15 分钟到 1 小时，也可定时启动，可由用户设置。

储能电站 AVC 子站侧协调控制储能电站内的储能变流器、SVC/SVG 等各类无功资源，保证各种控制对象无功出力的均衡合理。正常情况下，储能电站 AVC 子站按照调度 AVC 主站下发的电压/无功指令进行无功出力调节。紧急情况下，储能电站 AVC 子站自主进行无功出力调节，并向调度主站上送闭锁信息，避免调度 AVC 主站干扰储能电站 AVC 子站。储能电站 AVC 子站应具备就地电压/无功控制功能。当超过一定时间无法接收到调度 AVC 主站下发的控制指令时，应自动切换到就地控制模式。

8.3.4　控制策略

AVC 系统基于平台一体化设计，数据库/人机界面/网络通信/系统管理等基于基础平台设计，其软件层次结构如图 8-14 所示。

AVC 系统包括控制灵敏度分析等软件模块，各主要模块功能及其相互间数据交换如下：

（1）状态估计和基态潮流。状态估计和基态潮流计算是 AVC 网络分析支撑软件。

（2）控制灵敏度分析。控制灵敏度分析从状态估计获取电网运行状态，基于 PQ 分解法逐次计算发电机无功、容抗器投切以及储能电站无功对母线电压的控制灵敏度。

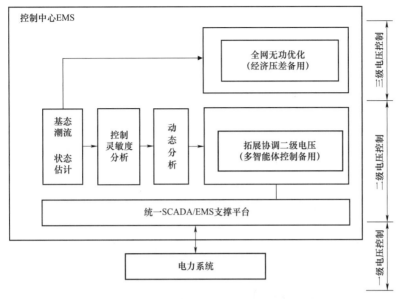

图 8-14 省级电网 AVC 软件层级结构示意图

（3）动态分区。将电网结构按照电气距离划分形成 AVC 控制区域模型，每个控制区域是一组电压耦合紧密的母线和若干代表整个区域电压水平的中枢母线，各区域内部有足够的无功储备以便进行电压控制。电气距离根据控制灵敏度定义，控制灵敏度越大，则电气距离越小。在计算控制灵敏度时，考虑储能电站无功调节响应特性。

（4）二级电压控制。二级电压控制是主站 AVC 软件核心和关键，以安全性为主要控制目标，基于动态分区给出的控制区域，从 SCADA 获取中枢母线电压等关键量测，从控制灵敏度分析获取 Q/V 灵敏度，在传统协调二级电压控制模型基础上进行扩展，实现区域内无功设备协调控制，保证区域中枢母线电压在设定范围内，尽量减少区域内无功流动和区域对外无功交换，提供多智能体控制作为拓展协调二级电压控制的备用。在二级电压控制模型中，将储能电站建模为控制机组，在充分利用光储能站无功调节能力的基础上，从区域角度对发电机组及储能电站等多无功源进行协调控制，减少电网造成的电压波动。

（5）三级电压控制。三级电压控制以经济性为主要控制目标，从状态估计获取全网实时数据，利用全局信息进行优化，协调全网无功潮流达到经济分布，输出结果为全网若干中枢母线电压幅值设定值（或联络线无功潮流设定值），提供经济压差控制策略作为全网无功优化的备用。在优化计算模型中，计及储能电站并网特性进行潮流计算；在储能电站参与调度有功紧急出力快速调整的时段，动态调整三级电压控制周期。

基于"离散设备优先动作，连续设备精细调节"的原则，统一考虑连续调节手段（具有无功调节能力的水火电机组、风电机组、光伏逆变器、储能变流器、SVC/SVG）和离散调节手段（电容、电抗、OLTC）控制的协调配合，充分利用储能系统紧急情况下的快速无功功率支撑能力，实现储能电站参与电网的无功电压协调控制。控制逻辑为：

（1）当储能电站并网点母线电压满足电压上下限范围要求时，储能电站 AVC 子站进入定无功或定电压控制模式，响应主站下发的无功/电压调节指令，参与系统级电压控制。

（2）当储能电站并网点母线电压超过限值要求，储能电站 AVC 子站自动切入定电压控制模式，通过 AVC 子站的调节等手段，优先保证电压满足要求，保证储能电站并网安全运行。

（3）紧急情况结束电网进入新的稳态后，启动储能电站、电厂、变电站和新能源的协调控制，通过发电机、电容抗器、新能源与储能电站的无功置换，使得储能电站无功尽快恢复到设定值附近，确保储能电站有足够的向上向下无功调节裕度，来应对系统扰动。

8.4 电网侧规模化储能监控系统

储能监控系统架构如图 8-15 所示。各子站就地监控系统实现各储能单元的管理；通过站控层通信网和监控主站相连，监控主站通过站控层网关机同调度数据网连接，实现同省调、地调、互联电网安稳控制系统、营销系统连接，实现 AGC、AVC、源网荷互动、需求侧响应等功能。

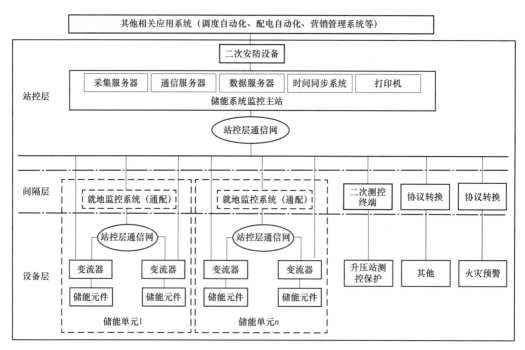

图 8-15 储能监控系统架构

储能电站监控系统和其他系统数据交互网络如图 8-16 所示。

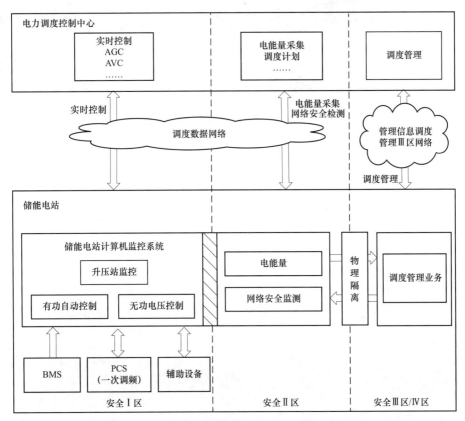

图 8-16 储能电站监控系统和其他系统数据交互网络

第 9 章

电网侧储能示范运行

随着储能技术的进步和成本的降低，国内外已有一些电网侧储能系统示范和商业应用的案例。本章将以江苏镇江 101MW/202MWh 电网侧储能项目为例，介绍储能电站并网测试的项目和测试方法，并给出相应测试项目的测试结果。接着，本章对镇江地区 8 座电网侧储能电站自 2018 年 7 月 18 日投运以来的运行成效进行了分析，包括调峰、调频、光储协调和调压的运行模式以及在运行模式的实际效果，并统计了储能电站整理运行的指标。最后，本章从储能电站验收注意事项、运行管理经验和改进措施等方面对镇江储能项目的运维管理情况进行了分析和总结。

9.1 工 程 概 况

江苏电网是华东电网的重要组成部分之一，江苏电网东衔上海、南邻浙江、西接安徽。近年来，江苏电网负荷保持较快增长，是国家电网公司系统内首个用电负荷连续两年突破 1 亿 kW 的省级电网。预计"十三五"末风电、光伏装机均将超过 1000 万 kW，风光清洁能源占全省装机容量比例达到 16.6%；2017 年江苏最高区外来电达到 2331 万 kW，预计"十三五"末区外来电将达到 3700 万 kW，区外来电占全省装机容量比例达到 27.3%。

随着江苏省内可再生能源规模化发展，电网峰谷差持续加大，重大节假日电网调峰能力逼近极限，电力系统灵活性不足。同时，特高压"强直弱交"结构带来的安全风险逐步显现，多回直流换相失败闭锁将造成大功率缺额，严重影响电网安全稳定运行。

为保障大电网安全运行、提升电网平衡能力和调节能力、推动清洁能源发展，江苏建设了大规模"源网荷储"友好互动系统。随着雁淮、锡泰特高压直流相继建成投运，江苏省外清洁能源入苏容量进一步增长，"源网荷储"系统可化解特高压电网运行带来的风险，使大电网故障应急处理时间从分钟级缩短至毫秒级，为提前应对大面积停电事件提供支撑手段和重要资源。

"源网荷储"系统在频率紧急控制中发挥重要作用，当特高压直流发生闭锁故障时，华东电网整体功率缺额较大，系统频率跌落严重。通过快速切负荷功能在 650ms 内切除苏州 100 万 kW 可中断负荷，在发电机一次调频、AGC 作用前实施完毕，能够提高频率稳定性。随着区外来电占比的不断增加，特高压直流闭锁事故后的频率跌落情况将日益严重，因此对毫秒级可调节功率的需求将增加。

电化学储能具备毫秒级快速、稳定、精准的充放电功率调节特性，能够提升电网瞬时、短时和时段三个平衡能力，是升级打造"源网荷储"系统的重要手段。根据电网需求，通过优化电化学储能的控制策略，能够在特高压直流闭锁后瞬时提升功率输出，配合毫秒级可中断负荷对系统频率稳定性进行支撑。

2017 年，由于镇江谏壁电厂 3 台 33 万 kW 机组关停，且丹徒燃机 2 台 44 万 kW 机组因故无法按计划建成投运，经调度预测，采取运行方式调整措施后，2018 年夏季高峰访晋分区仍存在 22 万 kW 左右的电力缺口。2019 年夏高前该分区无新增电源，即使大港变电站（简称大港变）如期建成，分区仍处于紧平衡状态，镇江东部供电紧迫形势短期内可能持续存在。

相较于建设燃机电站和输变电项目，储能电站建设周期短、布点灵活，是探索解决访晋分区供电能力不足问题的重要途径，同时可扩充江苏"源网荷储"系统响应规模。为此，江苏公司启动实施了镇江 101MW/202MWh 电网侧储能项目。

项目主要利用退役变电站场地、在运变电站空余场地及租用社会工业用地，共包括 8处站址，总规模为 101MW/202MWh。单个储能电站容量在 5～24MW 之间，采用磷酸铁锂电池和储能预制舱设计方案，各储能站点信息如表 9-1 所示。项目建设周期约 2 个月，于 2018 年 7 月全部建成投运，是当时世界最大规模电网侧电池储能项目。

表 9-1　　　　　　　　　　　镇江电网侧储能各站点信息

序号	名称	地点	功率/容量	用地
1	镇江新区大港储能项目	镇江新区	16MW/32MWh	利用 110kV 大港变电站空余场地
2	镇江新区五峰山储能项目	镇江新区	24MW/48MWh	租用五峰山变电站外空余场地
3	镇江新区北山储能项目	镇江新区	16MW/32MWh	租用出口加工区空余场地
4	镇江丹阳建山储能项目	丹阳	5MW/10MWh	利用 110kV 建山变电站空余场地
5	镇江丹阳储能电站	丹阳	12MW/24MWh	利用 220kV 丹阳变电站外空余场地
6	镇江扬中三跃储能项目	扬中	10MW/20MWh	利用退役 35kV 三跃变电站
7	镇江扬中长旺储能项目	扬中	8MW/16MWh	利用退役 35kV 长旺变电站
8	镇江扬中新坝储能项目	扬中	10MW/20MWh	利用 110kV 新坝变电站空余场地
合计	—	—	101MW/202MWh	

9.2　储能电站并网调试

9.2.1　测试项目和方法

储能电站储能设备启动调试主要开展储能设备的启动/停机，功率控制能力测试和转换时间测试。测试仪器包括 Dewetron、Dewesoft 录波器和储能电站 PMU。

9.2.1.1　储能电站的启动/停机测试

具体的测试项目如下：

（1）储能电站监控系统下发变流器启动指令，检查变流器是否正常启动。

（2）监控系统设置储能系统按小功率充电运行 1min，然后直接转放电运行 1min，检查储能变流器和电池状态是否正常，测录储能系统并网点和变流器交流出口处的充电、放电电流/电压波形。

（3）储能电站监控系统下发变流器停机指令，检查变流器是否正常停机。

（4）储能系统启动/停机试验完毕，试验过程应无任何异常。

9.2.1.2　储能电站功率控制能力测试

（1）增加有功功率的调节能力测试方法。储能电站增加有功功率的调节能力测试步骤如下：

1）设置储能系统有功功率为 0，功率因数设为 1。

2）如图 9-1 所示，逐级调节有功功率设定值至 $-0.25P_N$、$0.25P_N$、$-0.5P_N$、$0.5P_N$、$-0.75P_N$、$0.75P_N$、$-P_N$、P_N，各个功率点保持至少 30s，在储能系统并网点和 1号变流器交流出口处测量时序功率；以 0.2s 为采样周期，记录有功功率平均值实测值，绘制曲线。

3）以每次有功功率变化后的第二个 15s 计算 15s 有功功率平均值。

4）计算 2）各点有功功率的控制精度。

（2）降低有功功率的调节能力测试方法。储能电站降低有功功率的调节能力测试步骤如下：

1）设置储能系统有功功率为 P_N，功率因数设为 1。

2）如图 9-2 所示，逐级调节有功功率设定值至 $-P_N$、$0.75P_N$、$-0.75P_N$、$0.5P_N$、$-0.5P_N$、$0.25P_N$、$-0.25P_N$、0，各个功率点保持至少 30s，在储能系统并网点和 1 号变流器交流出口处测量时序功率；以每 0.2s 有功功率平均值为一点，记录实测曲线。

3）以每次有功功率变化后的第二个 15s 计算 15s 有功功率平均值。

4）计算 2）各点有功功率的控制精度。

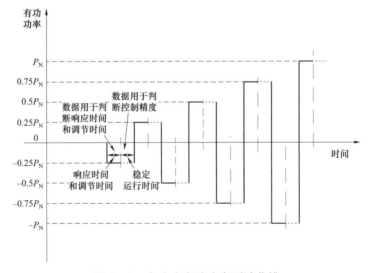

图 9-1　有功功率升功率测试曲线

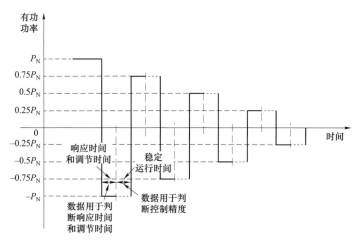

图 9-2　有功功率降功率测试曲线

（3）充电模式下无功功率调节能力的测试方法。储能电站在充电模式下，对其无功功率调节能力的测试步骤如下：

1）监控系统设置储能系统充电有功功率为 P_N。

2）监控系统调节储能系统运行在输出最大感性无功功率工作模式。

3）在储能系统并网点和 1 号变流器交流出口处测量时序功率，至少记录 30s 有功功率和无功功率。以每 0.2s 功率平均值为一点，计算第二个 15s 内有功功率和无功功率的平均值。

4）监控系统分别调节储能系统充电有功功率为 $75\%P_N$，$50\%P_N$，$25\%P_N$ 和 0，重复步骤 2）～3）。

5）监控系统设置储能系统充电有功功率为 P_N。

6）调节储能系统运行在输出最大容性无功功率工作模式，重复步骤 3）～4）。

（4）放电模式下无功功率调节能力的测试方法。储能电站在放电模式下，对其无功功率调节能力的测试步骤如下：

1）监控系统设置储能系统放电有功功率为 P_N。

2）监控系统调节储能系统运行在输出最大感性无功功率工作模式。

3）在储能系统并网点和 1 号变流器交流出口处测量时序功率，至少记录 30s 有功功率和无功功率，以每 0.2s 功率平均值为一点，计算第二个 15s 内有功功率和无功功率的平均值。

4）监控系统分别调节储能系统放电有功功率为 $75\%P_N$，$50\%P_N$，$25\%P_N$ 和 0，重复步骤 2）～3）。

5）监控系统设置储能系统充电有功功率为 P_N。

6）监控系统调节储能系统运行在输出最大容性无功功率工作模式，重复步骤 3）～4）。

9.2.1.3 转换时间测试

储能电站由充电到放电状态转换时间的测试方法如下：

1）监控系统设置储能系统输出功率为0，监控系统设定以额定功率充电，运行1min以上。

2）监控系统向储能系统发送额定功率放电指令，记录从额定功率充电到额定功率放电时间 t_1。

3）重复1）～2）两次，充电到放电转换的调节时间取3次测试结果的最大值。

9.2.2 测试结果

以下给出了对镇江三跃储能电站的测试结果，该电站的储能规模为10MW/20MWh。

9.2.2.1 储能电站的启动/停机测试

启动调试时三跃储能电站无一键启停机功能，采用群控方式下发储能电站启动和停机命令，储能电站启动后待机，然后以20%充电和20%放电，启停工作正常，无异常告警。三跃储能电站启停波形如图9-3所示。

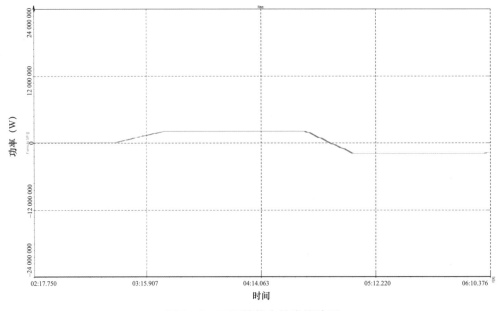

图 9-3 三跃储能电站启停波形

9.2.2.2 储能电站功率控制能力测试

储能电站功率控制测试主要是整站的有功控制精度和响应时间是否满足并网运行标准要求，无功输出能力测试主要是了解电站储能变流器的无功输出能力，为后续储能电站建设提供技术参考。

由于储能功率控制下发到储能变流器，其功率出口为400V，测量点为10kV升压变压器高压侧，中间有升压变压器损耗，影响储能功率控制精度分析。目前未获得变压器的各功率段效率数据，根据变压器的空载损耗近似计算储能电站的控制精度。

三跃储能电站规模为 10MW/20MWh，录波装置设定储能放电为负，充电为正。图 9-4、图 9-5 分别给出了提升和降低有功功率调节能力的测试结果。

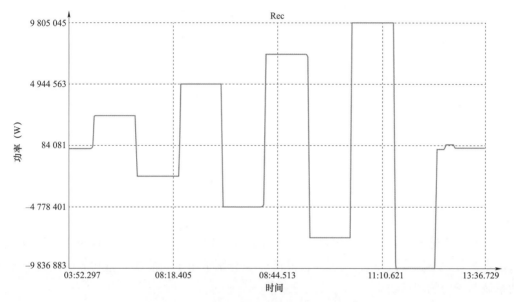

图 9-4　三跃储能电站有功波形（升功率）

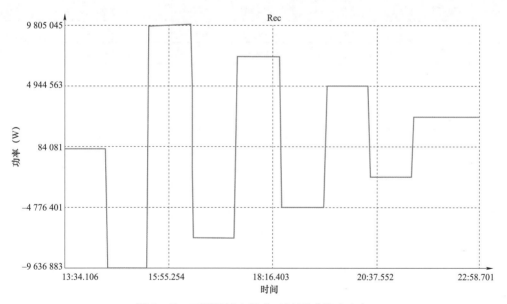

图 9-5　三跃储能电站有功波形（降功率）

以三跃储能电站监测并网点功率控制变流器输出，不做功率修正。表 9-2 给出了在不同起始功率下储能电站提升和降低功率的最大偏差。储能电站充电为正，放电为负，有功功率控制充电最大偏差 2.9%，放电最大偏差 4.4%。

表 9-2   三跃储能电站有功控制能力

值	升功率实测值（kW）	降功率实测值（kW）	功率最大偏差（%）
0	-141	-143	0
-25%P_n	-2423	-2390	-4.4
25%P_n	2470	2439	-2.4
-50%P_n	-4833	-4836	-3.3
50%P_n	4919	4860	-2.8
-75%P_n	-7276	-7270	-3.1
75%P_n	7361	7285	-2.9
-100%P_n	-9633	-9636	-3.7
100%P_n	9789	9811	-2.1

9.2.2.3　无功功率调节能力测试

无功功率输出能力测试主要是了解电站储能变流器的无功输出能力，为后续的运行提供技术参数，不做考核要求。表 9-3 和表 9-4 分别给出了储能在充电和放电模式下无功功率调节能力的测试结果。

表 9-3   无功功率调节能力测试（充电模式）

有功功率（kW）	感性无功（kvar）	容性无功（kvar）
5000	2691	2329
3750	2600	2397
2500	2547	2435
1250	2535	2443
0	2552	2431

表 9-4   无功功率调节能力测试（放电模式）

有功功率（kW）	感性无功（kvar）	容性无功（kvar）
-5000	2923	2095
-3750	2798	2203
-2500	2682	2380
-1250	2605	1351
0	2553	2431

储能电站有功输出时间测试采用站内 PMU 录波数据，记录从额定功率充电到额定功率放电时间，录波数据如图 9-6 和图 9-7 所示。储能额定功率充电转放电起始时间为 11:13:56:480，达到额定功率放电时间为 11:13:56:580，从额定功率充电到额定功率放电转换时间为 100ms。

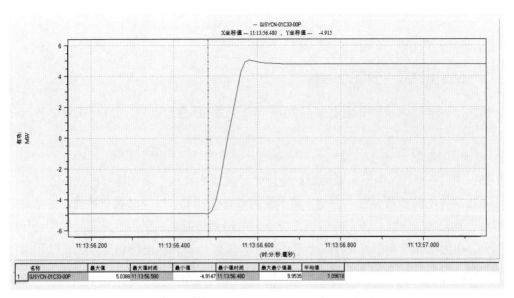

图 9-6　三跃储能电站转换时间（额定功率充电）

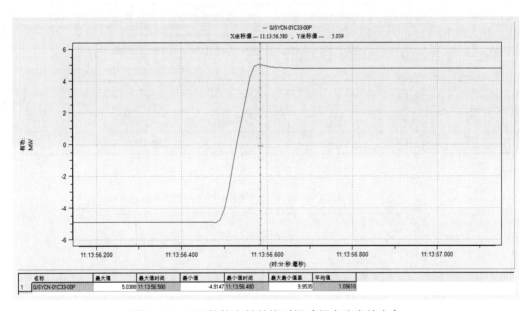

图 9-7　三跃储能电站转换时间（额定功率放电）

9.2.2.4　测试结论

根据以上测试结果，三跃储能电站储能设备调试结论如下：

（1）三跃储能电站储能设备启动/停机工作正常，满足运行要求。

（2）三跃储能电站储能设备有功功率控制充电最大偏差 2.9%，放电最大偏差 4.4%，满足运行要求。

（3）三跃储能电站额定功率充电到额定功率放电转换时间为 100ms，满足运行要求。

9.3 运 行 成 效

9.3.1 储能电站运行模式介绍

镇江地区 8 座电网侧储能电站自 2018 年 7 月 18 日投运以来，已成功实践多种运行模式。

9.3.1.1 调峰模式

2018 年 7~9 月，电网侧储能电站使用"日前调度计划"调峰运行模式。通过对访晋分区镇江东部电网负荷特性的分析，其早晚两峰特性明显，以晚峰负荷最高，且腰荷时段负荷水平也较高。因此，在正常运行工况下，电网侧储能电站采用"两充两放"运行模式参与早、晚用电高峰调节，发挥移峰填谷作用，缓解访晋分区电网供电压力，以丹阳储能电站为例，具体计划表如表 9-5 所示，有功值曲线如图 9-8 所示。

表 9-5　　　　　　　　　　丹阳储能电站充放电计划表

开始时间	结束时间	功率（MW）	充电电量（MWh）	放电电量（MWh）	SOC
2:00	6:00	−6	充至 SOC 上限为止		
10:00	11:00	12		12	40%
11:30	13:00	−9	充至 SOC 上限为止		
20:45	22:15	12		18	15%
全天			现场统计为准	30	
SOC 闭锁值			20%~90%		

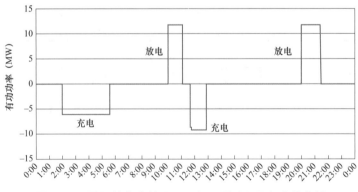

图 9-8　丹阳储能电站 2018 年 7 月 30 日有功值曲线

9.3.1.2 调频模式

2018 年 10 月开始，电网侧储能电站充分利用其调节快速的特点，为电网提供调频服务，如图9-9所示。

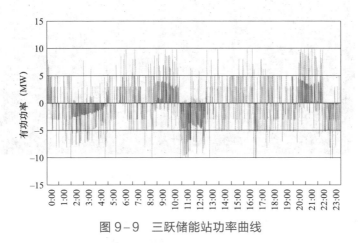

图9-9 三跃储能站功率曲线

储能电站参与大电网一次调频，根据现场实测情况来看，储能电站从 90%额定功率充电转换到 90%额定功率放电的时间最大为 100ms，最小为 40ms，平均为 70ms，极短的响应时间满足就地一次调频的性能需求。镇江储能电站一次调频由 PCS 就地实现，PCS 具备频率采集能力，频率死区为（50±0.05）Hz，限幅值 80%，转速不等率 0.25%，稳定运行时间为 1~3min，具体如图9-10所示。

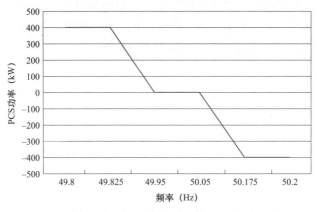

图9-10 长旺储能站一次调频曲线

此外，8 座电网侧储能电站全部完成 AGC 联网试验，参与大电网二次调频，并设置响应优先级：源网荷（硬接点）≥一次调频≥AGC。从现场定功率实测效果来看（如图9-11所示），AGC 跟踪曲线几乎与指令曲线重合，调节反向、调节偏差及调节延迟等问题几乎可以忽略，在响应速度与调节精度上均远超火电机组的调节性能，表现出极佳的调频性能。

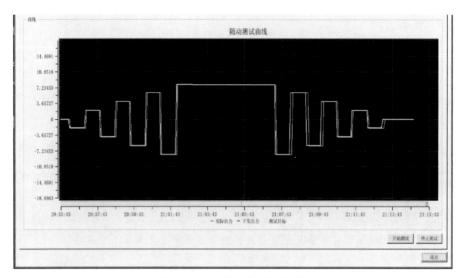

图 9-11　定功率测试曲线

9.3.1.3　光储协调模式

2019 年春节期间，在镇江扬中地区开展储能与光伏的协调控制技术研究。从扬中地区春节期间的用电负荷和光伏发电历史负荷曲线来看（如图 9-12 所示），该地区用电负荷"两峰两谷"特征明显，其中"晚峰"负荷远高于"早峰"负荷，夜间低谷和中午低谷负荷存在交替。由于光伏发电负荷高峰一般出现在晴天中午，正好处于节日期间负荷的中午低谷时段，特别在天气晴朗、光照较好时，光伏发电负荷大幅上升，冬季气温升高导致用电负荷（特别是空调负荷）大幅下降。而扬中地区由于光伏装机容量较大，在春节期间日照充足的情况下，局部区域会短时间出现发电负荷大于用电负荷，导致主变压器潮流出现反送现象。

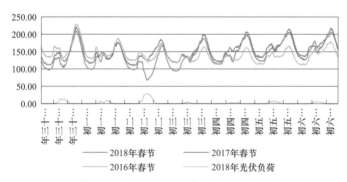

图 9-12　扬中地区春节调度用电及光伏发电历史负荷曲线（MW）

因此，在 2019 年春节期间，扬中地区储能电站按照"日前调度计划"，采用"一充一放"运行模式，即 11:00～13:00 进行充电，20:00～22:00 进行放电。

9.3.1.4　紧急控制模式

储能参与电网紧急控制，既包括响应大电网事故后的紧急控制，也包括分区电网主设备故障后的及时调控。发挥储能启动时间短、控制响应快、调节精度高的特点，优先使用源网荷系统控制储能电站，可达到减少储能充电负荷，同时为电网提供额外电源支撑的双重功效。根据现场实测，储能电站平均充放电转换时间70ms，通过将8座储能电站全部接入"源网荷"系统，可提升毫秒级精准切负荷容量最多达202MW（充电快速转放电），促进系统向"源网荷储"友好互动升级。

目前，全部8座电网侧储能电站均已接入源网荷友好互动系统。在电网侧储能电站设计伊始，即明确了对储能电站参与江苏电网源网荷友好互动系统的要求。鉴于切负荷的快速性需要，以及站端监控系统与PCS通信的时延，选择将源网荷终端的精准切负荷指令直接发送给PCS（如图9-13所示）。由于大规模储能系统为多组PCS并联出力，如实现快速最大出力放电，则需要对每组PCS进行同时控制。因此需要终端具备多组开出出口，确保每组PCS均可接收源网荷控制指令。为减少快速切负荷造成电池系统或PCS的故障，源网荷终端需同时与站端监控系统通信，告知站端监控系统当前的源网荷切负荷状态，一旦储能电站设备发生异常可确保设备退出到安全模式。由于负荷恢复过程无快速性要求，则恢复部分功能转至站端监控系统承担。

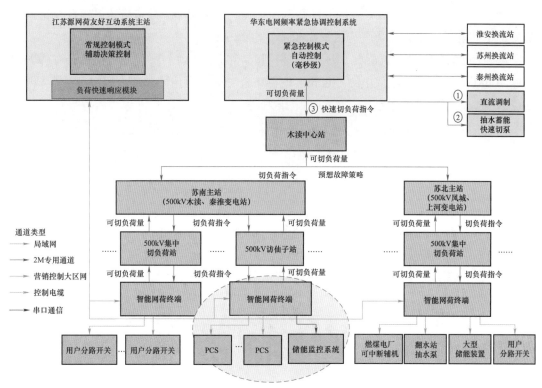

图9-13　江苏源网荷储友好互动系统结构图

9.3.1.5　调压模式

镇江电网侧储能电站全部接入AVC系统，根据调度主站下发的AVC调节指令，利用储能电站SVG和PCS实现无功电压调节。目前，8座储能电站共投运14台SVG，总计

47Mvar。AVC 闭环控制考虑的主要因素包括：

（1）避免 PCS 无功调节影响有功出力，优先应用储能电站 SVG，在 SVG 补偿不足时投入 PCS 平抑电压波动。

（2）PCS 参与无功控制时要求参与调节的储能站 SOC 值在正常值上下限范围内。

AVC 根据上级变电站侧电压上下限和无功上下限，考虑功率因数优化，得出计算值，给出一个优化指令值，每隔 5min 将指令值下发至储能站调节，储能站 10s 后重新计算指令值与实时值差值，判断是否在死区区间。若在死区范围内，不再调节，若在死区范围外，继续无功或电压调节。

9.3.2 储能电站运行成效分析

9.3.2.1 迎峰度夏调峰成效

镇江 2018 年夏季共出现三轮高温天气，分别为 7 月 24～26 日、8 月 6～11 日和 8 月 14～16 日。三轮高温期间，访晋分区镇江东部高峰时段最大网供负荷均超过 1980MW，利用储能在高峰时段放电顶峰，将访晋分区镇江东部受电有效降低到 1900MW 左右（电网侧储能属于统调电厂，访晋分区镇江东部统调电厂只有储能，故访晋分区镇江东部网供负荷等于储能发电出力与访晋分区镇江东部受电的总和）。

以镇江 2018 年最大负荷日 8 月 10 日为例（如图 9-14 所示），通过储能在晚峰时段以近 100MW 的功率持续放电约 90min，使得访晋分区受电电力由 1997.56MW 最大降为 1912.26MW，有效缓解了镇江东部的供电压力。

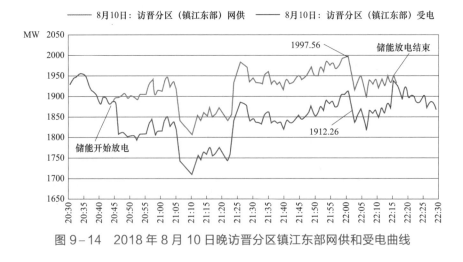

图 9-14　2018 年 8 月 10 日晚访晋分区镇江东部网供和受电曲线

储能电站自 2018 年 7 月 18 日整体投运至 2018 年迎峰度夏结束（9 月底），按照日前调度计划下达的充放电曲线运行，共完成充电 157 次、放电 149 次，最大充电功率 94.59MW、最大放电功率 99.38MW，取得了良好的效果。

9.3.2.2 调频成效

储能电站参与江苏电网 ACE 调整，能够与常规火电、燃气机组共同参与省内不平衡功率的调整，尤其用于调整冲击负荷引起的功率波动和毛刺，通过优化储能的调节分配策略，减少对火电调频资源的过度依赖和调频调用容量，优化电网控制行为，提升频率和联络线控制水平。通过储能与常规火电机组联合运行，解决传统火电 AGC 机组调节速率慢、折返延迟和调节精度低的缺点，提高常规 AGC 机组的深度调峰能力和市场经济效益，改善电网整体调频能力。

镇江电网侧储能电站于 2018 年 9 月 30 日 16:00 投入 AGC 运行，储能电站跟踪效果良好，有效地提升了江苏省调 CPS1 指标。

目前江苏省调 AGC 采用分组优先级控制策略，根据机组类型划分为火电组、燃机组、储能组，各控制组控制优先级及控制策略如表 9-6 所示。

表 9-6　　　　　　　　　　机组类型及控制策略

机组类型	优先级	组调节模式	机组控制模式
储能组	1	紧急调节（120MW）	SCHER
燃机组	2	正常调节	SCHEE
火电组	3	正常调节	AUTOR

区域调节需求（ARR）超出 120MW 时，储能参与调节功率分配。储能电站采用 SCHER 模式进行控制，以计划值为基点功率，同时参与 ACE 调整。储能站的控制参数如表 9-7 所示。

表 9-7　　　　　　　　　　镇江电网侧储能电站控制参数

名称	容量（MW）	控制死区（MW）	最大命令（MW）	调节步长（MW）	紧急调节步长（MW）	命令间隔（s）	SOC 上下限值
建山储能	5	0.5	3	2	3	20	25%～90%
长旺储能	8	0.5	5	2.5	4	20	25%～90%
三跃储能	10	0.5	5	3	5	20	25%～90%
丹阳储能	12	0.5	5	4	6	20	25%～90%
五峰山储能	24	0.5	5	8	12	20	25%～90%
新坝储能	10	0.5	5	3	5	20	25%～90%
北山储能	16	0.5	5	5	8	20	25%～90%
大港储能	16	0.5	5	5	8	20	25%～90%

同时，储能站控制增加相关逻辑，避免储能直接在充电状态和放电状态之间翻转，储能电站整体功率曲线如图 9-15 所示。

由于 CPS2 指标反映的是 10min ACE 累加值，与电网备用、开机方式、机组跳闸、特殊节日等有密切关系，具有较强的典型性和特殊性，不利于分析储能电站投入 AGC 后的效果分析，因此本次只分析储能电站投入 AGC 后对 CPS1 指标的影响。

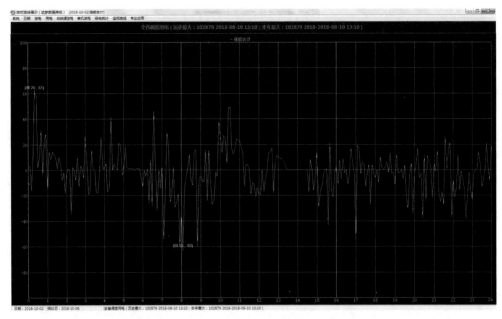

图 9-15　镇江电网侧储能电站"SCHER"运行模式日功率曲线（10 月 2 日）

在储能电站投入 AGC 之前，2017、2018 年 1～9 月江苏电网日均 CPS1 指标分别为 137.1、136.9，区别不是很明显，如图 9-16 所示。

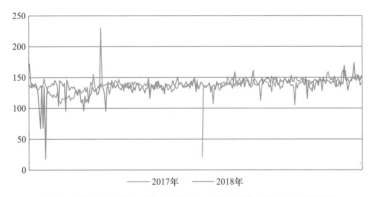

图 9-16　2017、2018 年 1～9 月日均 CPS1 对比图

镇江电网侧储能电站于 2018 年 9 月 30 日 16:00 投入 AGC 运行，模式为"SCHER"。投入 AGC 后，江苏电网 CPS1 指标上升明显，如图 9-17 所示。

2018 年国庆期间江苏电网的 CPS1 指标较往年同期数值明显提升。2015～2018 年江苏电网 CPS1 对比图如图 9-18 所示。

9.3.2.3　春节期间光储协调控制成效

如图 9-19 所示，镇江扬中地区大年三十（2 月 4 日）至新春初二（2 月 6 日），由于天气晴朗、光照较好，光伏发电负荷大幅上升，光伏发电负荷高峰均出现在中午时刻，正好处于春节期间扬中用电负荷的中午低谷时段，其"反调峰"特征非常明显。年初三（2月7日）至年初六（2月10日）由于雨雪天气降临，导致光伏发电负荷大幅下降，用电负荷也随空调负荷开始上涨，"反调峰"特征消失。

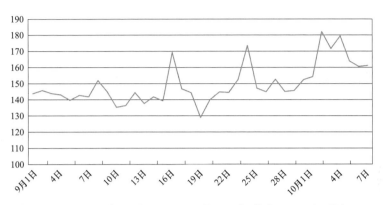

图 9-17　2018 年 9 月 1 日～10 月 7 日江苏电网 CPS1 指标

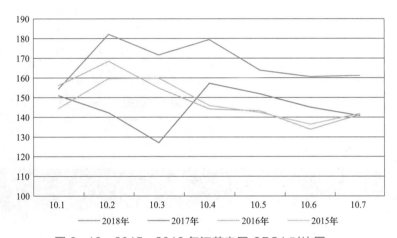

图 9-18　2015～2018 年江苏电网 CPS1 对比图

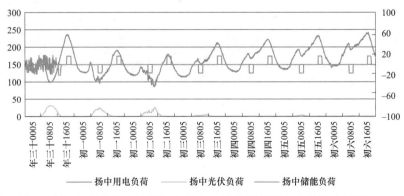

图 9-19　2019 年春节扬中地区调度用电、光伏及储能负荷曲线（MW）

扬中地区电网侧储能电站有共 3 座，总计 28MW/56MWh，通过它们的协调控制，有效缓解了扬中电网光伏发电"反调峰"带来的压力，充分发挥了储能电站削峰填谷作用，达到了预期的控制效果。此外，利用储能的持续充放电能力，以及充放电状态的快速切换性能，还可以平滑新能源发电的波动性；配合扬中"绿色能源岛"的建设，有利于提高整个扬中地区新能源的渗透率和消纳率。

2019 年春节期间镇江 8 座储能电站最大充电功率 57MW，最大放电功率 50MW，最大调峰电力 107MW，累计调峰 7 次，相当于 21 台次 30 万 kW 级燃煤机组深度调峰（40%调峰深度）所提供的调峰资源；累计下网电量 958MWh，上网电量 816MWh，按春节期间机组深度调峰平均申报电价 600 元/MWh 标准，累计节省全省深度调峰补偿费用约 106 万元，经济效益良好。

9.3.2.4　调压成效

当前镇江地调储能电站的接入方式均为间接接线方式，储能电站通过地调的电力网络连接到省调网络，其电气距离和省调电网较远，因此省调 AVC 主站仅仅根据储能电站内的运行信息形成独立的控制策略，以某储能电站的无功控制策略为例来说明。如图 9-20 所示，亮绿色实线为当前无功，红色实线为无功目标值；浅绿色实线为当前电压，暗红色虚线为电压设定上限，暗蓝色虚线为电压设定下限。从图中可以看出：

（1）0:00～8:00，由于储能电站升压站内高压侧母线的电压较为正常，因此其无功目标值和当前无功值相吻合。

（2）8:00～14:00，负荷高峰期，储能电站内变流器投入，无功出力有所增加，而升压站高压侧母线电压越限，此时省调 AVC 对储能电站生成一个较小的无功目标值，使储能电站在无功限值范围内尽量吸收无功，降低电压水平。

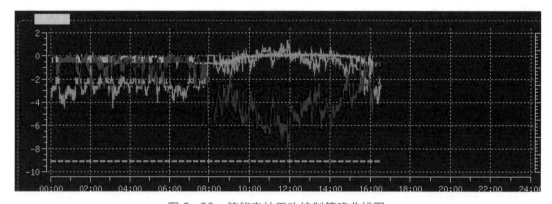

图 9-20　储能电站无功控制策略曲线图

以北山储能电站 10kV I 段母线为例（如图 9-21 所示），采用电压自动控制模式，检测当前实时电压值 10.41kV，判断在合理母线电压范围内（10.1～10.65kV）。调度主站计算得出电压值 10.43kV，生成指令值 10.44kV，在 2019 年 4 月 3 日 22:20 电压指令下发至北山储能子站，子站计算指令值与实时值差 0.03kV，未超过设定死区值 0.1kV，无须进行电压调节。从图 9-22 来看，采用电压自动控制以后，母线电压保持在合格范围内，维持了电压稳定。

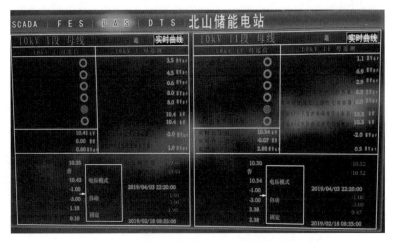

图 9-21 北山储能电站电压无功控制界面图

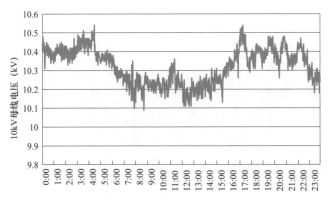

图 9-22 2019 年春节扬中地区调度用电、光伏及储能负荷曲线（MW）

9.4 运 维 管 理

9.4.1 储能电站验收阶段注意事项

（1）储能新设备验收。储能电池、电池管理系统（BMS）、变流器（PCS）、SVG（静止无功发生器）应严格按照《电网侧储能电站储能设备验收规范》相应的设备验收卡进行验收。其中储能电池出厂后带有 50%左右的残压，安装调试及验收过程中要做好相应的安全措施，确认作业人员的人身安全。BMS 采集的电池电压、温度等遥测量信息需要上传至本地后台，实现远程实时监测电池相关数据。PCS 舱通过风机散热，温度高时将影响 PCS 输出功率，故 PCS 舱风机进出风口处的滤网应方便更换，同时，PCS 舱及设备本体应能上送环境温度及模块温度等重要数据。SVG 功率单元及电抗器柜柜门与 SVG 高压开关之间应可靠闭锁。

（2）预制舱验收。预制舱内部空调、照明、视频以及屏柜等辅助设施应满足相应的防爆等级。预制舱舱体及构架等金属表面应进行防腐处理,满足预制舱金属技术监督相关标准。预制舱的舱顶建议采用坡顶设计,防止排水不及时造成舱顶锈蚀渗水,对运行设备造成影响。预制舱的保温隔热性能应满足设备运行要求,防止冬季内外温差大造成预制舱内壁形成大量冷凝水,建议在预制舱出厂前预留相应照明、消防探头、视频等孔洞,避免后期施工穿线破坏预制舱隔热保温层。

(3)消防验收。镇江 8 座储能电站并网投运时采用的是七氟丙烷灭火系统,当防护区发生火情时,感温、感烟探测器发出火灾告警信号。通过火灾自动报警装置的逻辑分析后,发出灭火指令,启动容器阀,释放灭火剂。后期在七氟丙烷灭火系统的基础上,增加了 H_2 和 CO 监测系统,每个电池舱内部安装 4 个 H_2 和 CO 监测探头,一旦任意两个探头 H_2 或 CO 浓度达到动作值,则启动 BMS 保护跳开该预制舱内电池组总直流断路器。后期的储能电站消防还增加细水雾灭火系统,这三套系统之间的动作逻辑和顺序需要进行严格的验证。

(4)隐蔽工程验收。储能电站预制舱采用半地下层设计,底部通过电缆孔洞与公共电缆沟相连。公共电缆沟如果排水不畅造成积水,容易形成倒灌。而预制舱底的半地下层排水口如果设置较高,无法将公共电缆层内倒灌至预制舱底部的电缆层的雨水排出。同时,因预制舱底部长期积水造成预制舱底部铁皮锈蚀,对预制舱的承重产生影响,对人员的人身安全造成隐患。验收时建议在公共电缆沟加装排水泵,保证公共电缆沟不造成积水。同时尽量保证半地下层高度高于公共电缆沟高度,避免造成积水倒灌的情况。

9.4.2 储能电站运行管理经验

(1)制定规范标准,填补行业空白。在国网江苏省电力公司设备管理部指导下,国网镇江市电力公司组织编制了《电网侧储能电站设备验收规范》《电网侧储能电站标准化建设规范》《电网侧储能电站检修规程》,并与中国电科院合作编制《电网侧储能电站通用运行规程》,明确储能电站投运及生产准备过程中的相关要求,确定储能电站运行及检修过程中的相关标准,为电网侧储能电站运检工作提供可靠依据,保障储能电站安全稳定运行,充分发挥储能电站调峰、调频以及事故应急响应等作用。此外,国网镇江市电力公司还组织运维室、储能电站运维人员以及储能设备专家共同探讨编制了《电网侧储能电站专用运行规程》和储能电站典型"两票",应用于储能电站实际运行,取得了良好的效果。

(2)创新管理模式,实现过程把控。为规范储能电站运检管理,保障储能电站安全稳定运行,镇江市电力公司分别制订《电网侧储能电站运检管理方案》和《电网侧储能电站运维方案》。其中创新性地提出了"日汇报、周督查、月例会"的运检管理机制。日汇报是指储能电站运维单位每日 17:00 前向属地供电公司运维检修部报送储能电站运行日报,主要包含当日工作完成情况、重大异常及故障处理情况、明日主要工作安排等内容。周督查是指属地供电公司运检部组织运维、检修人员每周对所在区域储能电站开展一次督察巡视,并将督察巡视情况通报至运维单位,同时上报省公司运检部。月例会是指属地供电公司运检部每月召开月度运行分析会,储能电站运维单位汇报设备运行情况、需要协调解决的困难和遗留缺陷处理情况，属地公司专业部室、各县公司相关人员参加会议，通报储能电站日常运检工作中存在的问题，协调解决存在的困难。

（3）开展培训评比，促进储能运维。定期组织储能电站运维单位人员开展运检业务技能培训，主要包含设备巡视、两票三制、倒闸操作、设备检修、事故异常处理及消防、信息网络安全等内容，持续提升储能电站人员业务技能水平。定期对储能电站运维情况进行标准化和精益化管理综合评比，进行综合排名，评选出优秀储能电站并报送省公司和各业主单位。运检部将储能电站运维质量考核结果纳入区域运维班所在部门指标，结合业绩考核对各部门进行奖惩，部门对所在班组进行奖惩。

9.4.3　储能电站运行建议改进措施

（1）储能电池信号分层分级。储能电站投运以来，储能电池异常信号量庞大，通过运行以来的分析，发现储能电池在充电和放电的末端会发出大量过压和欠压告警信号，而这些信号不影响储能电池正常运行，故建议对 BMS 发出的电池告警信息进行分层分级，提高运维人员工作效率。

（2）改进储能电站相关设计。储能电站全部设备应满足远程操作要求，同时可通过相应传感器实现远程检查核对工作，实现与现场设备"互联"。储能电站应采用双站用变压器供电，其中至少一路采用外部电源，提高供电可靠性。储能电站应按照新建变电站标准采取强排水设计，提高防汛水平。

（3）完善验收流程，增加出厂验收等重要环节。镇江储能电站建设和验收时间相对紧张，正式验收前未进行出厂验收，所以现场部分问题没有在出厂前得到解决，导致有些缺陷一直遗留存在，对现场运维检修造成影响。建议后期储能电站验收前进行有针对性的出厂验收，满足现场运维检修工作需求。同时通过出厂验收，主业人员能够对储能设备有更深层次的了解，为后期投运验收提供强有力的支撑。

第 10 章

电网侧储能分析与展望

前序章节主要介绍了规模化储能在电网中多种应用的优化配置、模块化设计、优化调度与控制、监控系统平台以及电网侧储能实际效果分析等问题。随着可再生能源发电装机容量的增长、储能技术的进步以及电力市场化改革的深度推进，预计储能在电网中的应用具有广阔的前景。然而，当前的电网侧储能应用面临商业模式不清晰、经济效益评估不全面等问题。本章将首先介绍国内外储能应用的商业模式，其次给出电网侧储能的经济性评价方法和典型应用的评估结果。最后，本章将对电网侧储能的发展及相关政策机制进行展望。

10.1 电网侧储能商业模式分析

10.1.1 当前国外储能商业模式

得益于不断开放的电力市场，储能技术在各领域的商业化应用程度不断提高。通过参与电力市场服务，储能可获得更高的收益回报，但也面临着市场所带来的风险。在电力市场化进程中，电网企业盈利模式发生重大变化，其传统投资业务受到监管，承担国家能源转型和提高供电服务质量的社会责任意识普遍提高，并在安全、质量、效率和收益等多个层面寻求平衡和共同促进。随着储能技术成熟度的不断提高，其规模化应用趋势逐步显现，作为电力系统中"缺失的一环"，必将在未来智能化、清洁化的电力乃至能源系统中发挥重要作用。在各国可再生能源发展和市场化推进的前提下，欧洲和美国等电力市场开放国家既希望电网企业发挥推动储能技术规模化应用的作用，又同步探究新技术投资监管方法，以期在不影响市场化的前提下提升社会整体效益。

从全球储能项目应用情况来看，虽然美国、英国乃至欧洲大部分地区已经开展了电网侧储能应用，但电网侧储能投资仍在监管体系和市场体系两个方面寻求投资收益，且不同市场主体对政府部门的监管方法存在较大争议。各国对电网侧储能尚没有明晰的定位，此领域应用项目多为公用事业公司、输电公司和配电公司投资运营，且多以延缓输配电投资、缓解区域电网运行压力、参与电力系统调节服务为主，故定义为电网侧储能项目。现阶段，电网侧储能主要通过参与电力市场获得价值收益，各国电网侧储能商业模式尚处在探讨阶段，各商业模式差异则主要体现在投资和运营主体的不同，以及参与市场应用的方式不同等方面。本部分对欧洲和美国典型电网侧储能商业模式进行研究探讨。

此部分将从电网侧储能项目来源、产权所有者、运营主体和应用收益等维度将商业模式分为三类：

（1）电网运营商拥有资产并获得电网服务价值的商业模式。

（2）电网运营商拥有资产并获得电网服务和电力市场双重价值的商业模式。

（3）第三方拥有资产并获得双重价值的商业模式。

具体来看，电网公司调用的储能项目主要有网侧和用户侧两个来源，而电网侧项目又分为输电侧储能项目和配电侧储能项目两个层面，项目产权所有者和项目运营主体则主要来自电网自身（电网运营商）、储能系统供应商、其他第三方储能资源集成商和电力用户，其应用场景包括替代电网运营主体输配电投资，削峰填谷（主要为提高系统可靠性服务），参与电力市场，以及服务于可再生能源开发和利用等。

10.1.1.1　电网运营商拥有资产并获得电网服务价值

电网运营商拥有资产并获得电网服务价值的商业模式如图 10-1 所示。

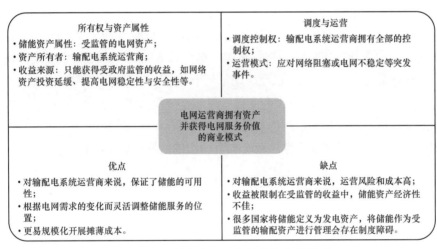

图 10-1　获得电网服务价值的商业模式

（1）模式描述。在这种模式中，输配电运营商对储能系统进行投资，但仅利用储能系统为自身电网提供服务。储能系统项目应用价值主要来自延缓输配电资产投资、管理高峰电力负荷、提高供电质量三个方面。

该模式下，储能资产可获得收益且商业模式成立的前提是储能资产可被纳入电网运营商的输配电资产范围内，并作为受监管的资产进行管理，故可通过受监管渠道获得收益。输电或配电网运营商拥有整个储能系统的控制权，在发生网络阻塞或电网不稳定性突发事件时，可自主调度储能为自身电网提供服务。当然，若某些厂商或企业在优化和管理储能设备方面具有独特的技术或能力，也可由第三方来运营储能系统。

从运营效果来看，该模式利于电网侧储能业务发展，如意大利政府曾为意大利电力公司 Terna 储能项目设定规则，即纳入电网资产予以考虑，故对于电网系统运营商来说，其收益是受到监管的，只被允许获得特定的收益，如延缓电网资产投资、提高电网可靠性等。这种模式本质上并不会威胁业务拆分原则，但须对电网储能资产的替代性进行可靠评估。储能系统的收益仅被限制在受监管的收益中，这可能会影响储能系统的整体经济性，输配电资产参与市场获益的权利受到严格控制，配电资产也很难在更大网络范围内为上一级电网提供服务支撑（如英国配电商向 National Grid 提供平衡服务）并获得价值回报。这种商业模式的代表型案例主要出现在意大利和比利时。在意大利，只要能够证明储能的成本—效益比其他解决方案更好，就允许输电系统运营商建设和运营电池储能。在比利时，只要不妨碍市场竞争，输电系统运营商也可以拥有储能资产。

（2）案例分析。Terna 是主要欧洲电力输电网络运营商之一，管理着欧洲最现代和先进的输电网之一，即意大利的高压输电网。Terna 已经于 2004 年在联交所上市，其 90% 的业务活动是在受管制的市场中开展。

近些年来，由于可再生能源发电容量的增加，尤其是意大利南部和意大利最大的两个岛屿（撒丁岛和西西里岛）的可再生能源发电的快速增加已经对电力调度和电力系统的安全运行产生了实质的影响。

为了优化可再生能源发电，同时确保电力系统的日益增加的管理安全，Terna 已经明确储能作为潜在的解决方案之一，规划在国家电力输电网络（NTG）中安装储能系统。截至目前，输电系统运营商 Terna 已经启动了两个与电网互联的电池储能示范项目。第一个项目启动于 2011 年，计划在意大利南部开展三个储能系统的建设，以确保可再生能源电站管理的灵活性，并提高输电网的容量。第二个项目启动于 2012 年，主要用于增加西西里岛和撒丁岛的电力系统安全性。两个项目的详细信息如表 10-1 所示。

表 10-1　　　　　　　　意大利输电网络运营商 Terna 开展的储能业务

业务名称	大规模储能项目	储能实验室
类型	能量型	功率型
主要目的	主要是为了减少电网阻塞	主要是为了保障高压输电网的安全
总规模	约 35MW	约 16MW
采用的储能技术	钠硫电池	锂离子电池，钠镍电池，液流电池，其他电池（包括超级电容器等）
电站数量	3 个	2 个

针对 Terna 开展的储能项目，意大利监管部门给予了特许权。2011 年 3 月发布的 Legislative Decree No.28 法令和同年 6 月发布的 Legislative Decree No.93 法令允许输电运营商（TSOs）和配电运营商（DSOs）建设和运营电池和储能系统，允许 Terna 将电池储能系统纳入其"国家输电网络开发规划"中进行核算，并延长了特许权的期限。

2013 年 2 月 21 日发布的 66/2013/R/eel 决议批准了 Terna 的 35MW 储能项目。2013 年 2 月 11 日，43/2013/R/eel 决议批准了 Terna 的 16MW"功率型"试验项目。在做完整项决策之后，2014 年，意大利网络监管者 AEEGSI 批准了 574/2014/eel 决议，定义了储能的电网准入规则。

针对 Terna 拥有的意大利电力输送和调度活动的特许权，表明了特许权获得者可以建设和运营电储能电站，以确保最大化开发可再生资源和采购调度服务资源的情况下，能够保障意大利国家电力系统的安全以及良好运行。

10.1.1.2　电网运营商拥有资产并获得电网服务和电力市场双重价值

电网运营商拥有资产并获得电网服务和电力市场双重价值的商业模式如图 10-2 所示。

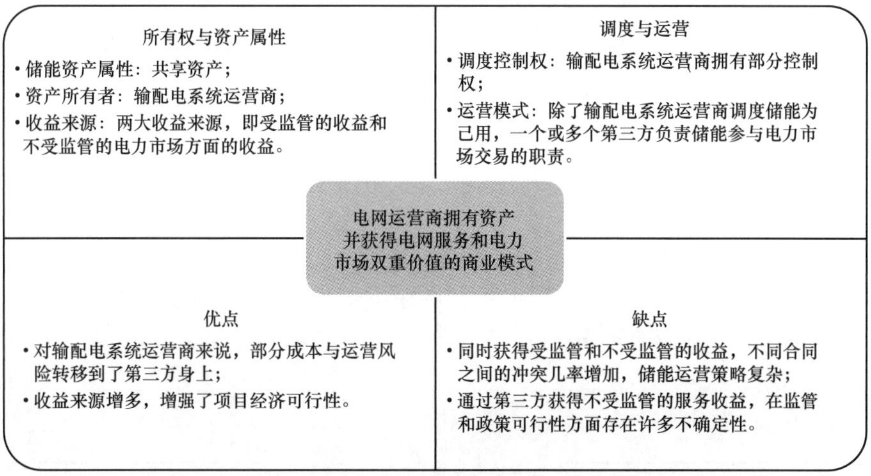

图 10-2　获得电网和市场双重服务价值商业模式

（1）模式描述。在电网运营商拥有储能资产并运营储能系统的商业模式中，电网运营商在监管业务基础之上获得了参与电力市场的权利，可使得储能系统通过市场化电量交易和提供辅助服务获得额外价值收益，即储能系统可获得来自电网监管和市场交易两方面的收益。在这种模式中，输电网运营商或配电网运营商进行储能项目投资、运营储能资产，并确保储能资产可为电网提供服务。输电网运营商或配电网运营商可从电力市场中寻求获得非监管业务收益的可能性。

实际上，这种由电网投资运营资产并在市场中获取价值的商业模式并没有得到欧洲各国政府的广泛认可，现行法律和规则并不支持该商业模式的实际运营，现行规则对电网运营商运营储能资产并获得相应收入还存在诸多限制。

在该模式下，一方面因为获得了监管和非监管的双重收益，其管理过程将更为复杂；另一方面，收益的总量比上一商业模式的收益要大，这一模式能增强经济可行性，但也面临市场商业风险。在欧洲如英国，配电许可要求被许可方避免在生产或供应活动中扭曲竞争关系，这通常被解释为禁止电网运营商参与市场交易，但这种限制损害了电网运营商的商业模式，并意味着在当前的监管安排下，需要有第三方介入，以代表电网运营商开展能源交易，以实现收益的合法化。第三方的参与是为了获得来自市场的价值回报，这种模式在法律认可方面仍存有许多不确定性，但一些输配电网运营商已经进行了商业模式探索。

（2）案例分析。在英国，推动电网侧储能项目的实施与落地的企业主要是英国的六家配电系统运营商，其中以 UK Power Networks（UKPN）和 Northern Powergrid 最为活跃。以 UKPN 为例，其服务的区域主要位于伦敦以及英格兰东部和东南部地区。在探索灵活性服务和储能系统应用方面，与众多配电系统运营商相比，UKPN 做了许多新的尝试。

2014 年，UKPN 开发了位于莱顿巴泽德地区的 6MW/10MWh 储能项目，以在 10 月至次年 3 月，为该地区提供冬季 5～7pm 时段的高峰负荷支持。2017 年 5 月，UKPN 与负荷资源聚合商 Limejump 公司达成协议，针对该项目的商业化运营展开合作，即"共享储能"模式。在合作中，UKPN 在冬季的某个时段对储能有优先调度权，而在其余的时间，Limejump 公司可以将该项目纳入其将近 200MW 的储能资源池中竞标并提供 Firm Frequency Response（FFR）服务。

10.1.1.3　第三方拥有资产并获得双重价值

第三方拥有资产并获得双重价值的商业模式如图 10−3 所示。

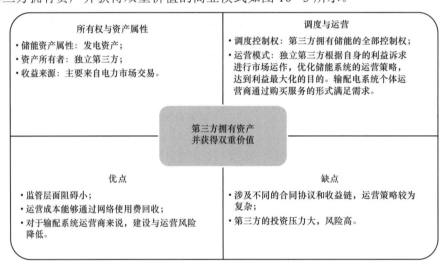

图 10−3　第三方参与的双重服务价值商业模式

（1）模式描述。在该商业模式中，储能资产的监管部分仍有可能为电网运营商所有，而其可参与市场的非监管部分需由一个独立的第三方主体拥有，独立第三方在市场中可以作为发电商或用户进行注册，同时可以利用这部分储能资源在市场中进行套利。输配电网络运营商与储能系统运营商之间须签订合同协议，双方明确从提供电网服务中获取收益。监管部分针对运营成本，输配电网络运营商的成本支出要合乎规定，且能够通过输配电费用回收。第三方可保持对储能参与市场部分的系统控制权，并根据自身利益和市场动向以及电网运营商的要求，开展市场运作并优化储能系统的使用。

由于该模式需要不同的合同协议和广泛的收益渠道，使其实施的复杂性有所提高，但目前看来，该模式在法律上是完全可行的。此外，该模式的收益总额也同样比第一种商业模式要大，这也将增强项目的经济可行性。在目前的监管框架下，为了确保电网运营商不会扭曲竞争，让第三方处理储能系统运营是有必要的。这种额外的合同约定可能会增加业务的复杂性，并要求每一方从资产参与的各类业务操作中获得回报。

（2）案例分析。纽约联合爱迪生公司运营着全世界最大的能源输送系统之一，为居住在纽约市和韦斯特切斯特县共 1000 万居民提供电力、天然气等服务。在纽约州的能源改革过程中，联合爱迪生公司在示范和试验创新分布式能源商业模式方面成为一个领导者。

GI Energy 与联合爱迪生合作在电池示范项目中验证创新储能商业模式，如图 10-4 所示，两家公司在纽约市的整个电网中选择四个点安装"电表之前"（front of the meter）的电池。其中 GI Energy 在三个场地分别安装一个 20 英尺的集装箱式储能，每个规模为 1MW/1MWh，在第四个场地安装两个 20 英尺的集装箱，其中一个规模是 1MW/1MWh，另外一个是 200kW/400kWh。

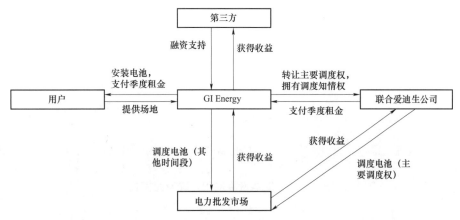

图 10-4　联合爱迪生公司和 GI Energy 开发的新型储能商业模式

在该模式中，个人用户将场地出租给 GI Energy 公司，获得稳定的租金。GI Energy 付给用户费用，从而获得场地安装储能电池，并从第三方融资，以覆盖初始项目成本。联合爱迪生公司按照季度付给 GI Energy 公司租赁费用，以覆盖 GI Energy 的用户租赁费用、运维服务费用、设备的运行和调度费用、投资人的收益及辅助设备和集成等费用，并通过调度电池参与批发电力市场获得收益。公用事业部门将储能项目作为一种延缓基础设施投资的非电网方案，从中获益。

在整个过程中，联合爱迪生对储能系统有主要的调度权，而 GI Energy 对联合爱迪生调度电池的时间有知情权。在其他时间段，GI Energy 可以通过一个接口和调度优化平台参与 NYISO 批发电力市场的竞争，获取不同的收益，如能量套利，容量和调频。而联合爱迪生公司也将分享这部分来自批发电力市场的收益。

值得注意的是，此模式中执行实际操作的公司是 GI Energy 和一个资本合作方合资成立的合资公司，该公司负责建设、拥有和运营电池系统。合资公司将执行项目站址的租赁协议签订，与联合爱迪生公司的合同签订，通过签订合同并提供电网服务获得季度性费用支付，以及通过参与 NYISO 市场获得其他辅助价值收益。

（3）输配系统运营商购买服务的协议类型。在第三方拥有资产并获得双重价值的运营模式中，输配系统运营商通常通过与第三方签订协议的形式购买储能提供的服务。从欧美国家目前开展的协议形式来看，主要分为储能设施使用协议、储能容量服务协议、混合电力购买协议和需求响应协议等。

1）储能设施使用协议下的商业模式，如图 10-5 所示。在该模式中，第三方主要负责项目投资、建设、并网、审批，并确保项目在约定日期投入商业化运行。而公用事业公司或输配电系统运营商则作为买方，支付储能系统的充电费用，向项目投资人支付固定的容量费以获得使用储能容量的权利，通常还会支付由于调度带来的一笔可变的运营费用。在该模式下，公用事业公司或输配电系统运营商（买方）一般拥有电池中储存的电量（即调度权转移至电网公司），实则拥有项目运营权，且储能系统运营商无法利用这部分储能系统容量提供其他固定服务。

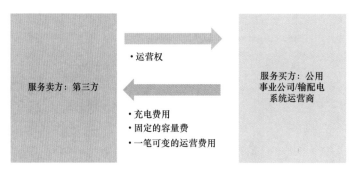

图 10-5 储能设施使用协议商业模式

2）储能容量服务协议下的商业模式，如图 10-6 所示。在容量服务协议（CSA）模式下，公用事业公司或输配电系统运营商寻求签订资源充裕度合同或其被要求采购的其他容量属性产品相关的合同或协议。容量服务协议是储能设施使用协议的变异（见图 10-6），已经在美国加州等地区应用。目前美国太平洋天然气与电力公司的项目大多使用该模式。该商业模式与储能设施使用协议类似，太平洋天然气与电力公司接受与第三方签订协议采购服务的形式，也接受开发商建设储能资产，并移交给公用事业运营。

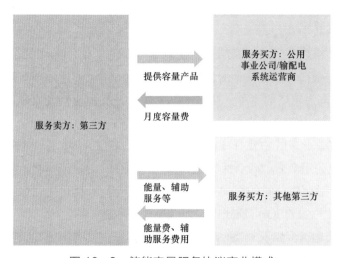

图 10-6 储能容量服务协议商业模式

根据服务协议，储能资产所有者承担设计、采购、融资、建设、完工、测试等职责，并保证项目具备商业运营的状态与能力。同时，储能资产所有者必须对完工的项目提供性能担保和重要节点时间担保。一旦项目按照协议条款建设完成并满足运行要求，太平洋天然气与电力公司将可获得项目运营权。

该模式虽与储能设施使用协议商业模式类似，且参与调用方式基本相同，但在具体协议内容设计方面仍存在一些差异，具体如下：

a）在"储能容量服务协议"中，只有电池项目的容量和容量属性被卖给采购方。服务销售商有权将电池项目的其他产品，包括能量、辅助服务等卖给第三方。而在"储能设施使用协议"中，公用事业公司（买方）拥有电池的容量和储存的能量，服务销售商无法利用储能系统开展其他固定服务交易。

b）在"储能容量服务协议"中，通常采购方向服务销售商支付月度容量费，没有能量费或者其他服务费用，但如果服务销售商调度储能在市场中开展其他服务，那么月度容量费会进行削减，而削减量取决于每个月实际交付的容量，以及储能项目竞标能量、旋转备用、调频等的市场价格。

3）混合电力购买协议下的商业模式，如图 10-7 所示。混合电力购买协议（PPAs）主要针对的是可再生能源发电设施加电池储能型混合系统提供的产品或服务的交易。目前，混合 PPAs 主要有两种形式：

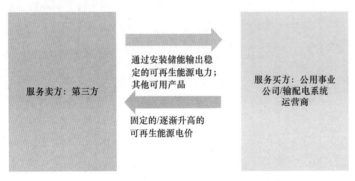

图 10-7　混合电力购买协议商业模式

a）储能系统运营商接受调用模式。该模式主要应用于岛屿区域，服务采购方主要关注如何稳定间歇性可再生能源发电。这类 PPA 要求项目投资方安装电池系统，电池只能通过周边的可再生能源发电项目进行充电，并在需要时放电，以缓解间歇性可再生能源对电网造成的冲击。项目投资人向采购方销售可用的能量，以及与之绑定的其他可用产品（容量属性产品，可再生能源额度等），并收取固定的或逐渐升高的费用作为回报，通常该回报以一个 MWh 为基准收取。可再生能源加储能的混合项目在平滑电量输出时必须满足最低运行标准和技术要求。项目投资方（而非采购方）通常要按照 PPA 中规定的运行参数，全权负责对电池进行充放电。

b）电网运营商自主调用模式。该模式下，采购方拥有充放电电池系统的权利，其拥有决定储能系统充放电来源的权利（即是从现场的可再生能源发电厂充电还是从电网充电）。这种模式通常适用于那些希望对项目掌握更多控制权的采购方，且在美国西部的公用事业和负荷服务公司逐渐流行起来。

混合可再生能源 PPAs 的补偿结构多样，但是通常储能系统投资商会收到基于交付电量的一笔能量费（\$/MWh）加上与电池系统容量相关的容量费（\$/kW-月）；或只有能量费（\$/MWh），但还会有一个双方商定的"叠加费用"按照每兆瓦时补偿给项目投资方。那些从电网充电的电池项目无法获得投资税收减免或者相对应获得的税收减免额度将会减少。

4）需求响应服务协议商业模式，如图 10-8 所示。该模式下，储能系统资源主要来自表后储能系统，即用户侧储能系统。规模较小的表后电池储能项目在为用户提供包括能量套利（或分时电费管理），需量费用削减和备用电力供应等价值的同时，通过资源聚合，具备为公用事业提供大规模产品和服务的能力。这些产品或服务包括容量属性产品，高峰负荷管理和负荷转移（如需求响应服务），辅助服务和其他电网支撑等。

依据需求响应协议，电池储能项目能够为公用事业提供一个或多个产品或服务，通常包括容量属性产品和需求响应服务。投资者同意根据电池的运行限制和其他商定的参数使多个电池供公用事业调用。公用事业服务协议的支付形式与储能使用协议类似，但实际的支付金额会根据公用事业调度每一个用户实际的功率而变化。

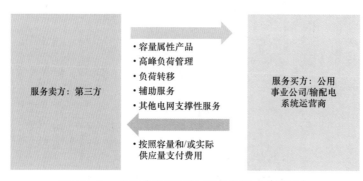

图 10-8　公用事业服务协议商业模式（美国）

总之，对于公用事业公司/输配电系统运营商所有的储能项目，公用事业公司/输配电系统运营商通常与储能系统供应商签订交钥匙式建设、经营和转让协议或采购和建设相关的协议等，并最终拥有储能资产；对于第三方所有的储能项目，其资产所有权归属除电网、用户之外的第三方公司，公用事业公司/输配电系统运营商根据自身需求，通过与第三方签订"服务合同或协议"进行服务/产品交易，所购买的服务主要为自身电力系统提供服务。合同或协议的主要形式包括储能设施使用协议、储能容量服务协议、混合电力购买协议等；对于用户所有的储能项目，公用事业公司/输配电系统运营商主要通过签订"公用事业服务协议"（如容量协议、需求响应协议等）以获得表后储能容量，投资者同意根据电池的运行限制和其他商定的参数使多个电池供公用事业/输配电系统运营商调用，这实则也是一种电力服务购买机制。对于公用事业公司/输配系统运营商来说，为储能项目所付出的投资和购买储能服务所付出的成本可通过成本定价和电力市场进行回收。

10.1.2　当前国内储能商业模式

目前国内实施和探讨的商业模式主要为合同能源管理模式、融资回购租赁模式、第三方投资管理模式、"谁受益、谁付费"的商业模式、需求响应的商业模式、海岛独立型微电网储能商业运营模式以及抽水蓄能电站管理模式。具体内容如下：

（1）合同能源管理模式。投资方（通常为节能服务公司）出资进行储能设备的采购与建设，并与电网方签订契约，约定项目节能目标，同时为实现此目标提供相关的服务。该模式的要素包括用能状况诊断、能耗基准确定、相关节能措施、可量化的节能目标、节能效益分享方式以及相应的测量和验证方案等。可委托合同双方认可的第三方机构对能耗基准确定、测量和验证等工作进行监督和审核。为保障获得收入，投资方需通过合同能源管理的实施，使电网方的能源消耗低于其能耗基准。投资方与电网方分享节约的能源费用，以收回其投资的项目成本。

电网方则投资储能电站接入工程部分，其收益来源为储能电站充放电带来的峰谷电价差套利以及参与电力需求响应带来的效益。电网方和投资方以约定的比例（照一般社会化合同能源管理项目）共享这一部分收益。储能电站运营期间其资产为投资方所有，合同期后投资方无偿移交资产给电网方。国家鼓励和支持投资方以合同能源管理模式开展节能服务，并出台了财政奖励、营业税免征、增值税免征和企业所得税免三减三的优惠政策。合同阶段与能源费用关系示意图如图 10-9 所示，合同能源管理模式权责关系示意图如图 10-10 所示。

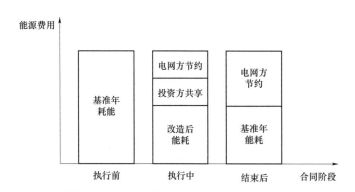

图 10-9　合同阶段与能源费用关系示意图

图 10-10　合同能源管理模式权责关系示意图

（2）融资回购租赁模式。投资方全额投资建设储能电站，后租赁给电网方使用。商定的租赁期结束后，设备方可按照约定的资产余值续租，并可在达到续租期时按照残值进行回购。按税后内部收益率（80%）计算租金，并在租赁期结束后保留一定比例的资产余值，续租期间仍按 80%的收益率重新计算租金。租赁双方共同负责项目建设阶段的工作，投产后储能电站的运维检修及产生的相关费用将由电网承担。电网侧电池储能电站与输配电服务相关，可作为电网设备资产由电网方出资，这也满足纳入输配电成本核定的条件。该

图 10-11　融资回购租赁模式权责关系示意图

模式下，在以峰谷电价作为长期措施，以尖峰电价和需求响应补偿作为季节性、时段性短期措施的移峰填谷电价机制的激励下，可更好地实现削峰填谷的目标。融资回购租赁模式权责关系示意图如图 10-11 所示。

（3）第三方投资管理模式。该模式下，投资方作为第三方也是储能系统市场化中各利益主体的牵头方和联结方，需综合考虑各方的利益诉求和权利职责，以实现共担风险、共享收益。第三方投资管理模式各方主体权责关系示意图如图 10-12 所示。

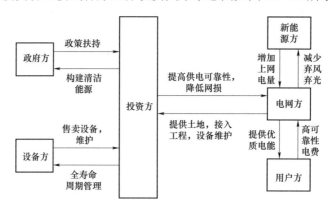

图 10-12　第三方投资管理模式各方主体权责关系示意图

投资方收益来自多利益方主体。峰谷差套利以及提供高供电可靠性服务所得效益采取电网方为投资方代收的方式，即先由电网方直接与用户方结算这部分收益，再将这部分收益转给投资方。投资方与电网方可按合同规定的时间进行结算。

电网方为投资方提供接入场地，并负责接入工程的投资。虽然电网方将峰谷差套利转移给了投资方，但通过建设储能系统可以降低线路网损、减少设备备用容量的投资，从而延缓建设周期，这些潜在收益完全可以弥补峰谷差套利的转移。同时，电网作为大型央企，通过储能系统的应用可承担起相应的社会职责，减少新能源发电弃光弃风等情况，从而提升企业形象。

投资方为降低风险，需对设备进行全寿命周期管理，可与设备方签订租赁协议或分期付款协议。设备方兑现合同中所承诺的质量和寿命是投资方交付后续费用的前提，因此设备方需提供质量可靠和正常寿命周期的储能设备。

用户方为获得高质量、高可靠性的电能，以减少残次品的数量，降低生产成本，可与电网方签订高可靠性供电保证协议，并向电网方支付一定费用。

新能源方利用储能系统可减少弃风、弃光现象，增加并网电量，提升效益，所获收益与投资方共享。

政府方应发挥政企优势，加大政策扶持力度，出台相关配套电价，建立辅助服务市场，从而推动储能产业发展。

（4）"谁受益、谁付费"的商业模式。对于"谁受益、谁付费"的商业模式，由非电网、用户与发电方投资建设储能系统，拥有储能系统的使用权，成为供租方。电网、用户与发电方成为承租方。承租方在需使用时向供租方支付租赁费用，租赁费可以支付储能系统的运行成本、税金、合理利润以及回收建设投资。供租方和承租方签订租赁协议，尽量减少储能系统成本及维护费用。"谁受益、谁付费"的储能系统商业模式关系如图 10-13 所示，储能系统能量流示意图如图 10-14 所示，储能系统商业运营模式效益如图 10-15 所示。

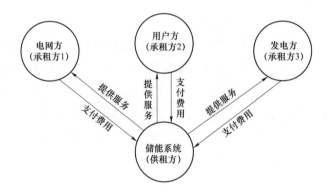

图 10-13 "谁受益、谁付费"的储能系统商业模式关系图

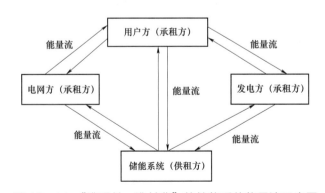

图 10-14 "谁受益、谁付费"的储能系统能量流示意图

储能系统的运营模式采取第三方投资，电网、用户及发电方租赁的形式。租赁关系期间，供租方通过控制储能系统在不同的应用场景同时发挥效用，租赁方需向供租方支付相

应的费用。这相比各租赁方自有自用储能系统的方式，能直接降低各租赁方的原始投资成本，促进产业升级。

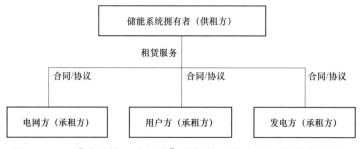

图 10-15 "谁受益、谁付费"的储能系统商业运营模式效益图

（5）需求响应的商业模式。电力需求侧响应的实施可以满足电力系统、电力用户的要求，而电力需求侧响应需要电力系统具有灵活的可控性。储能作为一种灵活可控的电力设备，在电力系统需求侧响应中具有广阔的应用前景。如果按照电力系统需求侧响应的类型分类，电力系统的需求侧响应可以分为电价型的需求侧响应和政策型的需求侧响应。其中，电价型需求侧响应主要依靠不同时段的电价差实施需求侧响应。储能应用于电价型需求侧响应时，可以在电价低谷时期利用储能吸收多余的电能储存起来。当电价较高时，将这部分储存的电能释放出来，利用峰谷电价差实现用户侧的盈利。政策型需求侧响应是利用社会激励措施实现用户侧盈利。这些政策多是由管理部门为了维护电力系统的正常运行及稳定提出的。一般情况下，管理部门会提供一些电力市场外的政策机制，包括补贴、奖励、惩罚等机制来激发电力用户进行需求侧响应。这种政策型需求侧响应一般都是工商业用户参与的，这些用户可以配置一定量的储能来获取政策补贴及避免政策惩罚。

储能应用于需求侧响应主要受益来源于电费节约和需求响应的政策补贴。在储能参与电力系统需求侧响应期间，通过峰谷电价和政策补贴金额实现盈利。

（6）海岛独立型微电网储能商业运营模式。现阶段在海岛独立型微电网中集成储能技术面临三重市场难题：① 储能可以促进间歇式可再生能源的发展并减少二氧化碳的排放，但这部分价值目前没能在二氧化碳减排带来的经济效益中体现，因而无法补偿储能高昂的投资管理费用；② 如何将已成功应用于科研以及示范工程的集成储能进行实际的商业推广；③ 作为新技术，储能面临着类似柴油发电机这种成熟技术所形成的价格壁垒。

储能的三个市场难题带来了关于在海岛独立型微电网发展和部署储能技术该采用何种政府补贴和管理形式的问题。解决上述问题时应该考虑三个准则：① 必须实现储能的最优化使用，政府补贴机制应该考虑到电力系统的储能效率；② 不同储能技术的补贴方式应该有区别，区分不同储能技术的依据是它们能提供给电力系统怎样的差别化服务；③ 储能设备的集成度，管理方案需要根据集成度的不同而调整。

依据这三个准则且结合海岛独立型微电网的实际情况，对在海岛独立型微电网中有发展前景的技术及较成熟的技术进行政府补贴模式的探讨，这些技术可以分为燃料电池、液流电池和蓄电池（含铅酸蓄电池和锂电池），如表 10-2 所示。

表 10-2　　　　　　　　　　　海岛储能技术的补贴形式

技术	技术成熟度	支持形式
燃料电池	发展 +	研发补贴
液流电池	发展 -	投资补贴
蓄电池	发展 +	并网补贴

注　"＋"表示成熟度相对高；"－"表示成熟度相对较低。

（7）抽水蓄能电站管理模式。储能电站功能与小型抽水蓄能电站类似，可以借鉴抽水蓄能的管理方式进行设定，形成可持续发展的经营模式。

我国抽水蓄能电站电价有三种方式计量：① 单一电价制；② 两部制电价；③ 租赁电价。

1）两部制电价模式。根据《国家发展改革委关于完善抽水蓄能电站价格机制有关问题的通知》（发改价〔2014〕1763 号）："电量价格主要体现抽水蓄能电站通过抽发电量实现的调峰填谷效益，主要弥补抽水蓄能电站抽发电损耗等变动成本，电价水平按当地燃煤机组标杆上网电价（含脱硫、脱硝、除尘等环保电价）执行；电网企业向抽水蓄能电站提供的抽水电量，电价按燃煤机组标杆上网电价的 75% 执行。"

以最大功率 1kW，放电时间 1～8h，每天按一充一放模式，考虑容量费用参照福建省基本电价最大需量 39 元/（kW·月），初步测算各放电时间下投资回收期如表 10-3 所示。可见参照抽水蓄能管理模式下，在放电时间 1～2h 运行，投资回收期相对较短（分别约 6.1、11.7 年）。

表 10-3　　　　　　　参照抽水蓄能管理模式下的各放电时间下收益

满功率放电时间（h）	容量收益（元/年）	电量电费（元/年）	每年收益（元/年）	投资回收期（年）
1		22.73	490.73	6.1
2		45.47	513.47	11.7
3		68.20	536.20	16.8
4		90.93	558.93	21.5
5	468	113.67	581.67	25.8
6		136.40	604.40	29.8
7		159.13	627.13	33.5
8		181.87	649.87	36.9

2）租赁经营模式。储能电站承租方每年应向出租方支付年租赁费用，租赁费可以支付储能站的运行成本、税金、合理利润以及回收建设投资。还可以考虑与电池厂家签订电池设备租赁协议，尽量减少电池成本及维修费用。

（8）参与电力系统辅助服务管理模式。2016 年 6 月国家能源局下发《关于促进电储能参与"三北"地区电力辅助服务补偿（市场）机制试点工作的通知》（国能监管〔2016〕164 号），该政策对储能在电力系统中的应用具有里程碑式的意义，是第一次给予了电储能参与调峰调频辅助服务身份的电力政策。该通知规定无论在发电侧还是用户侧，储能都可作为独立主体参与辅助服务市场交易，同时鼓励发电企业、售电企业、电力用户、电储能企业等第三方投资建设电储能设施，但相关的结算机制并未确定。

现行调峰辅助服务分为基本调峰、有偿调峰两种。基本调峰是发电机组必须提供的辅助服务，目前没有补偿，因此储能参与调峰辅助服务，将更多的参照有偿调峰的相关规定，衡量收益，制定策略。

调峰电价按"三北"地区有偿调峰补偿均值 150 元/MWh 考虑，若上网电价参照火电上网电价 0.3737 元/kWh，充电电价参照大工业低谷电价 0.3111 元/kWh。以容量 1kWh 为例，初步测算投资回收期需要长达 25 年；若按照风电、光伏上网电价 0.61、0.98 元/kWh，其他条件不变，投资回收期则可缩短至 14.6、8.8 年，经济效益仍较差。

另外，如果储能电站在参照抽水蓄能电站两部制电价基础上，又参与电力系统辅助服务（参与深度调峰），以最大功率 1kW，放电时间 1~8h，初步测算各放电时间下投资回收期如表 10-4 所示。可见该种运行模式下，在放电时间 1~2h 运行，投资回收期相对较短（分别约 4.4、7.4 年）。

表 10-4　　　　　　　　　　各放电时间下投资回收期初步测算

满功率放电时间（h）	电量电费（元/年）	调峰收益（元/年）	每年收益（元/年）	投资回收期（年）
1	22.7	109.5	679.2	4.4
2	45.5	219	811.5	7.4
3	68.2	328.5	943.7	9.5
4	90.9	438	1075.9	11.2
5	113.7	547.5	1208.2	12.4
6	136.4	657	1340.4	13.4
7	159.1	766.5	1472.6	14.3
8	181.9	876	1604.9	15.0

国内电网侧储能项目规模化部署于 2018 年正式起步，与国外较为开放的电力市场相比，我国储能项目商业运营模式较为有限，特别是电网侧储能项目商业运营模式仍受政策和市场的双重制约。目前，国内电网侧储能项目大多引入第三方主体作为项目投资方，负责项目整体建设和运营，储能系统集成商和电池厂商参与提供电池系统，电网企业提供场地并与第三方签订协议，协议明确定期付费标准或按收益分成方式付费。但仅从电网企业投入角度来看，此类项目多为电网安全稳定运行提供服务，缓解高峰电力运行压力，解决区域可再生能源消纳问题，或计划可调用此类储能资源参与辅助服务市场并获取价值增值。

国内电网侧储能项目由电网确定第三方公司（系统内企业）作为项目总包方负责项目建设投资，投资方按项目投资回收期与电网企业签订租赁协议，并指定项目投资收益率；项目投资方还可与电网公司确定收益分成方式，即在协议下依项目实际运营收益进行利益分享。作为投资方和建设方，第三方公司可对储能电池、储能变流器设备等进行招标采购，并确定供应商。为缓解电网投资建设压力，部分电网侧储能项目开展电池租赁招标多标包公开竞谈，对电池、智辅系统、预制舱成套设备采用租赁方式落实项目部署。为确保项目质量，电池厂家均需提供质保，普遍明确电池厂家需在租赁期内（如 10 年）保证电池正常运行。

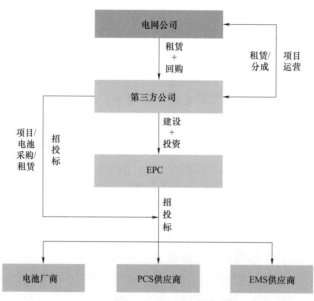

图 10－16　国内电网侧储能项目参与方架构

在运营方面，电网侧储能电站接受电网调度指令，可在局部故障时提供功率支撑，实现削峰填谷。系统主要在低谷时段充电、高峰时段放电，可以实现快速响应，这些储能系统已示范参与了地区需求响应、调频辅助服务，未来还将探索大规模储能参与电力系统各类辅助服务的可能性，并结合区域可再生能源开发利用情况，实现储能参与的可再生能源稳定输出和合理消纳。

具体来看，各地方典型电网侧储能商业模式如下：

江苏电网侧储能项目主要由江苏省网公司确定第三方公司（系统内企业——许继、山东电工和国网江苏综合能源服务公司）作为项目总包方负责项目建设投资，并与之签订 8 年、收益率为 6%～7%的经营性租赁合同，电网公司获得储能系统的使用权。投资方许继、山东电工和国网江苏综合能源服务公司对储能设备等进行招标采购，确定供应商并按照一定的支付比例分期向储能设备供应商支付。电网企业调用储能系统为电网提供服务，国网江苏综合能源服务公司获得租金收益，该储能系统还试点参与了调频辅助服务市场，但尚未获取实际收益，故电网企业投入成本尚无回收渠道。

湖南长沙电网侧储能项目主要以国网湖南综合能源服务公司为项目投资和建设单位，采用"8＋2"经营性租赁模式，综合能源服务公司租用电池厂家的储能设备供电网使用。项目主要用于平抑风电、光伏等间歇性能源的波动、提高供电可靠性、削峰填谷、提高电能质量和提高电压调节能力，系统尚未参与辅助服务市场。

河南电网侧储能项目由平高集团有限公司投资建设,河南省电力公司与平高集团以合同能源管理运营项目,储能系统主要为电力系统提供服务。目前,项目参与了河南省电力需求响应,未来还将实现电网调峰、电网调频、电网备用的功能价值。

南方电网深圳宝清电池储能项目投资和建设单位为南方电网调峰调频发电有限公司,建设一期投运的4MW/16MWh储能系统和二期投运的2MW/2MWh储能系统分别按照0%收益率、3%收益率租赁给深圳供电局使用,主要用于配网侧削峰填谷,电网租赁成本投入尚无回收渠道。深圳潭头变电站储能项目投资和建设单位为深圳南方和顺电动汽车产业服务有限公司,项目规模为 5MW/10MWh。深圳供电局租用储能系统,向项目投资方支付租金,收益率约7%,储能系统主要发挥削峰填谷、备用电源、缓解区域迎峰度夏期间供电压力、降低主变压器负载率、延缓电网投资等用途。

目前,国家和地方层面尚没有针对电网侧储能电站的管理办法,也缺少针对电网侧储能项目的考核和激励机制,市场和政策两个层面尚难以对电网侧储能项目予以支持,现有机制下的自主运营商业模式较难搭建。

综上,全球主要储能应用市场(美国、英国等)都已开展电网侧储能应用,但电网侧储能项目如何通过成本定价和参与电力市场获得收益仍不明晰,电网侧储能商业模式仍处于探讨之中。主要原因在于部分国家对储能资产尚没有明确定位,在电力市场化的大趋势下,市场主体和监管机构担心电网投资储能项目影响市场公平性,对输配电运营商拥有储能资产仍存疑虑。现阶段,电网侧储能项目可由电网投资所有,其用于提供系统内部服务部分(如替代输配电投资,提高系统可靠性等)可通过成本定价方式予以回收;电网侧储能项目也可由其他市场投资所有,电网通过购买服务形式获得储能项目的使用权,用于提供容量支撑和电量保证。电网侧储能项目也可参与电力市场获得收益,但要确保电网侧储能项目没有在成本定价和电力市场中获得"重复收益",相关监管政策仍在制定中。在电网侧储能投资和成本支出未纳入输配电价的前提下,且在电力市场未完全开放的情况下,我国电网侧储能项目商业模式较为单一,电网仅采用租赁形式获得了项目的使用权,但项目收益渠道仍未明确,电网企业投资收益也难以得到保障。而决定我国电网侧储能收益模式的关键前提,是要明确电网侧储能对传统输配电投资的替代价值和收益水平。

10.1.3 电网侧储能的商业模式建议

当前,美国及欧洲大部分地区已经开展了电网侧储能应用,但电网侧储能投资仍在监管体系和市场体系两个方面寻求投资收益,且不同市场主体对政府部门的监管方法存在较大争议。各国对电网侧储能尚没有明晰的定位,电网侧储能仍然主要通过参与电力市场获得价值收益,各国电网侧储能商业模式尚处在探讨阶段。

与国外较为开放的电力市场相比,我国储能项目商业运营模式较为有限,特别是电网侧储能项目商业运营模式仍受政策和市场的双重制约,在仅为系统内提供服务的情况下,且储能无法通过监管机制纳入输配电资产的前提下,电网投资成本并无出口。因此,电网侧储能项目可利用可再生能源交易或参与辅助服务市场获取价值增值,但在现有辅助服务市场机制不健全的情况下（价格未完全向用户侧传导），电网企业自调储能系统参与服务并获取发电企业补偿支付的方式仍不合理，且市场参与的公平性较难体现。目前仅江苏储能项目参与了调频辅助服务，但尚未获取实际收益。

对我国电网侧储能应用来说，应从以下六个方面积极推进电网侧储能商业模式的建设。

（1）遵循市场公平的基本原则。在明确储能资产定位和电网侧储能项目投资回报机制过程中，相应监管评估机制要遵循以下基本原则，以确保各类市场主体公平参与市场竞争，并获得合理的价值补偿。

1）保证电网侧储能投资规模合理性，避免资产无效扩张。

2）确保电网侧储能项目成本有效性，其成本不应高于市场储能投资成本，且在功能和经济性方面必须可以替代能够提供相同服务的其他措施。

3）保证电网调度对各类主体投资电网侧储能项目的公平调度。

4）确保输配电价成本的计入未干扰电网侧储能项目参与电力市场的公平报价。

5）保证电网侧储能项目同一服务未获得成本定价和参与市场的双重收益。

（2）开放电网侧储能投资。明确优先向社会资本开放电网侧储能项目投资的工作方向，按照先市场的原则优先由社会资本投资建设电网侧储能项目，通过市场竞争发现储能项目投资和相应服务购买价格；电网公司履行"兜底"责任，针对为保障电力系统安全稳定运行而建设的储能项目，在社会资本未完成投资的情况下，可由电网公司进行投资。

（3）扫清储能参与电力市场阻力。加快推进电力市场建设，明确各领域储能参与电力市场身份，消除储能参与电力市场的阻力。从身份准入、补偿机制、并网调度、交易结算等方面制定相应市场规则，促进储能资源与其他资源共同参与电力市场，形成反应储能灵活性调节能力的按效果付费机制，激励储能为电力系统提供服务。电网侧储能可为电力系统提供服务，从应用场景来看，电网侧储能可替代输配电资产投资，日常削峰填谷减轻电力运行压力，同时为电力系统提供频率、电压支撑等。同时，电网侧储能项目可在电力市场不同阶段参与电力市场交易，如参与辅助服务市场提供调频、调峰服务，参与现货市场套利，与可再生能源场站开展交易等。

（4）明确电网侧储能投资回报机制。

1）电网投资储能项目。在电力市场尚未完善的情况下，电网直接投资的储能站可通过输配电价进行疏导，但要明确电网侧储能项目的建设目的，其为替代传统输配电资产、提供安全应急服务、政治保电任务和国家地方示范项目而建设的储能电站可纳入输配电价进行补偿，其成本补偿可进入每年折旧的投资成本。对于电网侧储能项目全额计入输配电价的情况，其参与电力市场所获得的收益应在输配电价中予以扣减。随着电力市场的成熟，电网投资的储能电站应优先参与电力市场竞争，并获得相应回报，而市场回报不足部分还可准许进入输配电价，予以相应补偿。对于通过市场回报所获得的超额应补偿费用，电网公司可从中获得一定比例的奖励费用。

2）社会资本投资储能项目。电网公司可向社会资本投资的储能站采购相应服务，并拥有储能设备的使用权。在电力市场尚未健全的情况下，电网公司可租用储能设备，电网公司作为运营主体向储能系统供应商支付租赁费用，为替代传统输配电资产、提供安全应急服务、政治保电任务和国家地方示范项目而租用的储能电站成本可纳入输配电价进行补偿；电网公司也可制定相应服务补偿规则（如需求响应），调用其他主体储能资源参与提供服务，相应支付成本可计入输配电价。与电网投资的储能电站类似，被调用的储能电站也可参与电力市场获益，但要避免同一成本获得来自电价和市场的双重补偿。对于电网侧储能参与市场所获得的收益，需扣除收益后再纳入输配电价补偿，而若电网侧储能项目参与市场所获得的收益高于储能租赁费用，则可由电网公司获得一定比例的绩效奖励。

（5）逐步完善全面参与市场的回报机制。随着电力市场化深入，电网侧储能投资回报机制应由成本定价向全面参与电力市场的方式转变。在电力市场发展不同阶段，针对电网侧储能项目所提供的安全应急服务，可通过输配电价予以疏导，并可在确保市场公平性的情况下允许电网侧储能项目参与电力市场。未来，鼓励电网侧储能全面参与电力市场，并获得来自市场的价值收益，相应不足部分还可计入输配电价予以弥补。

（6）建立科学的监管机制。针对电网安全稳定运行、替代输配电资产投资等需求而建设的电网侧储能电站可纳入电网统一规划，明确储能项目建设规模和地点，明确电网侧储能功能作用。监管部门应对电网侧储能建设的合理性进行监督管理，审核通过的项目才可执行投资建设，并向社会公开项目信息。针对电网侧储能项目投资运营需要，需建立有效的监管指标，以合理约束和激励电网侧储能投资建设，可以新增单位电量的投资量为监管指标，证明新增储能资产和服务的经济效益。并根据电网侧储能项目运行状况、收益情况等开展事后监管，将电网单位电能供给的成本作为监管指标，当电网侧储能投资发挥替代价值并有效降低输配电成本时，才可将其纳入输配电价成本予以考虑。

10.2 电网侧储能经济效益分析

10.2.1 多应用场景下的储能经济性评价

10.2.1.1 储能系统成本分析模型

（1）储能系统成本构成。尽管储能系统正以较快速度发展，但总体来看仍处于发展初期。成本一直是制约储能产业发展的重要因素之一，也是衡量储能项目经济性的重要指标之一。一般来说，储能技术成本包含两方面内容，即全寿命周期内（储能系统从建设、运行、维护到退役全过程）的总成本和度电成本。

总成本主要表征储能系统在寿命周期内的支出情况，主要影响因素包括充电效率、放电效率、最大放电深度、特定应用场景下最大循环次数、自放电率、服役年限、单位安装成本、功率控制系统成本（考虑损耗和寿命）、建设成本、系统停机导致的成本、维护/维修/运行成本、退役成本及系统残值、充电电价、上网电价、融资成本、接入电网费用等。

度电成本主要表征储能系统单位发电量所产生的综合成本，可由资本支出的净现值总和（包括每年支出的其他费用）除以全寿命周期内输出的总电量计算得出，主要影响因素包括储能技术的循环次数、充放电效率、放电深度以及投资成本等。

本节选取铅酸电池、钠硫电池、锂离子电池、全钒液流电池研究储能系统的成本模型。各类储能系统成本由安装成本、运行维护成本、更换成本、用电成本和系统残值构成，成本模型如图 10-17 所示。

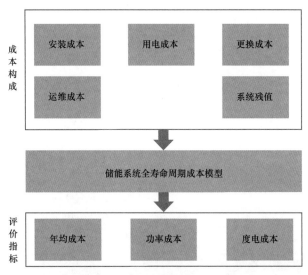

图 10-17　储能系统的成本模型

1）安装成本。由储能系统本体、能量转换装置和必要的辅助设施成本构成。安装成本 C_{sys}（元）可表示为

$$C_{sys} = C_{sto} + C_{PCS} + C_{BOP} \qquad (10-1)$$

式中：C_{sto} 为储能本体成本（元）；C_{PCS} 为 PCS 成本（元）；C_{BOP} 为辅助设施成本（元）。

储能成本 C_{sto}（元）可表示为

$$C_{sto} = C_E \frac{E_{rat}}{\eta} = C_E \frac{P_{rat} t}{\eta} \qquad (10-2)$$

式中：C_E 为电池本体的单位能量价格（元/kWh）；E_{rat} 为电池储能的额定能量（kWh）；η 为电池储能的转换效率（%）；P_{rat} 为电池储能的额定功率（kW）；t 为电池储能的额定放电时间（h）。

PCS 成本 C_{PCS}（元）可表示为

$$C_{PCS} = C_P P_{rat} \qquad (10-3)$$

式中：C_P 为 PCS 的单位功率价格（元/kW）。

辅助设施成本 C_{BOP}（元）可表示为

$$C_{BOP} = C_B E_{rat} = C_B P_{rat} t \qquad (10-4)$$

式中：C_B 为辅助设施的单位能量价格（元/kWh）。

因此，储能系统在单位功率下的年均安装成本 C_{sys_p}［元/（kW·年）］可表示为

$$C_{\text{sys\_p}} = \left(C_{\text{E}} \frac{t}{\eta} + C_{\text{p}} + C_{\text{B}} t \right) \frac{d(1+d)^N}{(1+d)^N - 1} \qquad (10-5)$$

式中：d 为贴现率（%）；N 为项目周期（年）。

2）更换成本。当能量型储能系统的寿命周期小于实际项目周期时，储能系统需进行更换。通常，实际项目周期为 5～20 年不等，由于 PCS 和辅助设施可使用 20 年，而储能本体无法满足 20 年的使用需求，因此储能系统的更换成本来源于储能本体，尤其是电池储能。在项目周期内，能量型储能系统每次的更换成本 C_{rep}（元）可表示为

$$C_{\text{rep}} = (1-\alpha)^{kn} C_{\text{sto}} = (1-\alpha)^{kn} C_{\text{E}} \frac{P_{\text{rat}} t}{\eta} \qquad (10-6)$$

式中：α 为能量型储能系统安装成本的年均下降比例；k 为储能本体的更换次数。$k = N/n - 1$，n 为储能本体的寿命周期（年），当（$N/n - 1$）为非整数时，k 进 1 取整。

因此，能量型储能系统在单位功率下的年均更换成本 $C_{\text{rep\_p}}$ [元/（kW·年）] 可表示为

$$C_{\text{rep\_p}} = C_{\text{E}} \frac{t}{\eta} \sum_{\beta=1}^{k} \frac{(1-\alpha)^{\beta n}}{(1+d)^{\beta n}} \frac{d(1+d)^N}{(1+d)^N - 1} \qquad (10-7)$$

式中：β 为储能本体第 β 次更换。

3）年运行维护成本。能量型储能系统的年运行维护成本包括固定运行维护成本和可变运行维护成本。其中，固定运行维护成本 C_{FOM}（元/年）包括人力成本和管理成本等，与储能的技术类型和额定功率相关，与运行过程无关，公式为

$$C_{\text{FOM}} = C_{\text{f\_p}} P_{\text{rat}} \qquad (10-8)$$

式中：$C_{\text{f\_p}}$ 为单位功率下的运行维护成本，元/（kW·年）。

而可变年运行维护成本 C_{VOM}（元/年）随系统的运行状态和外部条件发生变化，包括电费、燃料费、可再生能源补贴、CO_2 排放成本。本文主要考虑电费，即用电成本 C_{e}（元/年）。

假设储能系统每天以额定功率放电，则用电成本可表示为

$$C_{\text{e}} = C_{\text{e\_p}} P_{\text{rat}} \qquad (10-9)$$

式中：$C_{\text{e\_p}}$ 为储能在单位功率下的年均用电成本，元/（kW·年）；它与充电电价 C_{c}、额定放电时间 t、系统效率 η 和年运行天数 D（天/年）相关，可表示为

$$C_{\text{e\_p}} = C_{\text{c}} \frac{t}{\eta} D \qquad (10-10)$$

4）系统残值。储能到达寿命年限时，可通过回收利用获取一定的收益，可抵消储能的成本。该部分为系统残值或回收价值 C_{rec}（元），它与安装成本 C_{sys} 及回收比例 γ（%）相关。在项目周期内，储能每次的回收价值 C_{rec} 可表示为

$$C_{\text{rec}} = \gamma C_{\text{sys}} \qquad (10-11)$$

因此，储能在单位功率下的年均回收价值 $C_{\text{rec\_p}}$ [元/（kW·年）] 可表示为

$$C_{\text{rec\_p}} = \frac{\gamma C_{\text{sys}}}{P_{\text{rat}}} \sum_{\beta=1}^{k} \frac{1}{(1+d)^{\beta n}} \frac{d(1+d)^N}{(1+d)^N - 1} \qquad (10-12)$$

（2）工程周期内储能系统的成本指标。在实际工程案例中，由于不同储能技术的成本和寿命各不相同，因此采用工程周期内的成本指标对不同储能技术进行统一比较。工程周期内的成本遵循标准经济模式，与通货膨胀、工程寿命、贴现率、固定费率等相关，结果以年均成本 LC_{p}［元/（kW·年）］和收益需求 LC_{E}（元/kWh）表示。其中，工程周期内的发电成本和收益需求都可通过工程周期内的年均成本获得。

1）工程周期内的年均成本 LC_{p}［元/（kW·年）］。能量型储能系统在工程周期内的年均成本 LC_{p}［元/（kW·年）］即为单位功率下的年均成本。为方便描述，将储能在单位功率下的年均成本简称为年均成本。

年均成本由年均安装成本 $C_{\text{sys\_p}}$、年均更换成本 $C_{\text{rep\_p}}$、年均运维成本 $C_{\text{f\_p}}$、年均用电成本 $C_{\text{e\_p}}$、年均燃料成本 $C_{\text{g\_p}}$ 和回收价值 $C_{\text{rec\_p}}$ 构成，可表示为

$$LC_{\text{p}} = C_{\text{sys\_p}} + C_{\text{rep\_P}} + C_{\text{f\_P}} + C_{\text{e\_P}} + C_{\text{g\_P}} - C_{\text{rec\_P}} \qquad (10-13)$$

2）工程周期内的功率成本 LC_{life}（元/kW）

$$LC_{\text{life}} = LC_{\text{p}} \times N \qquad (10-14)$$

式中：LC_{p} 单位功率下的年均成本；N 为项目周期（年）。

3）工程周期内的度电成本 $LC_{\text{life, E}}$（元/kWh）。工程周期内的度电成本 $LC_{\text{life, E}}$（元/kWh）与工程周期内的年均成本、年输出电量（E）相关，表达式为

$$LC_{\text{life,E}} = \frac{LC_{\text{p}}}{E} \qquad (10-15)$$

式中：E 为电池储能的年输出电量（kWh）。

（3）工程周期内储能系统的成本测算。

1）成本参数。不同类型储能系统的成本模型一致，但参数不同。通过梳理国内外相关数据，将储能系统的主要成本参数进行了归类和总结，如表 10-5 所示。

表 10-5　　　　　　　　　　储能系统的主要成本参数　　单位：元/kWh，元/kW，%，年

储能技术	电池成本（元/kWh）	PCS 成本（元/kW）	辅助设施成本（元/kW）	效率	运维成本占比	更换成本（元/kWh）	寿命周期（年）	回收比例
VRLA	1100	700	400	80%	3%	1100	6	0
NaS	1600	700	400	75%	3%	1600	15	0
LFP	1800	700	400	90%	3%	1800	12	0
V-redox	3600	700	400	70%	3%	3600	12	0

表 10-5 中，电池储能的寿命周期是指 100%DOD，即标准充放电倍率下，每年运行 250 次的寿命年限。另外，由于目前电池储能的回收价值尚未有可参考、公认的数据，在此暂不考虑。未来随着电池储能回收机制的建立和日益完善，回收价值对电池储能的经济性将不可忽视。

能量型储能系统的成本计算所需的经济性参数如表 10-6 所示。

表 10-6　　　　　　　　　　储能成本分析的经济性参数

序号	参数	数值
1	通货膨胀率（%）	0
2	贴现率（%）	10
3	工程周期（年）	20
4	电费（元/kWh）	0.5

2）年均成本估算。假设不考虑安装成本的下降，储能每天以额定功率完全充放电一次，每年运行 250 天，标准放电时间为 8h。则铅酸电池在工程周期内需更换 3 次，而钠硫电池、铁锂电池和全钒液流电池需更换 1 次。根据储能系统的成本模型，结合经济性参数，可获得六种能量型储能在工程周期内的各类年均成本，如图 10-18 所示。

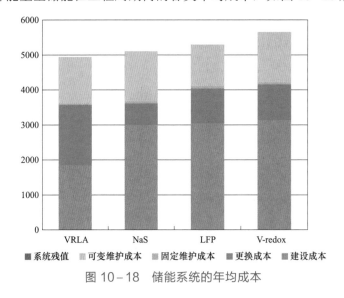

图 10-18　储能系统的年均成本

从图 10-18 可以看出，铅酸电池的年均成本最低，约 4943 元/（kW·年）；其次是钠硫电池和铁锂电池，年均成本分别约为 5105 元/（kW·年）和 5292 元/（kW·年）；全钒液流电池的年均成本最高，达 5652 元/（kW·年）。尽管铅酸电池在寿命周期内更换了 3 次，但由于单位能量价格远小于其他电池储能，因此工程周期内的年均成本低于其他三种电池储能。

比较各类型电池的成本构成可以看出：安装成本的比例最高，其中铅酸电池的安装成本占比为 37%，其他三类电池的安装成本占比均接近 60%；可变维护成本（用电成本）和更换成本比例次之，其中铅酸电池由于更换次数最多，更换成本接近安装成本，钠硫电池、铁锂电池和全钒液流电池的更换成本占比在 15%左右，各类电池可变维护成本占比都在 25%左右；运行维护成本的比例最小，约为 1%～2%。

对储能电池技术路线进行比选，铅炭作为传统铅酸电池演进出来的，成本较低，在用户侧储能已有丰富的应用经验,但其能量密度和充放电倍率低。全钒液流电池能量密度低、成本高、占地面积大。磷酸铁锂作为政府重点推广的电池类型，是将来储能电池的主流技术路线，具备安全可靠、放电深度和充放电倍率高等优势，推荐采用磷酸铁锂电池。

10.2.1.2　基于多场景的储能经济性评价模型

（1）调峰。基于调峰的电网侧储能系统成本主要包括储能电池、PCS、必要的辅助设施设备成本以及安装成本，每年的成本主要为运行维护成本，具体各项成本计算方法见10.2.1.1 小节，本小节选用磷酸铁锂电池进行分析。

对于应用在电网侧的储能系统而言，不存在低储高发赚取峰谷差价的收益，也不存在降低容量费用的收益，因此其直接收益较少，所获收益主要是间接收益，主要包括政府补贴、降低电源侧发电厂投资收益、减缓配电网建设改造投资、节省电源燃料消耗收益、提高供电可靠性和节能减排收益。

1）延缓装机总量收益。该方面主要考虑新增的发电站建设投入。主要原因是储能系统通过削峰填谷，降低用户侧对电网最大用电负荷需求，使得原本由于发电站建设的投资得到延缓，考虑资金的时间价值，则此部分属于电网侧的潜在收益。

2）节约能源消耗收益。通过储能系统的建设，可以间接减少燃煤电厂的燃料消耗。根据度电燃料成本及储能系统容量配置，可以计算得出此部分的节能收益。

3）延缓配电网改造升级方面。该方面主要考虑新增的变电站建设投入，不考虑延缓配电变压器和配电线路投入。主要原因是储能系统通过削峰填谷，降低用户侧对电网最大用电负荷需求,但实际用户数量和用电负荷是在增长的，考虑到增量配电改革的有关政策，在日益竞争的市场环境下，对面向用户的配电变压器和线路投资不应被延缓，否则将承担较大的机会成本，但此部分属于电网侧的主要潜在收益。

4）供电可靠性和减排方面。可根据年均停电时间和储能系统功率配置，计算储能系统减少的停电电量，并根据单位电量造成的经济损失得到相关受益；类似的，可根据储能系统的发电量，以及单位电量对应的污染物排放损失，计算储能系统对节能减排的经济贡献。

（2）调频。考虑到用于调频辅助服务的储能系统要经受频繁充放电的过程，其电池效率下降较快，同时调频辅助服务政策变动和收益波动会增加投资的不确定性。因此，从投资回报来看，投资者更希望能尽快收回初始成本，并有一定的利润，所以，在调频服务中暂不考虑储能更换成本，同时应满足在短期内能收回。因此用于调频服务的储能系统成本主要考虑安装成本及运维成本。

根据《京津唐电网调频辅助服务市场运营规则（试行）》（征求意见稿）规定，调频收益为调频服务费用。调频服务费用依据中标火电机组的实际调频性能、调频效果及出清价格进行计算。调频市场以 24h 统计周期，中标火电机组在提供调频服务以后，可以获得调频服务费用。中标机组每日调频服务费用计算公式为

$$I_{\mathrm{F}} = D \times [\ln(K_{\mathrm{pd}}) + 1] \times B_{\mathrm{AGC}} \tag{10-16}$$

式中：I_F 为中标机组每日调频服务费用；B_{AGC} 为调频市场出清边际价格；K_{pd} 为机组当天的综合调节性能指标日平均值；D 为调节深度。

储能系统产生的收益主要来自于调高机组调节性能指标及调节深度后增加的 AGC 辅助服务补偿费用，由于火电机组在配置储能系统前也会获得补偿费用，所以储能系统总收益为储火一体调频服务费用减去机组本身参与调节的调频服务费用。日均收益计算公式为

$$I_{SE} = I_{ALL} - I_{GEN} \qquad (10-17)$$

式中：I_{SE} 为储能日均收益；I_{ALL} 为储能火电联合调频日均收益；I_{GEN} 为火电机组调频日均收益。

储能与火电机组联合调频的总服务费用与配置的储能系统容量相关，配置的储能系统能量越大，联合调频的调节性能指标、调节深度越大，则联合调频的收益会越高。

$$I_{ALL} = D_{ALL} \times [\ln(K_{pd.ALL}) + 1] \times B_{AGC.ALL} \qquad (10-18)$$

火电机组服务费用计算方法为，机组未配置储能系统前的调节性能指标乘以调节深度，再乘上单位补偿价格。计算公式如下

$$I_{GEN} = D_{GEN} \times [\ln(K_{pd.GEN}) + 1] \times B_{AGC.GEN} \qquad (10-19)$$

储能系统调频服务费用年收益计算如下

$$I_{AGC.year} = \sum_{t=1}^{d} I_{AGC}^{t} \qquad (10-20)$$

式中：d 为储能系统年有效运行天数。

（3）负荷侧用电管理。根据此前分析，储能系统的成本 C 主要包括建设成本、更换成本和运维成本。其中，建设成本 C_{inv} 包括储能逆变器、锂电池、辅助系统三部分，主要由其额定功率和额定电量决定；更换成本由电池寿命周期决定；运维成本相对难以量化，一般工程中可按建设成本的一定比例取值。因此，可以看出，对于电池技术确定的储能系统，其全寿命周期成本主要由配置方案（额定功率、额定电量等）决定。

（4）新能源消纳。考虑到用于新能源消纳的储能系统要经受频繁充放电的过程，其电池效率下降较快，其成本包括储能电池、PCS 及必要的辅助设施设备成本以及安装成本，以及年运维成本。

1）光伏发电站。按照《华北区域光伏发电站并网运行管理实施细则（试行）》（以下简称《细则》），光伏发电站配置储能系统后所获得的收益主要包括减少的考核费用和增加发电量收益，根据《细则》要求，储能系统收益构成如下：

a. 减少脱网考核收益 I_{kh1}（月度）。按照《细则》规定，当光伏发电站因自身原因造成光伏发电单元大面积脱网、一次脱网光伏发电单元总容量超过光伏发电站装机容量的 30%，每次按照全场当月上网电量的 3%考核。若发生光伏发电单元脱网考核且累计考核费用不足 12 万元，则按 12 万元进行考核。配有已投运的规模化储能装置（兆瓦级及以上）的光伏发电站，以光伏发电站上网出口为脱网容量的考核点。因此其减少脱网考核收益计算公式为

$$I_{\text{kh1}} = \begin{cases} \dfrac{3\% \mu W_{\text{a}} p_1}{10\ 000} & (I_{\text{kh1}} \geqslant 12) \\ 12 & (I_{\text{kh2}} < 12) \end{cases} \qquad (10-21)$$

式中：I_{kh1} 为减少脱网考核月度收益；μ 为当月脱网光伏发电单元总容量超过光伏发电站装机容量的 30% 的次数；W_{a} 为当月上网电量；p_1 为光伏电站标杆上网电价。

b. 减少限光时段考核收益 I_{kh2}（月度）。按照《细则》规定，当需要限制光伏发电站出力时，光伏发电站应该严格执行电网调度机构下达的调度计划曲线，超出曲线部分的电量要列入考核。在华北地区，要求按光伏发电站结算单元从电力调度机构调度自动化系统实时采集光伏发电站的电力，要求在限光时段内实发电力不超过计划电力的 1%。相关时段内实发电力超出计划电力的允许偏差范围时，超标部分的积分电量按 2 倍统计为考核电量。配有已投运的规模化储能装置（兆瓦级及以上）的光伏发电站，取光伏发电站与储能装置实发（充）电力的代数后为限光时段内计划电力的考核值。因此限光时段考核收益计算公式为

$$I_{\text{kh2}} = p_1 \times 2 \times D_{\text{m}} \times \int_{t=T_1}^{t=T_2} [P_{\text{g}}(t) - 1.1 \times P_{\text{a}}(t)] \, \mathrm{d}t \qquad (10-22)$$

式中：I_{kh2} 为减少限光时段考核月度收益；$P_{\text{g}}(t)$ 为储能配置后，光伏电站 t 时刻发电有功功率；$P_{\text{a}}(t)$ 为限光时段 t 时刻调度计划出力；D_{m} 为每月发生限光的天数；T_1 为当天限光起始时刻；T_2 为当天限光结束时刻。

c. 减少有功功率控制子站投运率考核收益 I_{kh3}（月度）。按照实施《细则》规定，光伏发电站应具备有功功率调节能力，需配置有功功率控制系统，接收并自动执行电力调度机构远方发送的有功功率控制信号（AGC 信号），确保光伏发电站最大有功功率值不超过电力调度机构的给定值。光伏发电站有功功率控制子站上行信息应包括有效容量、超短期预测等关键数据。未在规定期限内完成有功功率控制子站的装设和投运工作，每月按全场当月上网电量 1% 考核。

对于已安装有功功率控制子站的并网光伏发电站进行投运率考核。在并网光伏发电站有功功率控制子站闭环运行时，电力调度机构按月统计各光伏发电站有功功率控制子站投运率。光伏发电站配置储能系统后，能够快速有效响应调度机构 AGC 信号，增强光伏电站有功功率调节能力。投运率以 98% 为合格标准，全月投运率低于 98% 的光伏电站进行考核，假设配置储能系统后，光伏电站子站投运率不低于 98%，则收益计算公式为

$$I_{\text{kh3}} = p_1 \times \frac{98\% - \lambda_{\text{ty}}}{90} \times W_{\text{a}} \times 0.000\ 1$$

式中：I_{kh3} 为减少有功功率控制子站投运率的考核收益；λ_{ty} 为储能配置前子站投运率。

d. 增加的上网电量收益 I_{sw}（月度）。在光伏电站运行中，存在电网调度计划功率大于光伏电站实际发电功率的情况，在配置储能系统后，在平抑光伏发电波动性的同时，可以进一步跟踪调度计划曲线，及时满足 AGC 有功功率调度需求，从而间接增加光伏电站上网电量，取得相应收益。其计算公式为

$$I_{sw} = p_1 D_s \int_{t=T_3}^{t=T_4} [P_a(t) - P_g(t)] dt$$

式中：I_{sw} 为增加的上网电量月度收益；D_s 为每月光伏出力无法满足调度计划功率的天数；T_3 为当天起始时刻；T_2 为当天结束时刻。

因此，光伏电站储能系统月度收益 I_m 计算公式为

$$I_m = I_{kh1} + I_{kh2} + I_{kh3} + I_{sw}$$

2）风电场。按照《华北区域风电场并网运行管理实施细则》（简称《实施细则》），风电场配置储能系统后所获得的收益主要包括减少的考核费用和增加发电量收益，根据《实施细则》要求，储能系统收益构成如下。

a. 减少脱网考核收益 $I_{wind.kh1}$（月度）。按照《实施细则》规定，当风电场因自身原因造成大面积脱网，一次脱网风机总容量超过风电场装机容量的 30%，每次按照全场当月上网电量的 3% 考核。若发生风机脱网考核且月累计考核费用不足 20 万元，则按 20 万元进行考核。配有已投运的规模化储能装置（兆瓦级及以上）的风电场，以风电场上网出口脱网容量的考核点。因此其减少脱网考核收益计算公式为

$$I_{wind.kh1} = \begin{cases} \dfrac{\mu_{wind} \times 3\% \times W_{wind.a} \times p_{wind.1}}{10\,000} & (I_{wind.kh1} \geqslant 20) \\ 20 & (I_{wind.kh1} < 20) \end{cases} \tag{10-23}$$

式中：$I_{wind.kh1}$ 为减少风电场脱网考核的月度收益；μ_{wind} 为风电场当月脱网风机总容量装机超过风电场装机容量 30% 的次数；$W_{wind.a}$ 为当月风电场上网电量；$p_{wind.1}$ 为风电标杆上网电价。

b. 减少限风时段考核收益 $I_{wind.kh2}$（月度）。按照《实施细则》规定，当需要限制风电力时，风电场应该严格执行电网调度机构下达的调度计划曲线，超出曲线部分的电量要列入考核。在华北地区，电力调度机构调度自动化系统按风电场结算单元实时采集风电场的出力，要求限风时段内实发电力不超过计划电力的 1%。限风时段内实发电力超出计划电力的允许偏差范围时，超标部分电力的积分电量按 2 倍统计为考核电量。配有已投运的规模化储能装置（兆瓦级及以上）的风电场，取风电场与储能装置实发（受）电力的代数和为限风时段内的计划电力的考核值。限风时段考核收益计算公式为

$$I_{wind.kh2} = 2 p_{wind.1} D_{wind.m} \int_{t=T_1}^{t=T_2} [P_{wind.g}(t) - 1.1 \times P_{wind.a}(t)] dt \tag{10-24}$$

式中：$I_{wind.kh2}$ 为减少限光时段考核月度收益；$P_{wind.g}(t)$ 为储能配置后，风电场 t 时刻发电有功功率；$P_{wind.a}(t)$ 为限风时段 t 时刻调度计划出力；$D_{wind.m}$ 为每月发生限风的天数；T_1 为当天限风起始时刻；T_2 为当天限风结束时刻。

c. 增加的风电场上网电量收益 $I_{wind.sw}$（月度）。在风电场运行中，存在电网调度计划功率大于风电场实际发电功率的情况，在配置储能系统后，在平抑风电波动性的同时，可以进一步跟踪调度计划曲线，及时满足 AGC 有功功率调度需求，从而间接增加风电场上网电量，增加相应收益。其计算公式为

$$I_{wind.sw} = p_{wind.1}D_{wind.s}\int_{t=T_3}^{t=T_4}[P_{wind.a}(t) - P_{wind.g}(t)]dt \qquad (10-25)$$

式中：$I_{wind.sw}$ 为风电场增加的上网电量月度收益；$D_{wind.s}$ 为每月光伏出力无法满足调度计划功率的天数；T_3 为当天起始时刻；T_2 为当天结束时刻。

因此，风电场储能系统月度收益 $I_{wind.m}$ 计算公式为

$$I_{wind.m} = I_{wind.kh1} + I_{wind.kh2} + I_{wind.sw} \qquad (10-26)$$

10.2.1.3 基于多场景的电力系统储能经济性评价实例

（1）典型应用——基于调峰的储能系统经济性分析。某地 110kV 变电站共有 1、3 号变压器出现重过载现象，单台变压器容量 50MVA，经分析，1、3 号主变压器储能配置需求为 5MW/10MWh、3MW/4.5MWh，共需配置储能系统 8MW/14.5MWh。

以上述配置为例，根据经济评价有关原理，采用磷酸铁锂电池（LFP）方案的储能系统计算全寿命周期内逐年的经济性指标。

磷酸铁锂电池方案全寿命周期成本效益如表 10-7 所示。

表 10-7 磷酸铁锂方案储能系统全寿命周期成本、效益分析

项目年限	1	2…	7	8…	10…	14…	19	…21
成本分析（万元）								
建设成本	3750							
电池系统	2610							
逆变器 PCS	560							
辅助系统	580							
运行成本		113	113	113	113	113	113	113
更换成本					1242			
当年成本	3750	113	113	113	1355	113	113	113
效益分析								
低储高发收益								
政府补贴收益								
降低容量费用收益								
延缓配电网建设收益	111							
提高供电可靠性收益		360	360	360	360	360	360	360
节能减排收益		180	180	180	180	180	180	180
延缓装机总量收益	152							
节约能源消耗收益		61	61	61	61	61	61	61
配电网当年收益	263	601	601	601	601	168.3	168.3	168.3
现金流分析								
净现金流量	-3487	488	488	488	-754	488	488	488

磷酸铁锂方案的储能系统内部收益率（IRR）为 11.2%，净现值为 1817.4 万元，动态投资回收期约 10.1 年。

（2）典型应用——基于调频的储能系统经济性分析。以某火力发电厂的一台 300MW 直吹式机组进行案例分析，配置储能系统为 3MW/1.5MWh。配置储能后其联合调节性能和调节深度如表 10-8 所示。

表 10-8 配置储能后调节性能和调节深度参数

调节性能 K_p	日调节深度 D
3.4	1948

因此，结合其成本收益计算方法，根据分析，储能系统成本如表 10-9 所示。

表 10-9 储能系统成本

序号	项目	成本（万元）
1	建设成本	540
1.1	电池系统	270
1.2	逆变器 PCS	210
1.3	辅助系统	60
2	年运行成本	16

根据《京津唐电网调频辅助服务市场运营规则（试行）》（征求意见稿），调频服务申报价格范围为 0~12 元/MW，按照调频服务费 6 元/MW 测算。

联合调频日均收益 $I_{ALL}=1948\times(\ln 3.4+1)\times 6=25\,991.5$ 元；火电机组调频日均收益 $I_{GEN}=1430\times(\ln 1.42+1)\times 6=11\,588.6$ 元；则储能日均收益 $I_{SE}=I_{ALL}-I_{GEN}=14\,402.9$ 元。按照年均调频 200 天考虑，则年均收益为 288.1 万元。

按照储能提供调频服务运行寿命为 4 年进行测算，本项目进行经济性分析结果如表 10-10 所示。可见，项目内部收益率达 35.3%，动态回收期为 3.2 年，具有良好的经济性。

表 10-10 储能系统经济性分析结果

内部收益率	IRR	35.3%
净现值（万元）	NPV	403.9
动态投资回收期（年）	—	3.2

（3）典型应用——基于负荷侧用电管理的储能系统经济性分析。本案例以工业负荷为例，采用磷酸铁锂电池（LFP）方案根据经济评价有关原理的储能系统计算全寿命周期内逐年的经济性指标。磷酸铁锂电池方案全寿命周期成本效益如表 10-11 所示。

表 10-11　　　　　　　　　磷酸铁锂电池方案全寿命周期成本效益　　　　　（万元）

项目年限	1	2…	7	8…	13	14…	19	…21
建设成本	4257							
电池系统	3329							
逆变器 PCS	188							
辅助系统	740							
运行成本		128	128	128	128	128	128	128
更换成本					1584			
当年成本	4257	128	128	128	1712	128	128	128
效益分析								
低储高发收益		358	358	358	358	358	358	358
政府补贴收益		4	4	4	4	4	4	4
降低容量费用收益		94	94	94	94	94	94	94
延缓配电网建设收益	12							
提高供电可靠性收益		121	121	121	121	121	121	121
节能减排收益		60	60	60	60	60	60	60
配电企业当年收益	12	482	482	482	482	482	482	482
用户当年收益		572	572	572	572	572	572	572
配电网当年收益	12	636	636	636	636	636	636	636
现金流分析								
净现金流量	-4245	509	509	509	-1076	509	509	509
累计净现金流量	-4245	-3736	-1193	-684	275	784	3328	3836
折现净现金流量	-4043	461	362	344	-570	257	201	192
累计折现净现金流量	-4043	-3581	-1584	-1239	-589	-332	781	972

　　磷酸铁锂方案的储能系统内部收益率为 8.4%，净现值为 1155 万元，动态投资回收期约为 15.6 年。

　　（4）典型应用——基于新能源消纳的储能系统经济性分析。

　　1）光伏电站。某光伏电站装机为 30MW，储能系统配置为 4MW/8MWh。储能系统采用磷酸铁锂电池，其成本如表 10-12 所示。

表 10-12　　　　　　　　　　　储 能 系 统 成 本 分 析

序号	项目	成本（万元）
1	建设成本	2040
1.1	电池系统	1440
1.2	逆变器 PCS	280
1.3	辅助系统	320
2	年运行成本	61

储能系统年收益分析，该地区光伏发电小时数为1700h，则年发电量为57 000MWh，月均发电量约为4250MWh，上网电价为0.6元/kWh。

减少脱网考核收益 I_{kh1}（月度）：假设储能配置前，该光伏电站每月脱网光伏发电单元总容量超过光伏发电站装机容量的30%的次数为3次，储能配置后无脱网情况出现，则其减少脱网考核的月度收益：

$$I_{kh1} = 3 \times 3\% \times 4250 \times 600 / 10\,000 = 22.95（万元）$$

减少限光时段考核收益 I_{kh2}（月度）：按照每天减少限光电量6.6MWh考虑，每月发生限光天数为6天，则其减少限光时段考核收益：

$$I_{kh2} = 600 \times 6.6 \times 2 \times 6 / 10\,000 = 4.752（万元）$$

减少有功功率控制子站投运率考核收益 I_{kh3}（月度）：按照储能配置前有功功率控制子站投运率80%考虑，则其减少相关考核收益：

$$I_{kh3} = 600 \times (98\% - 80\%) / 90 \times 4250 / 10\,000 = 0.51（万元）$$

增加的上网电量收益 I_{sw}（月度）：按照配置储能后每天增加上网电量为7MWh，每月12天进行测算，则增加的上网电量收益：

$$I_{sw} = 600 \times 7 \times 12 / 10\,000 = 5.04（万元）$$

则储能系统月均收益为 $I_m = 33.252$ 万元，年收益约为399.024万元。

按照项目周期为20年考虑，考虑储能系统更换，本项目进行经济性分析结果如表10-13所示。可见，项目内部收益率达16.2%，动态回收期为7.8年，净现值达1243.5万元。具有良好的经济性。

表 10-13 储能系统经济性分析结果

内部收益率	IRR	16.2%
净现值（万元）	NPV	1243.5
动态投资回收期（年）	—	7.8

2）风电场。某风电场装机为49.5MW，储能系统配置为6MW/12MWh，采用磷酸铁锂电池，其成本如表10-14所示。

表 10-14 储 能 系 统 成 本 分 析

序号	项目	成本（万元）
1	建设成本	3060
1.1	电池系统	2160
1.2	逆变器PCS	420
1.3	辅助系统	480
2	年运行成本	92
3	更换成本	1028

对储能系统年收益进行分析，根据该风电场运行数据统计，该风电场 2017 年总发电量 115 414MWh，月均发电量为 9618MWh，弃风电量 6299MWh，每日平均限风电量为 17.3MWh，上网电价为 0.45 元/kWh。

减少脱网考核收益 $I_{wind.kh1}$（月度）：假设储能配置前，该风电场每月脱网装机容量超过风电场总装机容量的 30%的次数为 3 次，储能配置后无脱网情况出现，则其减少脱网考核的月度收益：

$$I_{wind.kh1} = 3 \times 3\% \times 9618 \times 450 / 10\ 000 = 39（万元）$$

减少限风时段考核收益 $I_{wind.kh2}$（月度）：按照每天减少限风电量 6MWh 考虑，每月发生限风天数为 10 天，则其减少限风时段考核收益：

$$I_{wind.kh2} = 450 \times 6 \times 2 \times 10 / 10\ 000 = 5.4（万元）$$

增加的上网电量收益 $I_{wind.sw}$（月度）：按照配置储能后每天增加上网电量为 5MWh，每月 15 天进行测算，则增加的上网电量收益：

$$I_{wind.sw} = 450 \times 10 \times 20 / 10\ 000 = 3.375（万元）$$

则储能系统月均收益为 $I_{wind.m} = 47.73$ 万元，年收益为 572.7 万元。

按照项目周期为 20 年考虑，考虑储能系统更换，本项目进行经济性分析结果如表 10-15 所示。可见，项目内部收益率达 17.5%，动态回收期为 7.2 年，净现值达 2794 万元。具有良好的经济性。

表 10-15　　　　　　　　　　　储能系统经济性分析结果

内部收益率	IRR	17.5%
净现值（万元）	NPV	2794
动态投资回收期（年）	—	7.2

10.2.2　电网侧储能效益评估实例

10.2.2.1　典型负荷周储能运行模拟

本算例基于江苏电网 2025 年规划情景与负荷预测情况，进行典型负荷周的电网运行调度模拟，包括最大负荷周、最小负荷周与最小峰谷差周。根据江苏现有数据进行 2025 年的负荷预测，2025 年中 7 月 26 日为最大负荷日，同时为最大峰谷差日；2 月 10 日为最小负荷日；6 月 26 日为最小峰谷差日。因此分别选择三种典型日所在周进行储能容量为 250 万 kW 的储能调度运行模拟分析，得到结果如图 10-19～图 10-21 所示。

根据以上典型周的负荷、可再生能源出力和储能调度的结果，可发现有以下几种典型特征：

（1）如图 10-19 所示最大负荷（峰谷差）典型周，以 7 月 24 日为例，在日间高峰期，由于光伏出力较大，整体可再生能源出力很大，可以看到其他机组的出力较为平稳，因此储能不工作；在 16 时左右，负荷已经处于低谷，可再生能源出力仍较大，因此储能以较大功率充电来消纳新能源；在晚间高峰期，负荷达到峰值，可再生能源出力很小，需要其他机组快速增大出力，为了满足经济效益最佳，储能以较大功率放电；在夜间，负荷很低，但风电大发，因此储能持续充电。

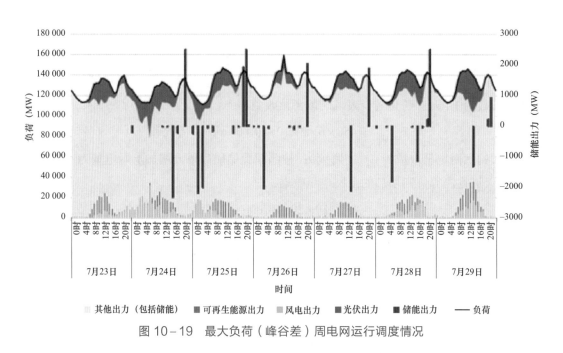

图 10-19 最大负荷（峰谷差）周电网运行调度情况

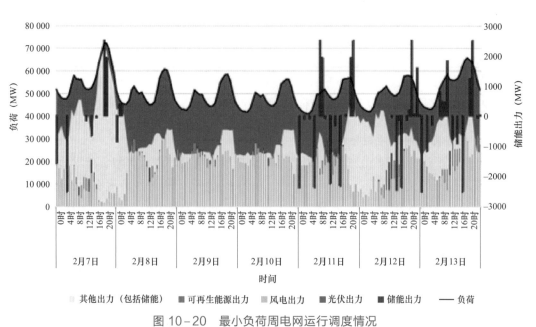

图 10-20 最小负荷周电网运行调度情况

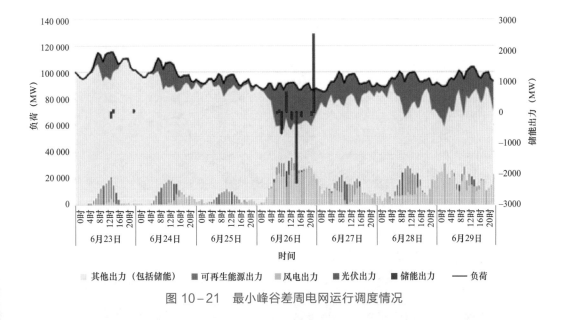

图 10-21　最小峰谷差周电网运行调度情况

（2）如图 10-20 所示，在 2 月 7 日负荷较低且可再生能源出力较大时储能充电，在负荷较大且可再生能源出力较小时储能放电；2 月 8~10 日，可以发现可再生能源出力波动与负荷波动趋势相似，因此其他机组出力较为平缓，这时储能不出力。

（3）如图 10-21 所示，在最小峰谷差周，负荷波动很小，储能基本只在新能源出力较多的时候才工作，进行新能源的消纳，再根据负荷和新能源的变化决定储能的充电和放电的功率。

10.2.2.2　储能调度运行效益评估分析

目前江苏电网已规划有 50 万 kW 的储能容量。本小节以 50 万 kW 为步长，分别进行含 0~500 万 kW 储能系统的江苏电网运行模拟。根据结果，分析储能容量对可靠性、运行成本和可再生能源弃用的影响，具体结果如下：

首先分析储能对电网运行可靠性的影响，图 10-22 和图 10-23 分别给出了不同储能装机容量下，江苏系统电力不足期望概率（EENS）和损失负荷期望（LOLE）的大小情况。

可较为明显的看到，随着储能容量的增加，可靠性指标 EENS 和 LOLE 逐渐减小，系统的可靠性逐渐提高。EENS 从储能 50 万 kW 的 15.3MWh 下降到储能 500 万 kW 的 2.9MWh；而 LOLE（H）从储能 50 万 kW 的 0.005 3 下降到储能 500 万 kW 的 0.001 1。

图 10-24 给出了储能容量对系统运行总成本的影响。随着储能容量的增加，运行成本有着较为明显的下降，从储能 50 万 kW 的 2179.4 亿元下降到储能 500 万 kW 的 2175.7 亿元，节约了运行成本 3.7 亿元。

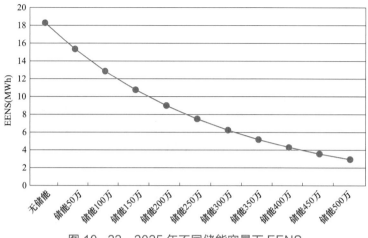

图 10-22 2025 年不同储能容量下 EENS

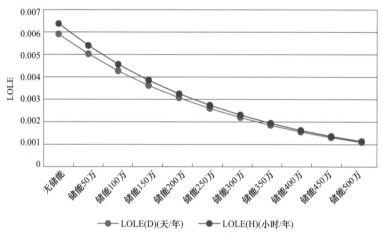

图 10-23 2025 年不同储能容量下 LOLE

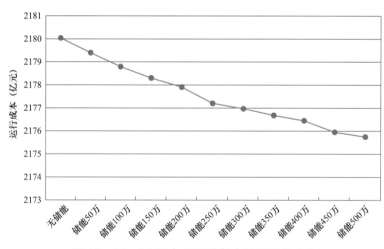

图 10-24 2025 年不同储能容量下运行成本

图 10-25 给出了储能容量对弃风弃光的影响。随着储能容量的增加，可再生能源弃用量大体呈现减少的趋势，从储能 50 万 kW 的 14.5 亿 kWh 减少到储能 500 万 kW 的 13.3 亿 kWh，弃用量减少了 1.2 亿 kWh。但注意到并不是单调递减，在个别点存在波动，比如储能容量为 450 万和 500 万，这是因为运行模拟以运行成本最低作为目标，在储能容量更大时，有更大的优化成本的空间，而会适当舍弃一些可再生能源。

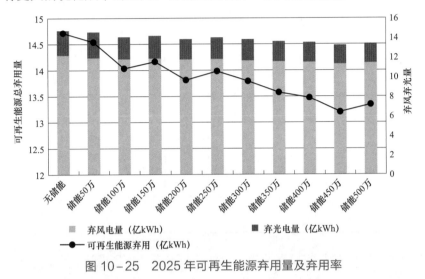

图 10-25　2025 年可再生能源弃用量及弃用率

10.3　电网侧储能发展展望

10.3.1　储能技术展望

10.3.1.1　各类储能技术特性对比分析

根据能量存储和释放的外部特征划分，超级电容、飞轮储能、超导储能的功率密度大，响应速度快，属于功率型应用储能技术，可应用于短时间内对功率需求较高的场合，如改善电能质量、提供快速功率支撑等；压缩空气储能、抽水蓄能、各类电池储能的能量密度较大，可归属于能量型储能技术应用，则适用于对能量需求较高的场合，需要储能设备提供较长时间的电能支撑。目前主流应用储能技术的主要性能更新比较如表 10-16 所示。

表 10-16　　　　　　　　　主　流　储　能　技　术　比　较

参数	铅炭电池	磷酸铁锂电池	钛酸锂电池	镍钴锰酸锂电池	钠硫电池	全钒液流电池	抽水蓄能	飞轮储能	压缩空气储能	超级电容	超导储能
容量规模（MWh）	120	100	40	200	300	60	—	5	2000	3	—
功率规模（MW）	30	64	40	100	50	15	3600	20	200	0.01	10~100MJ

参数	铅炭电池	磷酸铁锂电池	钛酸锂电池	镍钴锰酸锂电池	钠硫电池	全钒液流电池	抽水蓄能	飞轮储能	压缩空气储能	超级电容	超导储能
能量密度	50~80Wh/kg	120~180Wh/kg	60~80Wh/kg	170~240Wh/kg	150~300Wh/kg	12~40Wh/L	0.5~2Wh/L	20~80Wh/kg	3~6Wh/L	1.5~2.5Wh/kg	1.1Wh/kg
功率密度	150~500W/kg	1500~2500W/kg	3000W/kg	3000W/kg	22W/kg	50~100W/kg	0.1~0.3W/L	4500W/kg	0.5~2.0W/L	1000~10 000W/kg	5000W/kg
响应时间	毫秒级	毫秒级			毫秒级	百毫秒级	分钟级	毫秒级	分钟级	毫秒级	毫秒级
寿命（年）	5~8	8~10			15	5~15	40~60	5~20	30~40	15	30
循环次数	1000~3000次	3000~10 000次	10 000次	2000~6000次	4500次	5000~10 000次	>10 000次	百万次以上	上万次	百万次以上	无限次
充放电效率(%)	70~85	85~90	85~90	85~90	75~90	>70	70~80	85~95	45~75	>90	>95
单位投资成本（元/kWh）	800~1300	1400~2200	4500	1600~2400	2200~4000	2500~3900	500~2000	5000~15 000	1000~2500	9500~13 500	90 000

从能量密度来看，能量密度高的代表性储能技术有锂离子电池、钠硫电池；从响应速度来看，锂离子电池、钠硫电池、超级电容、高速飞轮和超导储能的反应速度均为毫秒级的；从使用寿命（循环次数）来看，超级电容、高速飞轮储能和超导储能的寿命均比较高，其中超导储能的寿命可达到无限次，但目前该技术尚未实现成熟商业化应用。

抽水蓄能是目前成熟且应用最广泛的大规模储能技术，与其他储能技术相比，抽水蓄能具有容量大，运行寿命长，单位投资成本低等明显优势。但是，和锂电池等电池类新兴储能技术相比，抽水蓄能还存在一些劣势：抽水蓄能电站的建设受地理环境制约影响大，其在选址时需要考虑的因素包括地理位置（是否靠近供电电源和负荷中心）、地形条件（上下水库落差、距离等）、地质条件（岩体强度、渗透特性等）、水源条件（同水源距离等）和环境影响（淹没损失、生态修复等）等，大型水库的建设可能会造成生态破坏，并对人类生活产生严重问题。但锂离子电池等新兴电化学储能技术的建设应用，对周边环境要求不高。同时在完整的回收再利用过程中，电池储能技术不会对环境产生危害。

从投资成本来看，随着锂离子电池等新兴储能技术的发展和规模化应用，储能电池成本快速下降，单位千瓦时初投资成本已与传统抽水蓄能技术相当。目前抽水蓄能电站的成本为500~2000元/kWh，而锂离子电池的成本为1400~2200元/kWh，铅炭电池的成本为800~1300元/kWh。在特定应用环境下，储能技术的成本目前也已与传统储能技术成本相当。从各类技术成本下降的驱动力来看，得益于国内新能源汽车行业快速发展引发动力电池的投资扩产热潮，一方面锂离子电池性能快速提升；另一方面，产能快速释放带动规模效应出现，这也将进一步助推锂离子电池成本的快速降低。铅炭电池由于能量密度提升空间有限，其单位成本虽受铅金属价格影响较大，但完善的回收体系有助于其降低生产成本。未来，随着储能系统在电力系统中的规模化应用，以及电动汽车领域的规模化需求，储能电池成本预计将会进一步下降，成本更低且适于灵活性布置的电池储能系统将发挥更大优势。

目前来看，新兴电化学储能技术虽与传统抽水蓄能技术所发挥的作用和价值相当，但其建设和投资优势已充分显现，且适合于小型分散性布置和灵活搭建。而电力系统需要的储能技术需具备布局灵活、建设周期短、成本低、高安全可靠等特点，相比传统抽水蓄能技术，新兴电化学储能技术更可满足未来电力系统发展的要求，这也符合当前储能产业发展和技术应用的整体方向。

综合对比各类储电技术的技术特性，锂离子电池因兼具高能量密度和高功率密度的技术特性，同时在成本上具有一定优势，已成为近年国内新增储能项目主要应用技术之一；铅炭电池是目前单位投资成本最低的化学储电技术，但其劣势也较为突出，使用寿命短、充电速度慢、过充电时容易析出气体等在一定程度上影响其应用；在电化学储能技术中，全钒液流电池的循环寿命最长，运行安全性较高，但其单位初投资成本仍较高，暂且仅适用于特定应用场景；而钠流电池虽具备较高的能量密度，但其需在高温环境下工作，存在一定的安全风险。相比电化学储电技术，物理储能技术中的传统压缩空气储能技术和抽水蓄能技术是最为成熟且应用广泛的大规模储能技术，抽水蓄能和压缩空气储能具有容量大，运行寿命长等优势，但其在建设过程中，受地理环境制约和影响较大，更适宜于在电力系统中的发电侧应用，与现有电网侧储能布局灵活、快速建设的需求并不完全匹配。飞轮储能的寿命长，瞬时功率大，适于功率型应用，但飞轮储能的能量密度较低，在应用时需配套能量型储能装置。而在其他储电技术中，超级电容和超导储能都较适于功率型应用，但此类技术仍处于试验研发阶段，在电力系统中应用的技术成熟度还有待提高。

10.3.1.2　主流储能技术成本下降趋势

随着各类电储能技术成熟度不断提高，各类电储能技术成本正在快速下降。2018 年铅炭电池成本最低，为 1000~1400 元/kWh；全钒液流电池的成本最高，为 2500~3900 元/kWh，以 2018 年和 2020 年的成本数据对比来看，除液流电池外，锂离子电池、铅炭电池和压缩空气储能的成本下降空间均在 20%以上。从各类技术成本下降的驱动力来看，得益于国内新能源汽车行业的快速发展，动力电池投资扩产热潮出现，一方面锂离子电池性能快速提升；另一方面，产能快速释放带动了规模效应的出现，这也将进一步助推锂离子电池成本的快速降低。铅炭电池由于能量密度提升空间有限，其单位成本受铅金属价格影响较大，但完善的回收体系有助于其降低生产成本。全钒液流电池受上游材料钒的价格影响较大，当前成本依然较高，未来成本的快速下降还有赖于市场需求的突破性增长。而压缩空气储能技术也同样面临着应用规模小、关键设备尚无法规模化量产的困境，先进压缩空气储能技术还仍然处在示范应用阶段，未来还需通过提升系统效率带动应用需求的提升。

10.3.1.3　电网侧储能技术发展路线

目前来看，电网侧应用的储能技术覆盖各类主流应用的电储能技术，包括化学储电技术、物理储电技术和其他储电技术。化学储电技术包括锂离子电池、钠硫电池、液流电池、铅酸电池和其他新型电池储能技术；物理储电技术中，抽水蓄能、压缩空气储能和飞轮储能在电网侧均有应用。化学储电技术以积极探索新材料、新方法，实现新概念电化学储能技术（液体电池、镁基电池等）的重大突破，力争完全掌握材料、装置及系统等各环节的核心技术为主要技术发展路线；物理储电技术则以积极探索新材料、新方法，实现基于超导磁的多功能全新混合储能技术的重大突破，力争完全掌握材料、装置及系统等各环节的核心技术。

（1）化学储电技术发展路线图。重点布局高性能的铅炭电池技术、低成本、长寿命、高安全的锂电池技术、大容量的钠硫电池技术、大容量的超级电容器储能技术以及大规模全钒液流电池储能技术。与此同时，积极探索新概念电化学储能技术，如液态金属电池、镁基电池等。化学储电技术发展路线如图 10-26 所示。

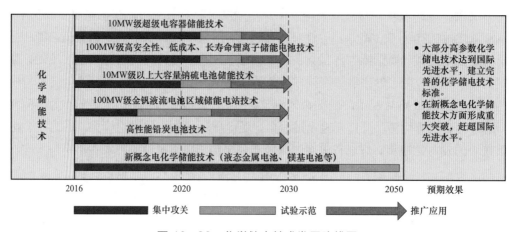

图 10-26 化学储电技术发展路线图

目前，电化学储能技术未来发展路线以时间为划分，分为 2020 年前、2030 年前和 2050 年前三个阶段。2020 年前突破化学储电的各种新材料制备、储能系统集成、能量管理等核心关键技术。示范验证 100MW 级全钒液流电池储能系统、大容量的铅炭电池等趋于成熟的技术。

2030 年前全面掌握战略方向重点布局的先进化学储能技术，实现不同规模的示范验证，同时形成相对完整的化学储能技术标准体系，建立比较完善的化学储能技术产业链，实现绝大部分化学储能技术在其适用的领域全面推广；展望 2050 年，通过积极探索新材料、新方法，实现新概念电化学储能技术（液体电池、镁基电池等）的重大突破。

（2）物理储电技术和其他储电技术发展路线图。重点布局 10MW/100MWh 和 100MW/800MWh 超临界压缩空气储能技术、10MW/1000MJ 高性能飞轮储能阵列技术、1～10MW/10～50MJ 级中大功率高温超导磁储能系统。同时，积极布局新型混合储能系统的探索。物理储电技术发展路线如图 10-27 所示。

物理储能技术未来发展路线以时间为划分，分为 2020 年前、2030 年前和 2050 年前三个阶段。

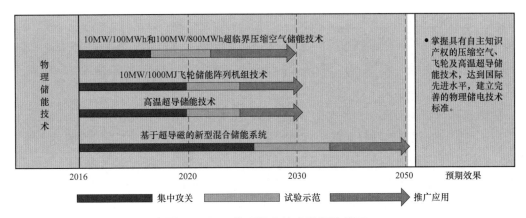

图 10-27　物理储电技术发展路线图

2020 年前重点攻克储能技术的核心技术，突破技术瓶颈，为示范推广扫清障碍，如压缩空气储能核心部件设计制造技术、飞轮储能工业示范单机与阵列机组的核心技术、高温超导储能磁体设计与控制技术。同时积极着手示范验证 10MW/100MWh 级超临界压缩空气储能系统；2030 年前完成高性能的飞轮储能系统、5MJ/2.5MW 以上高温超导磁储能系统的工业示范，同时形成相对完整的物理储能技术标准体系，并积极开展商业推广；至 2050 年，实现基于超导磁的多功能全新混合储能技术的重大突破，全面建成物理储能技术体系。

（3）电网侧储能技术应用发展展望。综合政策、应用、技术层面当前发展现状及未来发展路径分析，未来中国先进大容量储能技术发展路线如图 10-28 所示。

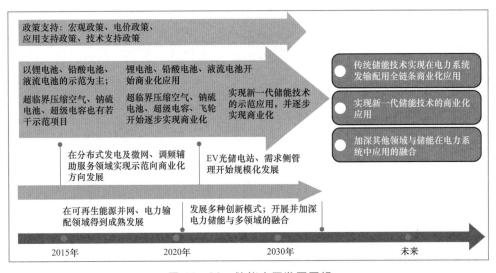

图 10-28　储能应用发展展望

2020 年之前：技术上将继续以锂离子电池、铅酸电池和液流电池为主，使其在各自适用领域内最大化地发挥其应用价值，与此同时开展超临界压缩空气储能、飞轮储能、钠硫电池、超级电容及超导储能的示范及拟商业化应用。未来，以锂离子电池、铅酸电池、液流电池等为代表的传统储能技术将会逐步在电力系统发、输、配、用各环节实现商业化应用；开发出性能优、安全性好、寿命长的新一代储能技术，并实现其在电力系统中的商业化应用。

随着技术成熟度的提高和成本的快速下降，以锂离子电池、铅炭电池、液流电池、压缩空气、飞轮等为代表的新兴储能技术将全面应用于电力系统发、输、配、用的各个环节。未来，我国电网侧储能技术应用还将继续以锂离子电池为主，同时会对铅炭电池、液流电池和压缩空气储能技术开展应用尝试。此外，为验证不同储能技术应用效果和价值，飞轮储能、超级电容和超导储能技术也将与其他成熟储能技术整合应用，以满足电网调峰、调频、提升暂态稳定等运行的实际需要。通过在电网侧尝试应用不同类别储能技术，有待积累项目运行数据，并探索储能对电力系统运行的功能效用，以此指导我国电网侧储能的安全、高效开发和利用。

10.3.2 储能政策机制展望

（一）标准体系总结与建议

2018 年 10 月 30 日，国家能源局印发《关于加强储能技术标准化工作的实施方案》（发改能源〔2017〕1701 号）指出，"十三五"期间的工作目标是初步建立储能技术标准体系，并形成一批重点技术规范和标准，"十四五"期间的工作目标是形成较为科学、完善的储能技术标准体系。

目前，电力储能标准体系正在日臻完善，通过全国标准信息公共服务平台查询，共计发布《电化学储能系统接入电网测试规范》《电化学储能系统接入电网技术规定》等 15 项国家标准，《电化学储能系统接入配电网技术规定》《电化学储能系统接入配电网技术规定》等 19 项行业标准，主要涉及电化学储能电站、抽水蓄能电站的规划设计、工程建设、运行维护等方面。

从已发布标准来看，一方面，缺乏空气压缩储能、飞轮储能、氢储能站等新型储能形式的标准体系建设和标准研究，同时也缺乏建立涵盖电力储能系统规划、设计、运行、维护以及储能设备、部件、材料等各环节相互支持、协同发展的标准体系；另一方面，不同于传统电网常规机组，针对 100MW 级以上超大容量电池储能系统参与电网调峰、调频、调压的并网测试实验导则和相关运行技术标准尚属空白，难以满足 AGC、自动电压控制（AVC）、一次调频、二次调频等电网对储能的运行要求。主要国家标准和行业标准如表 10-17 和表 10-18 所示。

表 10-17　　　　　　　　　　　　　储能相关的主要国家标准

标准名称	标准编号
《电化学储能系统接入电网技术规定》	GB/T 36547—2018
《电化学储能电站运行指标及评价》	GB/T 36549—2018
《电化学储能系统接入电网测试规范》	GB/T 36548—2018
《电力系统电化学储能系统通用技术条件》	GB/T 36558—2018
《移动式电化学储能系统技术要求》	GB/T 36545—2018
《电力储能用铅炭电池》	GB/T 36280—2018
《电力储能用锂离子电池》	GB/T 36276—2018
《储能变流器检测技术规程》	GB/T 34133—2017
《电化学储能系统储能变流器技术规范》	GB/T 34120—2017
《电化学储能电站用锂离子电池管理系统技术规范》	GB/T 34131—2017
《抽水蓄能电站厂用电继电保护整定计算导则》	GB/T 32576—2016
《抽水蓄能电站检修导则》	GB/T 32574—2016
《电化学储能电站设计规范》	GB/T 51048—2014
《可逆式抽水蓄能机组启动试运行规程》	GB/T 18482—2010
《储能用铅酸蓄电池》	GB/T 22473—2008

表 10-18　　　　　　　　　　　　　储能相关的主要行业标准

标准名称	标准编号
《电化学储能电站设备可靠性评价规程》	DL/T 1815—2018
《电化学储能电站标识系统编码导则》	DL/T 1816—2018
《分布式储能接入配电网设计规范》	T/CEC 173—2018
《分布式储能系统远程集中监控技术规范》	T/CEC 174—2018
《大型电化学储能电站电池监控数据管理规范》	T/CEC 176—2018
《电力储能用锂离子电池安全要求及试验方法》	T/CEC 172—2018
《电力储能用锂离子电池内短路测试方法》	T/CEC 169—2018
《电力储能用锂离子电池循环寿命要求及快速检测试验方法》	T/CEC 171—2018
《电力储能用锂离子电池烟爆炸试验方法》	T/CEC 170—2018
《移动式电化学储能系统测试规程》	T/CEC 168—2018
《电化学储能电站监控系统技术规范》	NB/T 42090—2016
《电化学储能电站功率变换系统技术规范》	NB/T 42089—2016
《电化学储能电站用锂离子电池技术规范》	NB/T 42091—2016
《电化学储能系统接入配电网技术规定》	NB/T 33015—2014
《电化学储能系统接入配电网运行控制规范》	NB/T 33014—2014
《电化学储能系统接入配电网测试规程》	NB/T 33016—2014
《抽水蓄能电站生产准备导则》	DL/T 1225—2013
《电池储能功率控制系统技术条件》	NB/T 31016—2019
《抽水蓄能可逆式水泵水轮机运行规程》	DL/T 293—2011

（二）电网侧储能的产业发展的建议

为了促进电网侧储能产业中储能设备供应商、投资运营方和电网企业的共同发展，解决电网侧储能发展中的瓶颈问题，需要制定一系列的标准、政策，起到对行业的促进作用，相关的关系描绘如图 10-29 所示。

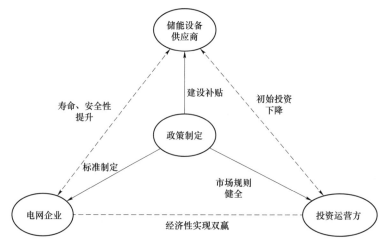

图 10-29　促进储能应用主要相关方关系示意图

涉及的具体建议如下：

（1）适时出台储能建设补贴机制。根据区域电网侧储能需求及储能产业发展状态，视情况出台储能的建设补贴政策，降低储能投资运营方的资金压力，提高社会资本的投资热情。研究设立电网侧储能的相关国家、地区重点研发项目，针对电网侧储能技术中关键的选址规划、运行策略、商业模式等关键问题开展研究，鼓励设备企业降低设备成本，运营企业提高运营水平，电网企业提高管理水平。

（2）落实储能的价值评价机制和变现渠道。加快推动电力体制改革和建设进程，修订完善电力现货市场和辅助服务市场的规则，明确储能设施的市场身份，重点考虑电网侧储能作为独立市场主体参与现货交易以及调峰、调频、备用等服务的可能性及配套的评价机制，通过市场机制在价格中充分体现储能在电能量和各类辅助服务的多元价值，给予电网侧储能提供发挥优势的平台和合理的变现渠道。

（3）完善电网侧储能系列标准。在现有的标准体系下，加快推动电网侧储能安全监测、设备运维的相关标准，最大限度降低安全风险，鼓励储能设备提供商与电网企业共同提高电网侧储能的寿命和安全性；逐步推出压缩空气储能、飞轮储能等多种储能形式的标准体系，完善电网侧储能的技术体系，推动相关技术的商业化应用；协商开放储能监控系统和通信协议等对外接口，制定退役动力电池梯次利用储能系列标准，加快推动相关产业的形成，支持未来低成本电网侧储能方案的形成。

索　引